一流本科专业一流本科课程建设系列教材
华侨大学教材建设资助项目

有限元方法与MATLAB程序设计

周克民　李　霞　吴俊超　编著

机 械 工 业 出 版 社

本书介绍了有限元方法的基本理论、编程原理和用 MATLAB 实现的方法，内容包括桁架、刚架、平面及空间连续体、等参单元、板壳等基本结构，介绍了有限元方法的非线性问题，结构稳定和动力学等问题，并在附录中介绍了直接采用 MATLAB 提供的偏微分方程工具箱求解有限元问题的方法。本书提供了极其简单的源程序，大部分只有几十条语句，尤其适合初学者，许多公式推导也给出了 MATLAB 推导程序，更容易理解。本书附带的有限元源程序不仅可以用于学习和实践，还可以在此基础上针对实际问题开发出一些专用程序。

本书可作为土木工程、机械工程等理工科专业高年级本科生和研究生的教材或工程设计人员的参考书。

本书配有授课 PPT、课后题参考答案、源程序等教学资源，免费提供给选用本书的授课教师，需要者请登录机械工业出版社教育服务网（www. cmpedu. com）注册后下载。

图书在版编目（CIP）数据

有限元方法与 MATLAB 程序设计/周克民，李霞，吴俊超编著. —北京：机械工业出版社，2023.2（2024.6 重印）

一流本科专业一流本科课程建设系列教材

ISBN 978-7-111-72309-7

Ⅰ.①有…　Ⅱ.①周…②李…③吴…　Ⅲ.①有限元法-Matlab 软件-高等学校-教材　Ⅳ.①O241.82②TP317

中国版本图书馆 CIP 数据核字（2022）第 252879 号

机械工业出版社（北京市百万庄大街 22 号　邮政编码 100037）

策划编辑：李　帅　　　　责任编辑：李　帅

责任校对：李　杉　陈　越　　封面设计：张　静

责任印制：单爱军

北京虎彩文化传播有限公司印刷

2024 年 6 月第 1 版第 2 次印刷

184mm×260mm · 14.5 印张 · 359 千字

标准书号：ISBN 978-7-111-72309-7

定价：49.80 元

电话服务　　　　　　　　　网络服务

客服电话：010-88361066　　机　工　官　网：www. cmpbook. com

　　　　　010-88379833　　机　工　官　博：weibo. com/cmp1952

　　　　　010-68326294　　金　　书　　网：www. golden-book. com

封底无防伪标均为盗版　　　机工教育服务网：www. cmpedu. com

前　言

有限元方法已经成为解决结构分析问题十分成熟的手段，在土木、机械、航天航空、水利和交通等许多工程领域得到广泛应用，并且起到日益重要的作用。有限元方法完全依赖于软件技术实现，需要使用程序设计方法。虽然目前已经有许多大型通用有限元软件可以使用，但是正确理解和使用这些软件还需要初步掌握有限元基本理论。如果为了改进现有有限元方法而采用一些特殊方法，或者要分析一些特殊问题，则需要具有一定的编程能力进行二次开发，因此，具备一定的有限元方法编程能力仍十分重要。通过学习有限元方法编程技术，还可以更准确全面地理解有限元方法的基本理论和概念，一些高年级的本科生和研究生更需要通过直接编写程序完成一些研究工作。

目前，我国软件行业还存在一些短板，加强软件人才的培养具有非常重要的意义。许多行业的工业软件内核就是有限元方法，因此，工程技术人员需要了解有限元基本原理，以便能够正确理解和使用这些工业软件。大型商品化软件系统像是一个“黑匣子”，只能使用，无法看到内部运行过程，而本书提供了一个让读者看到有限元程序运行的内部主要过程的窗口。

一些没有编写程序经验的初学者经常感觉编写程序十分困难。克服这个困难最简单的方法是阅读已有的程序。本书大部分章节附有相应的 MATLAB 程序代码。MATLAB 系统的矩阵运算和符号推导功能减少了程序中数学处理工作量，突出了有限元的概念。这些代码是作者在几十年教学和科研过程中逐步积累，并经过反复提炼形成的。为了满足学习需要，又重新统一了变量符号和程序结构以及编写风格，便于通过讲解几个程序就能使读者很容易理解其他部分的程序。这些程序可以直接用来解决简单的实际问题，也可以进一步开发出一些专用程序。本书所附程序主要是服务于教学目的，不追求功能强大、完整，力求简单、易懂。

本书尽力避免复杂的理论推导，重点在于建立初步概念，作为学习有限元理论和编程方法的入门教材，主要读者对象是初次接触有限元理论及编程的人员。

本书提供了配套的授课 PPT，PPT 以公式、图形为主，避免了大量文字叙述，以期将学生的注意力集中到教师的讲解上。授课 PPT 采用大量动画，使得 PPT 可以与教师讲课同步。主要程序都配备了视频文件讲解，形象生动，易于学习。

读者在使用本书过程中如发现错误和不当之处，敬请告知，本人诚挚感谢。

周克民

目 录

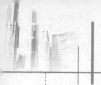

第 1 章

1 绪论

1.1 有限元方法概述

自然界中的许多物理现象都已经可以用偏微分方程组描述了，如电磁场、温度场和流场等问题。只要能够求解对应的偏微分方程组就可以准确知道将要发生的各种物理现象。但是，由于实际情况非常复杂，大多数情况下，不能用解析方法精确求解出这组方程的解析表达式。

为了满足工程上的需要，只能采用数值近似求解方法，如能量法、加权残值法、有限差分法、有限元法、边界元法、无网格法和等几何分析法等。这些数值分析方法用于求解力学问题形成了一门独特的计算力学分支学科。特别是 20 世纪中期，随着计算机技术的发展和计算机应用的普及，数值计算理论和方法得到了快速发展。其中有限元方法［或称为有限单元法（Finite Element Method），简称 FEM］的数学推理严谨，物理概念清楚，应用方便灵活和适应性强等优势使其成为一种最重要的工程数值分析方法，广泛应用于许多工程领域，有限元方法已经成为计算力学学科中最成熟，应用最广泛的数值计算方法。

其他领域的微分方程组在许多情况下也可以借助有限元方法求解。求解方法与这里介绍的理论和方法类似。

1.1.1 有限元发展历史

有限元方法的诞生并没有一个准确的时间。这里罗列出一些对形成有限元理论和方法具有重要里程碑意义的事件。

1870 年，英国科学家瑞利（Rayleigh）采用“试函数”求解复杂的微分方程。

1909 年，里茨（Ritz）将其发展成为完善的数值近似方法。

1943 年，美国科学家柯朗（Courant）发表了第一篇使用三角形区域及多项式函数求解扭转问题的论文，这经常被作为有限元方法的诞生之年。

20 世纪 40 年代，航空工程中产生了矩阵位移法。

20 世纪 50 年代末，美国加利福尼亚大学伯克利分校的威尔逊（Wilson,）在克拉夫教授（Clough）指导下完成了博士论文《二维结构的有限元分析》，于 1963 年完成了世界上第一个解决平面弹性力学问题的通用程序，后来又编写了含有多种单元的有限元综合分析程序 SAP（Structural Analysis Program）。

1956 年，美国波音公司的工程师特纳（Turner）和克拉夫教授发表了一篇采用有限元技术计算飞机机翼强度的论文《Stiffness and Deflection Analysis of Complex Structures》，系统研究了离散杆、梁、三角形的单元刚度表达式。

1960 年，克拉夫教授在美国土木工程学会（ASCE）的会议上发表了《The Finite Element in Plane Stress Analysis》。

1967 年，辛柯维奇（Zienkiewicz，1921—2009）教授和张佑启出版了世界上第一本有限元法著作《The Finite Element Method in Structural Mechanics》。

1965 年，中国的冯康发表论文《基于变分原理的差分格式》，代表着有限元方法在中国的开端。

1970 年以后，由于计算机的日益普及，有限元方法软件得到大规模发展，在各个工程领域得到日益广泛的应用。

有限元的发展依赖于计算机性能的飞速发展和计算机设备的日益普及应用。

1.1.2 有限元方法现状

有限元方法可以分析框架、桁架、板壳、平面、空间等问题的位移、变形、内力、应力；可以分析多种物理场（如温度场、电场、磁场、渗流场、声波场等）。有限元方法正向着多重非线性（材料、几何）耦合、多场（结构、流体、热、电磁、化学）耦合、跨时间/空间多尺度、非确定性（随机、模糊）、自适应算法和结果评估等方向发展。目前已经形成大量的大型商品化通用有限元软件 Nastran、Aska、SAP、Ansys、Marc、Abaqus、Jifex 等。

国内在不同时期一些学者和研究或生产部门开发了大量有限元软件，有限元方法在土木、水利、机械、航空、航天、造船等工业领域得到广泛应用，并发挥了巨大作用。这些领域中广泛应用的许多专业设计软件的核心后台也是有限元软件。

无论何种有限元软件，最基础的基本原理完全相同。本书旨在讲解这些有限元软件的基本原理，为正确使用这些软件以及初步掌握有限元软件编写方法建立重要的基础。本书讨论以位移为基本变量的有限元方法，重点讲述用有限元方法分析线性结构的静力学问题，也简单介绍了非线性问题的简单概念和求解方法。

1.2 弹性力学基本方程

为了便于学习和理解有限元方法，这里先回顾一下弹性力学的基本知识。弹性力学以微元体为对象，建立了一套描述弹性体应力和变形的完整微分方程组。主要有平衡微分方程、几何方程和物理方程。结合位移和力边界条件，求解这组微分方程，就可以得到弹性力学问题的解答。

1.2.1 平衡微分方程

1. 空间问题

如图 1-1 所示的微元体受到体力为

$$\boldsymbol{f}=[f_x \quad f_y \quad f_z]^{\mathrm{T}} \tag{1-1}$$

各坐标面受力，如图 1-1 所示。其中 σ_x，σ_y 和 σ_z 是沿各面法线方向的正应力；τ_{yz}，τ_{zx}和τ_{xy}

是各面内的切应力。可以建立该微元体平衡微分方程，即

$$\begin{cases}\dfrac{\partial\sigma_x}{\partial x}+\dfrac{\partial\tau_{xy}}{\partial y}+\dfrac{\partial\tau_{xz}}{\partial z}+f_x=0\\ \dfrac{\partial\tau_{yx}}{\partial x}+\dfrac{\partial\sigma_y}{\partial y}+\dfrac{\partial\tau_{yz}}{\partial z}+f_y=0\\ \dfrac{\partial\tau_{zx}}{\partial x}+\dfrac{\partial\tau_{zy}}{\partial y}+\dfrac{\partial\sigma_z}{\partial z}+f_z=0\end{cases} \tag{1-2}$$

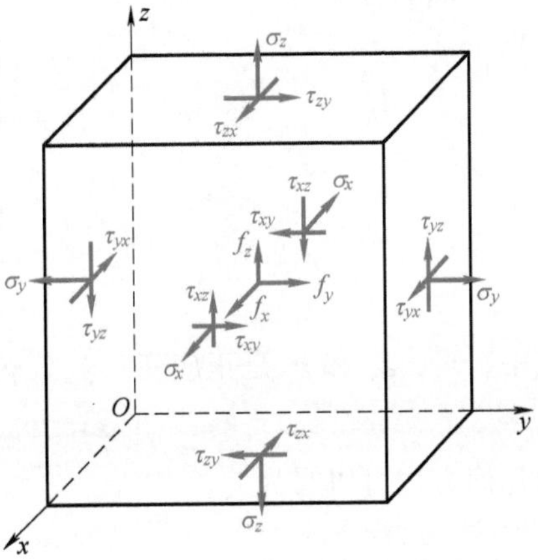

图 1-1 微元体的应力状态

为了简便起见，一些教材常采用矩阵记法，定义微分算子矩阵，即

$$\boldsymbol{L}^{\mathrm{T}}=\begin{bmatrix}\dfrac{\partial}{\partial x} & 0 & 0 & 0 & \dfrac{\partial}{\partial z} & \dfrac{\partial}{\partial y}\\ 0 & \dfrac{\partial}{\partial y} & 0 & \dfrac{\partial}{\partial z} & 0 & \dfrac{\partial}{\partial x}\\ 0 & 0 & \dfrac{\partial}{\partial z} & \dfrac{\partial}{\partial y} & \dfrac{\partial}{\partial x} & 0\end{bmatrix} \tag{1-3}$$

应力向量为

$$\boldsymbol{\sigma}=[\sigma_x\quad\sigma_y\quad\sigma_z\quad\tau_{yz}\quad\tau_{zx}\quad\tau_{xy}]^{\mathrm{T}} \tag{1-4}$$

则式（1-2）可以写为

$$\boldsymbol{L}^{\mathrm{T}}\boldsymbol{\sigma}+\boldsymbol{f}=\boldsymbol{0} \tag{1-5}$$

2. 平面问题

对于平面问题，平衡微分方程可以简化为

$$\begin{cases}\dfrac{\partial\sigma_x}{\partial x}+\dfrac{\partial\tau_{xy}}{\partial y}+f_x=0\\ \dfrac{\partial\tau_{yx}}{\partial x}+\dfrac{\partial\sigma_y}{\partial y}+f_y=0\end{cases} \tag{1-6}$$

体力向量为

$$\boldsymbol{f}=[f_x\quad f_y]^{\mathrm{T}} \tag{1-7}$$

微分算子矩阵为

$$\boldsymbol{L}=\begin{bmatrix}\dfrac{\partial}{\partial x} & 0 & \dfrac{\partial}{\partial y}\\ 0 & \dfrac{\partial}{\partial y} & \dfrac{\partial}{\partial x}\end{bmatrix} \tag{1-8}$$

应力向量为

$$\boldsymbol{\sigma}=[\sigma_x\quad\sigma_y\quad\tau_{xy}]^{\mathrm{T}} \tag{1-9}$$

平衡微分方程［式（1-5）］的形式不变。

1.2.2 几何方程

1. 空间问题

几何方程描述了物体任意点位移和应变之间的几何关系。如果任意点的位移向量为

$$\boldsymbol{u}=[u \quad v \quad w]^{\mathrm{T}} \tag{1-10}$$

则任意点的应变可以用几何方程表示为

$$\begin{cases}\varepsilon_x=\dfrac{\partial u}{\partial x},\gamma_{yz}=\dfrac{\partial v}{\partial z}+\dfrac{\partial w}{\partial y}\\ \varepsilon_y=\dfrac{\partial v}{\partial y},\gamma_{zx}=\dfrac{\partial w}{\partial x}+\dfrac{\partial u}{\partial z}\\ \varepsilon_z=\dfrac{\partial w}{\partial z},\gamma_{xy}=\dfrac{\partial u}{\partial y}+\dfrac{\partial v}{\partial x}\end{cases} \tag{1-11}$$

式中，ε_x，ε_y 和 ε_z 是正应变；γ_{yz}，γ_{zx}和 γ_{xy}是切应变。定义应变向量为

$$\boldsymbol{\varepsilon}=[\varepsilon_x \quad \varepsilon_y \quad \varepsilon_z \quad \gamma_{yz} \quad \gamma_{zx} \quad \gamma_{xy}]^{\mathrm{T}} \tag{1-12}$$

则几何方程可以写为

$$\boldsymbol{\varepsilon}=\boldsymbol{L}\boldsymbol{u} \tag{1-13}$$

2. 平面问题

位移向量为

$$\boldsymbol{u}=[u \quad v]^{\mathrm{T}} \tag{1-14}$$

几何方程为

$$\varepsilon_x=\frac{\partial u}{\partial x},\varepsilon_y=\frac{\partial v}{\partial y},\gamma_{xy}=\frac{\partial u}{\partial y}+\frac{\partial v}{\partial x} \tag{1-15}$$

应变向量为

$$\boldsymbol{\varepsilon}=[\varepsilon_x \quad \varepsilon_y \quad \gamma_{xy}]^{\mathrm{T}} \tag{1-16}$$

几何方程［式（1-13）］的形式不变、对应地，使用式（1-8）中的 $\boldsymbol{L}$。

1.2.3 物理方程

1. 空间问题

物理方程描述了应力与应变之间的关系。当采用线弹性关系时，物理方程为

$$\begin{cases}\varepsilon_x=\dfrac{1}{E}[\sigma_x-\mu(\sigma_y+\sigma_z)],\gamma_{yz}=\dfrac{2(1+\mu)}{E}\tau_{yz}\\ \varepsilon_y=\dfrac{1}{E}[\sigma_y-\mu(\sigma_z+\sigma_x)],\gamma_{zx}=\dfrac{2(1+\mu)}{E}\tau_{zx}\\ \varepsilon_z=\dfrac{1}{E}[\sigma_z-\mu(\sigma_x+\sigma_y)],\gamma_{xy}=\dfrac{2(1+\mu)}{E}\tau_{xy}\end{cases} \tag{1-17}$$

式中，E 和 μ 分别是弹性模量和横向变形系数。式（1-17）也可以写为用应变表示应力的形式

$$\begin{cases}\sigma_x=\dfrac{E}{(1+\mu)(1-2\mu)}[(1-\mu)\varepsilon_x+\mu\varepsilon_y+\mu\varepsilon_z],\tau_{yz}=\dfrac{E}{2(1+\mu)}\gamma_{yz}\\ \sigma_y=\dfrac{E}{(1+\mu)(1-2\mu)}[(1-\mu)\varepsilon_y+\mu\varepsilon_z+\mu\varepsilon_x],\tau_{zx}=\dfrac{E}{2(1+\mu)}\gamma_{zx}\\ \sigma_z=\dfrac{E}{(1+\mu)(1-2\mu)}[(1-\mu)\varepsilon_z+\mu\varepsilon_x+\mu\varepsilon_y],\tau_{xy}=\dfrac{E}{2(1+\mu)}\gamma_{xy}\end{cases} \tag{1-18}$$

定义弹性矩阵为

$$D=\frac{E(1-\mu)}{(1+\mu)(1-2\mu)}\begin{bmatrix} 1 & \frac{\mu}{1-\mu} & \frac{\mu}{1-\mu} & 0 & 0 & 0 \\ \frac{\mu}{1-\mu} & 1 & \frac{\mu}{1-\mu} & 0 & 0 & 0 \\ \frac{\mu}{1-\mu} & \frac{\mu}{1-\mu} & 1 & 0 & 0 & 0 \\ 0 & 0 & 0 & \frac{1-2\mu}{2(1-\mu)} & 0 & 0 \\ 0 & 0 & 0 & 0 & \frac{1-2\mu}{2(1-\mu)} & 0 \\ 0 & 0 & 0 & 0 & 0 & \frac{1-2\mu}{2(1-\mu)} \end{bmatrix}, \tag{1-19}$$

则物理方程可以写为矩阵形式，即

$$\boldsymbol{\sigma}=\boldsymbol{D}\boldsymbol{\varepsilon} \tag{1-20}$$

2. 平面问题

应力-应变关系也可以写成式（1-20）的形式。其中弹性矩阵为

$$D=\frac{E}{1-\mu^2}\begin{bmatrix} 1 & \mu & 0 \\ \mu & 1 & 0 \\ 0 & 0 & \frac{1-\mu}{2} \end{bmatrix} \tag{1-21}$$

将式（1-21）中的 E 换成 $E/(1-\mu^2)$，μ 换成 $\mu/(1-\mu)$，就得到了平面应变问题的弹性矩阵为

$$D=\frac{E(1-\mu)}{(1+\mu)(1-2\mu)}\begin{bmatrix} 1 & \frac{\mu}{1-\mu} & 0 \\ \frac{\mu}{1-\mu} & 1 & 0 \\ 0 & 0 & \frac{1-2\mu}{2(1-\mu)} \end{bmatrix} \tag{1-22}$$

1.2.4 应力状态

1. 斜截面应力

图 1-2 所示的四面体的 3 个面为坐标面。斜面的外法线方向为 $\boldsymbol{v}=[l \quad m \quad n]^{\mathrm{T}}$。由平衡条件可以得到斜面上的应力 $\boldsymbol{p}=[p_x \quad p_y \quad p_z]^{\mathrm{T}}$ 的表达式为

$$\begin{cases} p_x=l\sigma_x+m\tau_{xy}+n\tau_{xz} \\ p_y=l\tau_{yx}+m\sigma_y+n\tau_{yz} \\ p_z=l\tau_{zx}+m\tau_{zy}+n\sigma_z \end{cases} \tag{1-23}$$

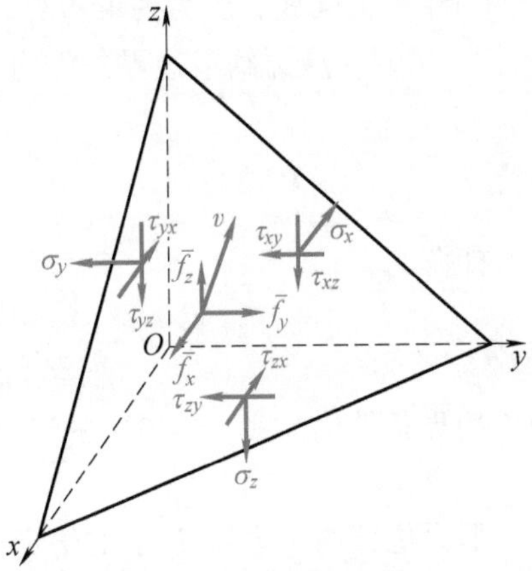

图 1-2 斜截面应力

或者写为矩阵形式，即

$$\boldsymbol{p}=\tilde{\boldsymbol{\sigma}}\boldsymbol{v},\tilde{\boldsymbol{\sigma}}=\begin{bmatrix}\sigma_x & \tau_{xy} & \tau_{xz}\\ \tau_{yx} & \sigma_y & \tau_{yz}\\ \tau_{zx} & \tau_{zy} & \sigma_z\end{bmatrix} \tag{1-24}$$

2. 主应力

当这个斜截面为应力主平面时，按照应力主平面的定义，这个面上没有切应力。所以这个斜面上的应力就应该沿该斜面的法线方向，则有

$$\boldsymbol{p}=\tilde{\boldsymbol{\sigma}}\boldsymbol{v}=\sigma\boldsymbol{v},[\tilde{\boldsymbol{\sigma}}-\sigma\boldsymbol{I}]\boldsymbol{v}=\boldsymbol{0} \tag{1-25}$$

这是特征值问题，特征值和特征向量分别是主应力和主应力方向。由于应力矩阵是实对称矩阵，所以当主应力值不同时，主应力方向正交。

1.2.5 边界条件

1. 应力边界条件

当上述斜面是应力约束边界 S_1，受到外部作用的面力为$\bar{\boldsymbol{f}}=[\bar{f}_x \quad \bar{f}_y \quad \bar{f}_z]^{\mathrm{T}}$，按照式（1-23），应力约束边界条件可以写为

$$\begin{cases}l\sigma_x+m\tau_{xy}+n\tau_{xz}=\bar{f}_x\\ l\tau_{yx}+m\sigma_y+n\tau_{yz}=\bar{f}_y\\ l\tau_{zx}+m\tau_{zy}+n\sigma_z=\bar{f}_z\end{cases} \tag{1-26}$$

还可以写为矩阵形式，即

$$\tilde{\boldsymbol{\sigma}}\boldsymbol{v}=\bar{\boldsymbol{f}} \tag{1-27}$$

定义矩阵为

$$\boldsymbol{n}=\begin{bmatrix}l & 0 & 0 & 0 & n & m\\ 0 & m & 0 & n & 0 & l\\ 0 & 0 & n & m & l & 0\end{bmatrix} \tag{1-28}$$

应力边界条件可以写为矩阵形式，即

$$\boldsymbol{n}\boldsymbol{\sigma}=\bar{\boldsymbol{f}} \tag{1-29}$$

式（1-29）中的 $\boldsymbol{\sigma}$ 采用式（1-4）的定义。

对于平面问题，应力约束边界任意位置的外法线为［$l \quad m$］^{T}，受到外部作用的面力为 $\bar{\boldsymbol{f}}=[f_x \quad f_y]^{\mathrm{T}}$，应力约束边界条件为

$$\begin{cases}l\sigma_x+m\tau_{xy}=\bar{f}_x\\ l\tau_{yx}+m\sigma_y=\bar{f}_y\end{cases} \tag{1-30}$$

定义矩阵为

$$\boldsymbol{n}=\begin{bmatrix}l & 0 & m\\ 0 & m & l\end{bmatrix} \tag{1-31}$$

应力边界条件仍为式（1-29）的形式。

2. 位移边界条件

假设位移约束边界 S_2 上的给定位移为 $\bar{\boldsymbol{u}}$，则有

$$\boldsymbol{u}=\bar{\boldsymbol{u}} \tag{1-32}$$

弹性力学的这组方程非常完美地描述了线弹性物体的应力和变形性质，求解这组方程组可以完全解决线弹性力学问题。从理论上讲，在任意给定的外力和位移条件下，如果能够求解这组方程组就可以准确知道这个弹性体任意位置的应力、应变和变形，但是在大多数情况下，并不能精确求解这组方程组。弹性力学中给出的有限几个算例都是在极其简单情况下的特殊解答，许多还是近似解答。通常不能仅仅依靠弹性力学的知识求解这些方程，而有限元理论就是为了求解这些微分方程组而建立的理论和方法。

在正式讲解有限元理论前，先介绍一些预备知识，这些知识是理解有限元方法的基础，也可以作为独立的数值方法。

1.3 能量原理与加权残值法

1.3.1 弹性体的应变能

弹性体在外力作用下发生变形并最终达到平衡状态。在这个过程中，外力在弹性体内任意点都会做功。如果系统没有增加动能或热能等能量耗散，外力功就会转化为应变能。

以单向应力状态为例，如图 1-3a 所示。微元体的应变能可以用内力功计算，公式为

$$\phi_{\varepsilon}=\int(\sigma_x \mathrm{d}y\mathrm{d}z)(\mathrm{d}x\mathrm{d}\varepsilon_x)=\mathrm{d}x\mathrm{d}y\mathrm{d}z\int\sigma_x\mathrm{d}\varepsilon_x \tag{1-33}$$

式中，$\sigma_x \mathrm{d}y\mathrm{d}z$ 是内力，$\mathrm{d}x\mathrm{d}\varepsilon_x$ 是两个面的相对位移。$\int\sigma_x\mathrm{d}\varepsilon_x$ 就是图 1-3b 曲线下面灰色部分的面积。定义应变能密度 $\bar{\phi}_{\varepsilon}$ 为单位体积内的应变能，计算公式为

$$\bar{\phi}_{\varepsilon}=\frac{\phi_{\varepsilon}}{\mathrm{d}x\mathrm{d}y\mathrm{d}z}=\int\sigma_x\mathrm{d}\varepsilon_x \tag{1-34}$$

类似地，可以定义应变余能密度为

$$\bar{\phi}_{\sigma}=\int\varepsilon_x\mathrm{d}\sigma_x \tag{1-35}$$

也就是图 1-3b 曲线上面用空白部分的面积。对于线弹性材料，线性应力-应变关系，如图 1-3c 所示，此时有

$$\bar{\phi}_{\varepsilon}=\bar{\phi}_{\sigma}=\sigma_x\varepsilon_x/2 \tag{1-36}$$

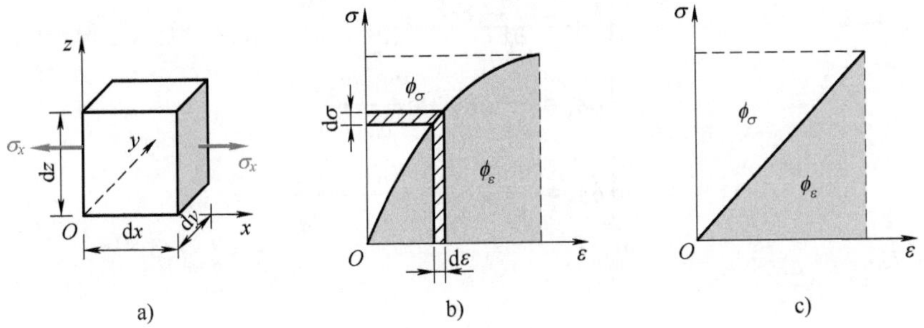

图 1-3 应变能与应变余能

a）微元体 b）非线性应力-应变关系 c）线性应力-应变关系

对于三向应力状态，线弹性材料的应变能密度为

$$\bar{\phi}_{\varepsilon}=(\sigma_x\varepsilon_x+\sigma_y\varepsilon_y+\sigma_z\varepsilon_z+\tau_{yz}\gamma_{yz}+\tau_{zx}\gamma_{zx}+\tau_{xy}\gamma_{xy})/2 \tag{1-37}$$

采用式（1-4）和式（1-12）的应力和应变列向量形式，应变能密度可以写为

$$\bar{\phi}_{\varepsilon}=\boldsymbol{\sigma}^{\mathrm{T}}\boldsymbol{\varepsilon}/2 \tag{1-38}$$

利用物理方程［式（1-17)］，应变能密度可以完全用应力表示为

$$\bar{\phi}_{\varepsilon}=\frac{1}{2E}(\sigma_x^2+\sigma_y^2+\sigma_z^2)-\frac{\mu}{E}(\sigma_x\sigma_y+\sigma_y\sigma_z+\sigma_z\sigma_x)+\frac{1}{2G}(\tau_{yz}^2+\tau_{zx}^2+\tau_{xy}^2) \tag{1-39}$$

也可完全用应变表示，即

$$\bar{\phi}_{\varepsilon}=\frac{E}{2(1+\mu)}\left[\frac{\mu}{1-2\mu}(\varepsilon_x+\varepsilon_y+\varepsilon_z)^2+(\varepsilon_x^2+\varepsilon_y^2+\varepsilon_z^2)+\frac{1}{2}(\gamma_{yz}^2+\gamma_{zx}^2+\gamma_{xy}^2)\right] \tag{1-40}$$

将应变能密度［式（1-40)］对应变分量求导可以得到相应的应力分量，即

$$\begin{cases}\dfrac{\partial\bar{\phi}_{\varepsilon}}{\partial\varepsilon_x}=\sigma_x,\dfrac{\partial\bar{\phi}_{\varepsilon}}{\partial\varepsilon_y}=\sigma_y,\dfrac{\partial\bar{\phi}_{\varepsilon}}{\partial\varepsilon_z}=\sigma_z\\[2ex]\dfrac{\partial\bar{\phi}_{\varepsilon}}{\partial\gamma_{yz}}=\tau_{yz},\dfrac{\partial\bar{\phi}_{\varepsilon}}{\partial\gamma_{zx}}=\tau_{zx},\dfrac{\partial\bar{\phi}_{\varepsilon}}{\partial\gamma_{xy}}=\tau_{xy}\end{cases} \tag{1-41}$$

或者统一写为

$$\frac{\partial\bar{\phi}_{\varepsilon}}{\partial\boldsymbol{\varepsilon}}=\boldsymbol{\sigma} \tag{1-42}$$

虽然这个式（1-41）是通过式（1-40）验证的，而式（1-40）是在线弹性假设下推导出来的，但是对于任意非线性材料，式（1-41）仍然成立，该式经常作为一般材料物理方程的定义。

1.3.2 变分原理与最小势能原理

物体发生约束允许的任意微小位移称为虚位移（virtual displacement）。虚位移与外力和结构的实际位移无关，它不是实际荷载产生的位移，而是假设的。3 个坐标轴方向的虚位移分别记作 δu，δv，δw，这些虚位移也可以作为位移变分，这里的符号 δ 就称为变分符号。物体由于虚位移发生的应变称为虚应变，虚应变可以根据几何方程［式（1-11)］按照变分计算可得

$$\begin{cases}\delta\varepsilon_x=\dfrac{\partial\delta u}{\partial x},\delta\gamma_{yz}=\dfrac{\partial\delta v}{\partial z}+\dfrac{\partial\delta w}{\partial y}\\[2ex]\delta\varepsilon_y=\dfrac{\partial\delta v}{\partial y},\delta\gamma_{xz}=\dfrac{\partial\delta w}{\partial x}+\dfrac{\partial\delta u}{\partial z}\\[2ex]\delta\varepsilon_z=\dfrac{\partial\delta w}{\partial z},\delta\gamma_{xy}=\dfrac{\partial\delta u}{\partial y}+\dfrac{\partial\delta v}{\partial x}\end{cases} \tag{1-43}$$

或者统一写为

$$\delta\boldsymbol{\varepsilon}=\boldsymbol{L}\delta\boldsymbol{u} \tag{1-44}$$

当物体发生上述虚应变时，应变能也会发生相应地变化，得到虚应变能密度

$$\delta\bar{\phi}_{\varepsilon}=\frac{\partial\bar{\phi}_{\varepsilon}}{\partial\varepsilon_x}\delta\varepsilon_x+\frac{\partial\bar{\phi}_{\varepsilon}}{\partial\varepsilon_y}\delta\varepsilon_y+\frac{\partial\bar{\phi}_{\varepsilon}}{\partial\varepsilon_z}\delta\varepsilon_z+\frac{\partial\bar{\phi}_{\varepsilon}}{\partial\gamma_{yz}}\delta\gamma_{yz}+\frac{\partial\bar{\phi}_{\varepsilon}}{\partial\gamma_{zx}}\delta\gamma_{zx}+\frac{\partial\bar{\phi}_{\varepsilon}}{\partial\gamma_{xy}}\delta\gamma_{xy}=\frac{\partial\bar{\phi}_{\varepsilon}}{\partial\boldsymbol{\varepsilon}}\delta\boldsymbol{\varepsilon} \tag{1-45}$$

根据式（1-41）有

$$\delta\bar{\phi}_{\varepsilon}=\sigma_x\delta\varepsilon_x+\sigma_y\delta\varepsilon_y+\sigma_z\delta\varepsilon_z+\tau_{yz}\delta\gamma_{yz}+\tau_{zx}\delta\gamma_{zx}+\tau_{xy}\delta\gamma_{xy}=(\delta\boldsymbol{\varepsilon})^{\mathrm{T}}\boldsymbol{\sigma} \tag{1-46}$$

物体总的虚应变能为

$$\delta\phi_{\varepsilon}=\int_V\delta\bar{\phi}_{\varepsilon}\mathrm{d}V=\int_V(\delta\boldsymbol{\varepsilon})^{\mathrm{T}}\boldsymbol{\sigma}\mathrm{d}V \tag{1-47}$$

当物体发生虚位移时外力所做的功称为外力虚功，即

$$\delta W=\int_V(\delta\boldsymbol{u})^{\mathrm{T}}\boldsymbol{f}\mathrm{d}V+\int_{S_1}(\delta\boldsymbol{u})^{\mathrm{T}}\bar{\boldsymbol{f}}\,\mathrm{d}S \tag{1-48}$$

虚位移原理：在外力作用下处于平衡状态下的物体发生虚位移时，外力总虚功等于物体总虚应变能，即

$$\delta W=\delta\phi_{\varepsilon} \tag{1-49}$$

也就是

$$\int_V\boldsymbol{f}^{\mathrm{T}}\delta\boldsymbol{u}\mathrm{d}V+\int_{S_1}\bar{\boldsymbol{f}}^{\mathrm{T}}\delta\boldsymbol{u}\mathrm{d}S=\int_V\delta\bar{\phi}_{\varepsilon}\mathrm{d}V \tag{1-50}$$

式（1-50）称为虚功方程，也称为虚位移方程。考虑到外力不变，将式（1-50）中变分符号提取出来成为

$$\delta\left(\int_V\bar{\phi}_{\varepsilon}\mathrm{d}V-\int_V\boldsymbol{f}^{\mathrm{T}}\boldsymbol{u}\mathrm{d}V-\int_{S_1}\bar{\boldsymbol{f}}^{\mathrm{T}}\boldsymbol{u}\mathrm{d}S\right)=0 \tag{1-51}$$

记外力势为

$$\phi_{\mathrm{p}}=-\int_V\boldsymbol{f}^{\mathrm{T}}\boldsymbol{u}\mathrm{d}V-\int_{S_1}\bar{\boldsymbol{f}}^{\mathrm{T}}\boldsymbol{u}\mathrm{d}S \tag{1-52}$$

定义总势能为

$$\phi=\phi_{\varepsilon}+\phi_{\mathrm{p}} \tag{1-53}$$

式（1-51）可以写为

$$\delta\phi=0 \tag{1-54}$$

综上，处于平衡状态的物体发生虚位移时，总势能变分为零，总势能取驻值。可以证明，这个驻值为极小值。这就是最小势能原理（principle of minimum potential energy）：在满足位移边界条件下的一切位移中，真正的位移使势能取最小值。

由于物体在平衡状态下的势能处于最小值，所以势能原理与平衡方程等价。在有限元理论中可以直接代替物体平衡微分方程和应力边界条件。在后面每章建立结构刚度方程时，要反复应用最小势能原理或虚位移原理，请读者特别注意。

虽然弹性体虚位移原理（最小势能原理）与平衡微分方程组等价。但是在有限元方法的实际应用中，弹性体虚位移原理却与有限元的平衡微分方程不完全等价。这主要是因为虚位移原理要求虚位移具有任意性，但有限元的假设虚位移模式并不是任意的，而是采用了某种简单的多项式近似表示，所以有限元方法应用虚位移原理得到的结果并不精确满足平衡关系，这也是有限元方法计算误差产生的一个原因。但是有限元方法确实精确满足了几何方程和物理方程。另外有限元方法的位移和应力约束边界条件也不是精确满足。读者在后面的阅读中可以注意分析一下其中的道理。

1.3.3 瑞利-里茨法

利用最小势能原理可以帮助确定问题的解答。如果可以写出满足位移边界条件的所有可能的解析表达式，就可以利用最小势能原理找出真正的解答。如果不能找到满足位移边界条件的所有可能的解析表达式，只是写出其中的一部分，也可以利用最小势能原理找出其中最接近准确解答的表达式。

例如：如果我们能够将位移表达式写为

$$\begin{cases} u(x,y,z)=u_0(x,y,z)+\sum_i A_i u_i(x,y,z) \\ v(x,y,z)=v_0(x,y,z)+\sum_i B_i v_i(x,y,z) \\ w(x,y,z)=w_0(x,y,z)+\sum_i C_i w_i(x,y,z) \end{cases} \tag{1-55}$$

式中，u_0，v_0，w_0 和 u_i，v_i，w_i 都是已经选择好的函数，在位移约束边界上满足下式

$$\begin{cases} u_0=\bar{u},v_0=\bar{v},w_0=\bar{w} \\ u_i=0,v_i=0,w_i=0 \end{cases} \tag{1-56}$$

式中，A_i，B_i，C_i 是待定常数，无论取何值，保证式（1-55）都可以满足位移边界条件。按照前面的分析可以知道，需要根据最小势能原理，即

$$\frac{\partial\phi}{\partial A_i}=0,\frac{\partial\phi}{\partial B_i}=0,\frac{\partial\phi}{\partial C_i}=0 \tag{1-57}$$

由式（1-57）得到 A_i，B_i，C_i 等待定常数，从而找出最接近准确解答的表达式。这种方法称为瑞利-里茨法（Rayleigh-Ritz method）。

例 1.1 用瑞利-里茨法求图 1-4 所示均布荷载作用下的等截面简支梁挠度。已知抗弯刚度 EI 和杆长 l 及均布荷载集度 q。

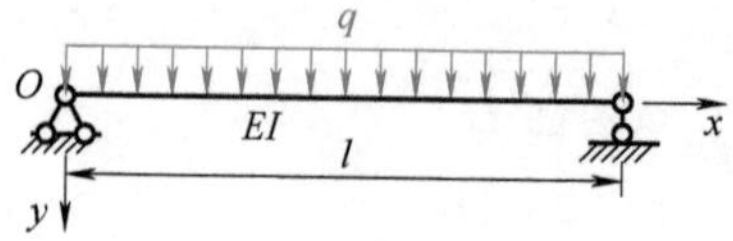

图 1-4 均布荷载作用下的简支梁

解： 按照简支梁弯曲的应变能为

$$\phi_\varepsilon=\frac{1}{2}EI\int_0^l\left(\frac{\mathrm{d}^2w}{\mathrm{d}x^2}\right)^2\mathrm{d}x \tag{1-58}$$

外力势能为

$$\phi_\mathrm{p}=-\int_0^l qw\mathrm{d}x \tag{1-59}$$

总势能为

$$\phi=\phi_\varepsilon+\phi_\mathrm{p}=\frac{1}{2}EI\int_0^l\left(\frac{\mathrm{d}^2w}{\mathrm{d}x^2}\right)^2\mathrm{d}x-\int_0^l qw\mathrm{d}x \tag{1-60}$$

为了满足位移约束条件，即

$$w(0)=w(l)=0 \tag{1-61}$$

假设挠曲线方程为

$$w(x)=\sum_{i=1}^n C_i\sin\frac{\pi ix}{l} \tag{1-62}$$

容易验证满足位移约束条件式（1-61）。将式（1-62）代入式（1-60）得

$$\phi=\frac{1}{2}EI\int_0^l\left[-\sum_{i=1}^{n}\left(\frac{\pi i}{l}\right)^2 C_i\sin\frac{\pi ix}{l}\right]^2\mathrm{d}x-q\sum_{i=1}^{n}C_i\int_0^l\sin\frac{\pi ix}{l}\mathrm{d}x \tag{1-63}$$

将式（1-63）代入式（1-57）得

$$\frac{\partial\phi}{\partial C_j}=EI\frac{\pi^4 j^2}{l^4}\sum_{i=1}^{n}C_i i^2\int_0^l\sin\frac{\pi ix}{l}\sin\frac{\pi jx}{l}\mathrm{d}x-q\int_0^l\sin\frac{\pi jx}{l}\mathrm{d}x=0 \tag{1-64}$$

注意

$$\int_0^l\sin\frac{\pi ix}{l}\sin\frac{\pi jx}{l}\mathrm{d}x=-\frac{1}{2}\int_0^l\left[\cos\frac{\pi(i+j)x}{l}-\cos\frac{\pi(i-j)x}{l}\right]\mathrm{d}x \tag{1-65}$$

当 $i=j$，i，$j>0$ 时，

$$\begin{aligned}\int_0^l\sin\frac{\pi ix}{l}\sin\frac{\pi jx}{l}\mathrm{d}x&=-\frac{1}{2}\int_0^l\left[\cos\frac{\pi(i+j)x}{l}-1\right]\mathrm{d}x\\&=-\frac{1}{2}\left[\frac{l}{\pi(i+j)}\sin\frac{\pi(i+j)x}{l}-x\right]_0^l=\frac{l}{2}\end{aligned} \tag{1-66}$$

当 $i\neq j$ 且 i，$j>0$ 时，

$$\begin{aligned}\int_0^l\sin\frac{\pi ix}{l}\sin\frac{\pi jx}{l}\mathrm{d}x&=-\frac{1}{2}\left[\frac{l}{\pi(i+j)}\sin\frac{\pi(i+j)x}{l}-\frac{l}{\pi(i-j)}\sin\frac{\pi(i-j)x}{l}\right]_0^l\\&=-\frac{1}{2}\left[\frac{l}{\pi(i+j)}\sin\pi(i+j)-\frac{l}{\pi(i-j)}\sin\pi(i-j)\right]=0\end{aligned} \tag{1-67}$$

$$\int_0^l\sin\frac{\pi jx}{l}\mathrm{d}x=\frac{l}{\pi j}(1-\cos\pi j)=\begin{cases}0, & j\text{ 为偶数}\\ \dfrac{2l}{\pi j}, & j\text{ 为奇数}\end{cases} \tag{1-68}$$

将式（1-66）和式（1-68）代入式（1-64）解得

$$C_j=\frac{4ql^4}{EI\pi^5}\frac{1}{j^5},\ j=1,3,5,\cdots \tag{1-69}$$

将式（1-69）代回到式（1-62），最后得到近似挠曲线方程为

$$w(x)=\frac{4ql^4}{EI\pi^5}\sum_{i=1,3,5}^{n}\frac{1}{i^5}\sin\frac{\pi ix}{l} \tag{1-70}$$

在梁的中点 $x=\frac{l}{2}$ 上有

$$w\left(\frac{l}{2}\right)=\frac{4ql^4}{EI\pi^5}\sum_{i=1,3,5}^{n}\frac{1}{i^5}\sin\frac{\pi i}{2}=\frac{4ql^4}{EI\pi^5}\left(1-\frac{1}{3^5}+\frac{1}{5^5}+\cdots\right) \tag{1-71}$$

如果仅取式（1-71）等号右侧第 1 项可得

$$w\left(\frac{l}{2}\right)\doteq\frac{4ql^4}{EI\pi^5}=0.013071\frac{ql^4}{EI} \tag{1-72}$$

材料力学的精确解为

$$w\left(\frac{l}{2}\right)=\frac{5ql^4}{384EI}=0.013021\frac{ql^4}{EI} \tag{1-73}$$

误差仅为 0.39%。

1.3.4 加权残值法

加权残值法也是求解线性和非线性微分方程的一种通用方法，可以直接由微分方程求解，不需要建立最小势能原理等类似的辅助定理。

假设某物理问题在域 V 内的控制方程组为

$$\boldsymbol{g}(\boldsymbol{u})=[g_1(\boldsymbol{u})\quad g_2(\boldsymbol{u})\quad\cdots\quad g_n(\boldsymbol{u})]^{\mathrm{T}}=0 \tag{1-74}$$

在边界 S 上满足边界条件，即

$$\overline{\boldsymbol{g}}(\boldsymbol{u})=[\overline{g}_1(\boldsymbol{u})\quad \overline{g}_2(\boldsymbol{u})\quad\cdots\quad \overline{g}_n(\boldsymbol{u})]^{\mathrm{T}}=0 \tag{1-75}$$

式中，$\boldsymbol{u}$ 是待定的函数组向量；$\boldsymbol{g}$ 和 $\overline{\boldsymbol{g}}$ 是微分算子组向量。取任意函数向量，即

$$\boldsymbol{V}=[v_1\quad v_2\quad\cdots\quad v_n]^{\mathrm{T}},\overline{\boldsymbol{V}}=[\overline{v}_1\quad \overline{v}_2\quad\cdots\quad \overline{v}_n]^{\mathrm{T}} \tag{1-76}$$

显然有

$$\int_V \boldsymbol{V}^{\mathrm{T}}\boldsymbol{g}(\boldsymbol{u})\mathrm{d}V+\int_S \overline{\boldsymbol{V}}^{\mathrm{T}}\overline{\boldsymbol{g}}(\boldsymbol{u})\mathrm{d}S=0 \tag{1-77}$$

如果 $\boldsymbol{V}$ 和 $\overline{\boldsymbol{V}}$ 取任意可积函数向量时，式（1-77）都成立，则式（1-74）和式（1-75）必然成立。所以，式（1-77）是式（1-74）和式（1-75）的等效形式，也称为等效积分的“强”形式。事实上，对于大多数工程实际问题，无法找到同时满足这些方程的函数 $\boldsymbol{u}$。为此，寻找近似满足式（1-77）的函数。

假设一个试函数

$$\tilde{\boldsymbol{u}}=\sum_{i=1}^{n}C_i\varphi_i=\boldsymbol{C}^{\mathrm{T}}\boldsymbol{\varphi} \tag{1-78}$$

将式（1-78）代入式（1-74）和式（1-75），并定义

$$\boldsymbol{R}=\boldsymbol{g}(\tilde{\boldsymbol{u}})=\boldsymbol{g}(\boldsymbol{C}^{\mathrm{T}}\boldsymbol{\varphi}),\overline{\boldsymbol{R}}=\overline{\boldsymbol{g}}(\tilde{\boldsymbol{u}})=\overline{\boldsymbol{g}}(\boldsymbol{C}^{\mathrm{T}}\boldsymbol{\varphi}) \tag{1-79}$$

式（1-79）称为残值，残差或余量。我们找到的近似解答应该使得这些残值尽可能地小。因此将式（1-77）中的任意函数 $\boldsymbol{V}$ 和 $\overline{\boldsymbol{V}}$ 向量改用指定的函数

$$\boldsymbol{V}=\boldsymbol{W}_j,\overline{\boldsymbol{V}}=\overline{\boldsymbol{W}}_j,\ j=1,2,\cdots,m \tag{1-80}$$

并代入式（1-78），式（1-77）近似写为

$$\int_V \boldsymbol{W}_j^{\mathrm{T}}\boldsymbol{g}(\boldsymbol{C}^{\mathrm{T}}\boldsymbol{\varphi})\mathrm{d}V+\int_S \overline{\boldsymbol{W}}_j^{\mathrm{T}}\overline{\boldsymbol{g}}(\boldsymbol{C}^{\mathrm{T}}\boldsymbol{\varphi})\mathrm{d}S=0 \tag{1-81}$$

或者为

$$\int_V \boldsymbol{W}_j^{\mathrm{T}}\boldsymbol{R}\mathrm{d}V+\int_S \overline{\boldsymbol{W}}_j^{\mathrm{T}}\overline{\boldsymbol{R}}\mathrm{d}S=0 \tag{1-82}$$

式（1-81）、式（1-82）中分别含有 m 个方程，n 个待定系数。

这种通过使残值最小化的方法确定试函数具体形式的方法称为加权残值法。而向量 $\boldsymbol{W}$ 和 $\overline{\boldsymbol{W}}$ 就是权重函数。权重函数可以人为近似选取。根据选取方法不同，形成了不同的加权残值法。以下介绍几种主要方法。

（1）配点法　采用 δ 函数为权函数，即

$$\boldsymbol{W}_j(\boldsymbol{x})=\overline{\boldsymbol{W}}_j(\boldsymbol{x})=\delta(\boldsymbol{x}-\boldsymbol{x}_j) \tag{1-83}$$

式中，δ 函数性质如下：

$$\begin{cases}\delta(x-x_j)=0,x\neq x_j\\ \int_{-\infty}^{+\infty}\delta(x-x_j)f(x)\,\mathrm{d}x=f(x_j)\end{cases} \tag{1-84}$$

这种方法强制残值在指定点为零。

（2）最小二乘法　为了使残值在全部域内总和尽可能小，可以用最小二乘法，即

$$\frac{\partial}{\partial C_j}\int_V \boldsymbol{R}^{\mathrm{T}}\boldsymbol{R}\mathrm{d}V=2\int_V \boldsymbol{R}^{\mathrm{T}}\frac{\partial \boldsymbol{R}}{\partial C_j}\mathrm{d}V=0 \tag{1-85}$$

将式（1-85）与式（1-82）比较可知，相当于取权函数，即

$$\boldsymbol{W}_j(\boldsymbol{x})=\frac{\partial \boldsymbol{R}}{\partial C_j} \tag{1-86}$$

（3）伽辽金（Galerkin）法　取试函数作为权函数，即

$$\boldsymbol{W}_j(\boldsymbol{x})=\frac{\partial \tilde{\boldsymbol{u}}}{\partial C_j}=\varphi_j \tag{1-87}$$

下面以一个微分方程为例说明。

例 1.2　求解微分方程

$$\begin{cases}\dfrac{\mathrm{d}^2u}{\mathrm{d}x^2}+u=-x, & 0\leqslant x\leqslant 1\\ u(0)=0, & u(1)=0\end{cases} \tag{1-88}$$

解：取二项式作为近似函数，

$$\tilde{u}(x)=C_1x(1-x)+C_2x^2(1-x) \tag{1-89}$$

或写为

$$\tilde{u}(x)=\sum_{i=1}^{2}C_i\varphi_i(x), \tag{1-90}$$

$\varphi_1(x)=x(1-x)$，$\varphi_2(x)=x^2(1-x)$ 为近似解。容易验证满足边界条件，但是不满足微分方程，残量为

$$R(x)=x+C_1(-2+x-x^2)+C_2(2-6x+x^2-x^3) \tag{1-91}$$

其加权积分应该为零，即

$$\int_0^1 W_iR(x)\,\mathrm{d}x=0 \tag{1-92}$$

（1）配点法　取 $x=\dfrac{1}{3}$，$\dfrac{2}{3}$作为配点，

$$\begin{cases}R\left(\dfrac{1}{3}\right)=\dfrac{1}{3}-\dfrac{16}{9}C_1+\dfrac{2}{27}C_2=0\\ R\left(\dfrac{2}{3}\right)=\dfrac{2}{3}-\dfrac{16}{9}C_1-\dfrac{50}{27}C_2=0\end{cases} \tag{1-93}$$

解得 $C_1=0.1947$，$C_2=0.1731$。最后得到近似解答为

$$\tilde{u}(x)=0.1947x(1-x)+0.1731x^2(1-x) \tag{1-94}$$

（2）最小二乘法　权重函数为

$$W_1=\frac{\partial R}{\partial C_1}=-2+x-x^2,W_2=\frac{\partial R}{\partial C_2}=2-6x+x^2-x^3 \tag{1-95}$$

将式（1-95）代入式（1-92）可得

$$\begin{cases}\int_0^1(-2+x-x^2)[x+C_1(-2+x-x^2)+C_2(2-6x+x^2-x^3)]\mathrm{d}x=0\\ \int_0^1(2-6x+x^2-x^3)[x+C_1(-2+x-x^2)+C_2(2-6x+x^2-x^3)]\mathrm{d}x=0\end{cases} \tag{1-96}$$

解得 $C_1=0.1875$，$C_2=0.1695$。最后得到近似解答为

$$\tilde{u}(x)=0.1875x(1-x)+0.1695x^2(1-x). \tag{1-97}$$

（3）迦辽金（Galerkin）法 取试函数为权重函数，把

$$W_1=\varphi_1(x)=x(1-x),W_2=\varphi_2(x)=x^2(1-x) \tag{1-98}$$

将式（1-98）代入式（1-92）可得

$$\begin{cases}\int_0^1 x(1-x)[x+C_1(-2+x-x^2)+C_2(2-6x+x^2-x^3)]\mathrm{d}x=0\\ \int_0^1 x^2(1-x)[x+C_1(-2+x-x^2)+C_2(2-6x+x^2-x^3)]\mathrm{d}x=0\end{cases} \tag{1-99}$$

解得 $C_1=0.1924$，$C_2=0.1707$。最后得到近似解答为

$$\tilde{u}(x)=0.1924x(1-x)+0.1707x^2(1-x) \tag{1-100}$$

采用 MATLAB 代码：


```
dsolve(diff(diff(u))+u==-x,u(0)==0,u(1)==0)
```

可以得到其解析解

$$u(x)=\sin x/\sin 1-x \tag{1-101}$$

如图 1-5 所示，比较几种数值解与解析解的结果。

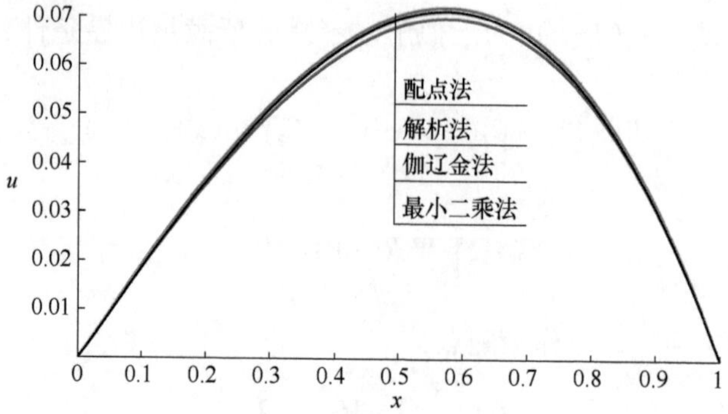

图 1-5 微分方程数值解和解析解比较

这种用一个简单多项式近似表示解答的方法经常不可行。例如：下式函数

$$f(x)=1/(1+x^2) \tag{1-102}$$

采用不同次数的多项式插值

$$g(x)=\sum_{i=1}^{n}c_i x^{2i} \tag{1-103}$$

得到的结果如图 1-6 所示。从图 1-6 中可以看出，当多项式的阶次增高时，近似的误差反而增大了。这就是著名的龙格（Runge）现象。一个最简单的解决方法是分段插值。例如，仅用八段线性插值就可以近似得很好了。如果采用二次插值，效果非常好。为此，有限元方法就是分段/区插值的方法，每个插值区域就是一个有限单元。

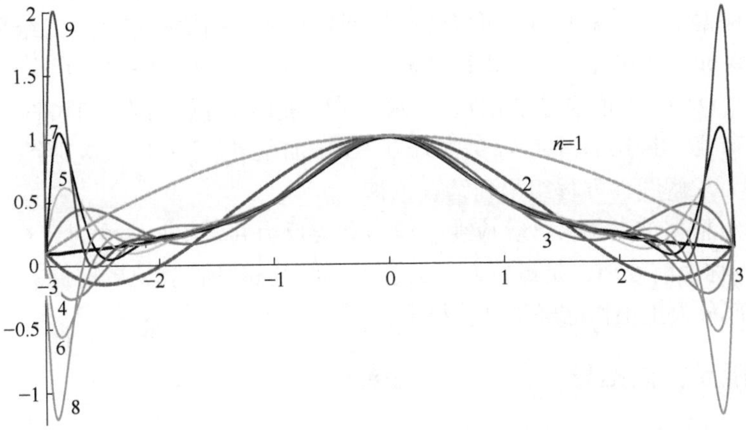

图 1-6 龙格（Runge）现象

1.4 有限元方法原理

1.4.1 有限元方法的分析过程

有限元方法的基本思想：将一个结构或连续体假想离散化为若干子结构（有限单元），在每个子结构内用简单函数近似表示位移场的复杂分布。只要单元足够小，这种近似的误差就会足够小。通过力学问题的基本控制方程建立整体关系方程，以期求解位移基本变量。如图 1-7a 所示，以沿直径受压的圆盘为例，分析求解过程如下：

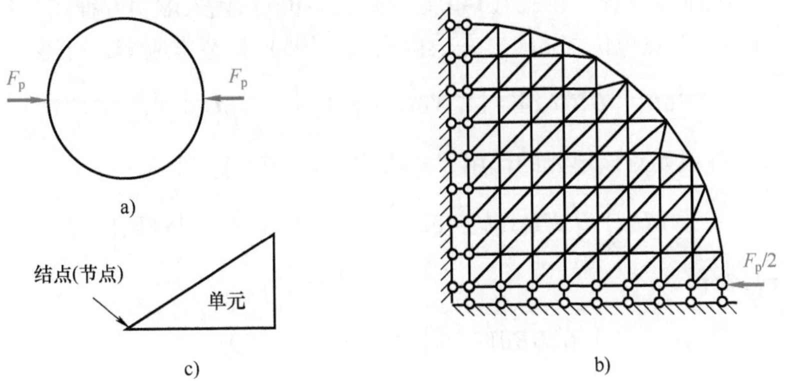

图 1-7 有限元方法

a）力学模型 b）有限元网格 c）单元

（1）简化　利用对称性取图 1-7 b 所示的$\frac{1}{4}$结构。

（2）划分单元　将$\frac{1}{4}$圆划分成若干个三角形。每个三角形称为一个有限单元（简称为有限元，或单元），如图 1-7c 所示，画出了一个单元。单元的三个角点称为结点；单元可以有多种形状，根据实际情况不同，可以选择桁架杆单元、刚架杆单元、二维平面单元、三维实体单元、板单元、壳单元等。这里以最简单的平面三角形单元为例。

（3）引入位移约束　根据对称条件，将两个对称面上的结点分别施加水平和竖直位移约束。

（4）引入荷载　由于对称性，将集中力的一半施加在结点上；以上这几个步骤称为前处理。

（5）求解　求解线性方程组得到结点位移。

（6）输出　根据结点位移计算应变、应力和支反力并输出，这个过程被称为后处理。

（1）~（4）称为前处理，是最费人工的过程。（5）最耗计算机的时间。目前前、后处理工作的很大一部分人工工作已经被计算机取代了。

1.4.2　有限元方法推导

采用结点位移为基本未知变量，推导过程如下：

（1）选取位移模式　以结点位移 $\boldsymbol{u}_i$ 为基本未知量，将每个单元内任意位置 $\boldsymbol{r}$ 的位移 $\boldsymbol{u}(\boldsymbol{r})$ 用结点位移表示，即假设单元位移模式为

$$\boldsymbol{u}(\boldsymbol{r})=\boldsymbol{N}(\boldsymbol{r})\boldsymbol{U}_e \tag{1-104}$$

式中，$\boldsymbol{N}(\boldsymbol{r})$ 为插值函数矩阵，这里称为形函数矩阵。$\boldsymbol{U}_e$ 是由单元结点位移组成的单元结点位移列向量。

（2）建立几何关系　根据单元位移模式，按照弹性力学的概念计算出应变 $\boldsymbol{\varepsilon}$，即

$$\boldsymbol{\varepsilon}(\boldsymbol{r})=\boldsymbol{B}(\boldsymbol{r})\boldsymbol{U}_e \tag{1-105}$$

式中，$\boldsymbol{B}(\boldsymbol{r})$ 描述了位移与应变之间的几何关系，称为几何矩阵，也称为应变矩阵。

（3）建立物理关系　由胡克定律根据应变计算出应力 $\boldsymbol{\sigma}$：

$$\boldsymbol{\sigma}(\boldsymbol{r})=\boldsymbol{D}\boldsymbol{B}(\boldsymbol{r})\boldsymbol{U}_e \tag{1-106}$$

式中，$\boldsymbol{D}$ 称为弹性矩阵。

（4）建立单元刚度方程　将式（1-104）~式（1-106）代入虚功方程式（1-50）（相当于平衡方程）；并构造结点虚位移 $\delta\boldsymbol{U}_e$，并根据式（1-105）构造虚应变，可得

$$\int_V(\boldsymbol{B}\delta\boldsymbol{U}_e)^{\mathrm{T}}\boldsymbol{D}\boldsymbol{B}\boldsymbol{U}_e\mathrm{d}V=\int_V(\boldsymbol{N}\delta\boldsymbol{U}_e)^{\mathrm{T}}\boldsymbol{f}\mathrm{d}V+\int_{S_1}(\boldsymbol{N}\delta\boldsymbol{U}_e)^{\mathrm{T}}\bar{\boldsymbol{f}}\,\mathrm{d}S+\delta\boldsymbol{U}_e^{\mathrm{T}}\boldsymbol{F}_e^i \tag{1-107}$$

式中，$\boldsymbol{F}_e^i$ 是其他各单元对该单元的作用力。将式（1-107）整理得

$$\delta\boldsymbol{U}_e^{\mathrm{T}}\int_V\boldsymbol{B}^{\mathrm{T}}\boldsymbol{D}\boldsymbol{B}\mathrm{d}V\boldsymbol{U}_e=\delta\boldsymbol{U}_e^{\mathrm{T}}\left[\int_V\boldsymbol{N}^{\mathrm{T}}\boldsymbol{f}\mathrm{d}V+\int_{S_1}\boldsymbol{N}^{\mathrm{T}}\bar{\boldsymbol{f}}\,\mathrm{d}S+\boldsymbol{F}_e^i\right] \tag{1-108}$$

由虚位移的任意性得

$$\int_V\boldsymbol{B}^{\mathrm{T}}\boldsymbol{D}\boldsymbol{B}\mathrm{d}V\boldsymbol{U}_e=\int_V\boldsymbol{N}^{\mathrm{T}}\boldsymbol{f}\mathrm{d}V+\int_{S_1}\boldsymbol{N}^{\mathrm{T}}\bar{\boldsymbol{f}}\,\mathrm{d}S+\boldsymbol{F}_e^i \tag{1-109}$$

定义等效结点力向量为

$$\boldsymbol{F}_e^E=\int_V\boldsymbol{N}^{\mathrm{T}}\boldsymbol{f}\mathrm{d}V+\int_{S_1}\boldsymbol{N}^{\mathrm{T}}\bar{\boldsymbol{f}}\,\mathrm{d}S \tag{1-110}$$

单元刚度矩阵为

$$\boldsymbol{k}_e=\int_V \boldsymbol{B}^{\mathrm{T}}\boldsymbol{D}\boldsymbol{B}\mathrm{d}V \tag{1-111}$$

单元刚度矩阵只与结构自身的性质有关，与外力和位移约束无关。式（1-109）得到单元结点位移和结点力之间的关系，形成单元刚度方程（即平衡方程），即

$$\boldsymbol{k}_e\boldsymbol{U}_e=\boldsymbol{F}_e \tag{1-112}$$

式中，$\boldsymbol{F}_e=\boldsymbol{F}_e^i+\boldsymbol{F}_e^E$ 包含了其他各单元对该单元的作用力 $\boldsymbol{F}_e^i$ 和外力产生的等效结点力 $\boldsymbol{F}_e^E$ 两部分。

（5）建立结构整体刚度方程　将所有单元的刚度方程按照对应的自由度累加合成结构总刚度方程，即

$$\boldsymbol{K}_0\boldsymbol{U}_0=\boldsymbol{F}_0 \tag{1-113}$$

式中，$\boldsymbol{K}_0$ 是结构总刚度矩阵；$\boldsymbol{F}_0$ 是结构的结点力列向量。

目前作为基本未知量的结点位移列向量 $\boldsymbol{U}_0$ 还不能直接求解，这是由于结构总刚度矩阵 $\boldsymbol{K}_0$ 经常不可逆，右端项 $\boldsymbol{F}_0$ 也不是完全已知，其中还有支反力可能不知道，而且结点位移列向量 $\boldsymbol{U}_0$ 也不都是未知量，有的部分位移约束是已知的，所以需要区分。另外，单元的结点力列向量 $\boldsymbol{F}_e$ 包含单元之间的作用力 $\boldsymbol{F}_e^i$（以结构为研究对象时是内力）和结构以外施加的外力 $\boldsymbol{F}_e^E$，在累加形成结构的结点力列向量 $\boldsymbol{F}_0$ 时，由于内力会成对出现累加为零，所以，结构的结点力只累加结构的外力 $\boldsymbol{F}_e^E$。

（6）引入位移边界条件　可得到结构刚度方程为

$$\boldsymbol{K}\boldsymbol{U}=\boldsymbol{F} \tag{1-114}$$

式中，$\boldsymbol{K}$ 称为结构刚度矩阵，只与结构有关，与外力和结点位移无关。

（7）求解　解这个线性方程组得到基本未知量（结点位移列向量），即

$$\boldsymbol{U}=\boldsymbol{K}^{-1}\boldsymbol{F} \tag{1-115}$$

（8）求应力　由式（1-104）~式（1-106）可以分别求出结构任意位置的位移、应变和应力。还可以由式（1-113）中的部分方程求出支反力。

本书中黑体字符表示矩阵或向量。矩阵或向量一般不加方括号，除非需要列出其中的分量或子矩阵。

以上是有限元方法的基本过程，也是各章的程序流程图。本书的每一章都是按照这个过程讲解。每章的关键不同就在于位移模式（1-104）假设不同。针对不同结构和单元划分形式（如杆件、三角形单元、四边形单元、板单元等）构成了本书的不同章节，用来求解不同问题或同一问题的不同方法。基本过程也基本一致。

本书里的多数算例的单元数明显过少，不能达到一般工程实际需要的计算精度。这里仅仅是为了讲解方便，尽量使程序简单，可读性强。在工程实践中，要根据需要适当选择单元数量，并经过多次试算和调整。

第 2 章

MATLAB应用基础

有限元方法最终要编制程序在计算机上运行才能实现。目前支持计算机编程的软件系统有很多，其中 MATLAB 具有其独到之处。

MATLAB 特别擅长处理矩阵运算，有限元方法大量用到矩阵运算，MATLAB 使用起来会简单得多。尤其是其丰富强大的库函数使一些常用数学计算非常容易。MATLAB 命名源于 Matrix 和 Laboratory 两个单词各取前 3 个字母的拼写。学过 C、FORTRAN 等任何一种计算机语言的人都很容易学会，但 MATLAB 的运算速度比 FORTRAN 慢很多，更比 C 语言慢，适合于初学或分析运算量不大的问题。

2.1 系统介绍

2.1.1 几个重要窗口

MATLAB 系统有几个经常用到的窗口，如图 2-1 所示，这里先做简单介绍。

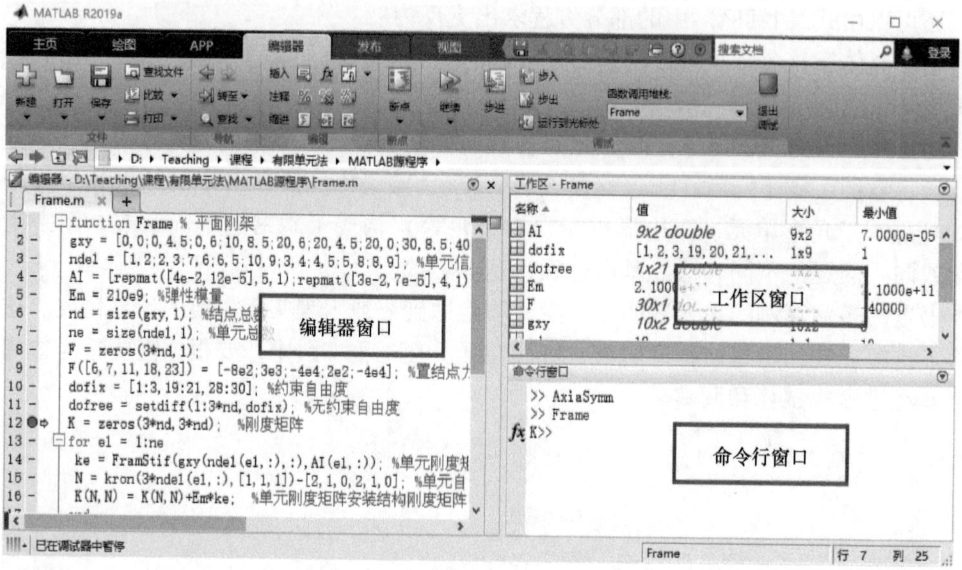

图 2-1　MATLAB 主要窗口

（1）命令行窗口　用来输入指令和显示运行结果。

（2）工作区窗口　查看当前工作变量。双击一个变量名就可以看到该变量存储的数值。

（3）编辑器窗口　m 文件编辑窗口，可以将待执行的一系列命令写入这个窗口并保存为后缀为 m 的文件，供以后调用和运行。命令可以直接在命令行窗口内运行，也可以在编辑器窗口内编辑保存后执行。本书讲到的有限元程序，由于要经常用，在编辑器窗口内编辑保存为 m 文件，后续可以随时执行。

如果系统启动后没有见到这些窗口，可以在系统菜单<主页>标签下的<布局>菜单下打开。

2.1.2　几点说明

可以在系统菜单<主页>标签下的下的<帮助>打开 MATLAB 自带的帮助文件学习更多的知识。初学者可以先在树形目录中打开<MATLAB>浏览基本用法。如果想知道某个命令的用法，也可在命令行使用“help”或“doc”加上该命令取得对该命令的帮助。在进一步讲解之前先做几点说明：

1）MATLAB 不需要对变量做声明，当它发现一个新的变量名时，将默认其为双精度浮点类型（double）并分配内存空间。

2）变量命名以英文字母开始，后面可以是任意个字母、数字或下划线。虽然变量长度任意，但系统一般只识别前 63 个字符。

3）变量区分大小写，也就是“a”和“A”不是同一个变量。

4）在命令后加“;”表示不在命令行窗口中显示结果，如果不加“;”，则会显示。

5）每行可以写几个语句，用“;”分开，也可以用“,”分开。

6）一个语句也可以写几行，未结束行行末加“…”。

7）“%”开始的语句是注释行，程序不执行。

8）所有命令必须在英文输入状态下输入，如果使用中文输入状态下的全角字符，将被认为非法字符。

计算机语言的语法虽然比较严格，但是一般比较抽象，不好理解。为了便于初学者学习掌握，本书在讲解中一般没有给出严格的语法，而是采用实例教学的方法，通过应用实例讲解概念。如果需要查询严格的语法，可以通过本节介绍的“help”或“doc”命令查询。

2.1.3　m 文件介绍

前面介绍的在编辑器窗口中编辑保存的文件分为两种：

1. function 函数文件

function 函数文件可以接收和返回参数。第 1 个非注释行以 function 关键词开始，形式为

```
function [out1,out2,...]=funname(in1,in2,...)
```

其中 funname 是函数名，in1，in2 等为输入参数，out1，out2 为输出参数。以文件名 funname.m 保存。函数名和变量名是自己命名的。例如：在编辑器窗口下输入

```
function c=addfun(a,b)
c=a+b;
```

并以 addfun. m 保存。这里因为只有一个输出变量，输出端可以不写方括号。在命令窗口下输入

```
y=addfun(1,2)<Enter>
```

就可以看到显示“y=3”。也会在工作区窗口中看到“y”这个变量。但是看不到“a, b 和 c”等变量。这就是函数文件的一个特点：函数文件中的变量只能在函数内可见，离开函数就不可见了，被称为局部变量。局部变量在函数内可以使用，函数运行结束就不能使用了。如果希望在函数外面也能看到这个变量，需要声明

```
global a
```

这时“a”成为全局变量。只要在其他程序中也定义为全局变量就可见。

2. Script 脚本文件

脚本文件就是一系列命令。不能接收和返回参数，它们只能对工作区窗口中的变量进行操作。不能以 function 开始。例如：在编辑器编辑窗口下输入

```
a=1;
```

以 exam. m 为文件名保存。在命令行窗口输入

```
exam<Enter>
```

就可以执行。尽管在命令行窗口中什么也看不到，但是在工作区窗口中可以看到“a”这个变量。也就是，脚本文件中的变量在整个工作空间中可见，而函数文件中的变量只能在自身的文件内可见。

2.2 表达式

2.2.1 数组操作

1. 赋值

实现对变量的赋值，表 2-1 给出了部分应用实例及含义。

表 2-1 赋值语句应用实例

实 例	含 义
U=zeros(20,1)	创建 20 行 1 列的零数组
K=sparse(10,15)	创建 10 行 15 列的稀疏零数组，因为零元素不做处理，所以对于大量零元素的数组可以显著节省存储空间和运算时间

（续）

实　例	含　义
F=ones(12,1)	创建12行1列单位1数组
d=eye(2)	创建一个2阶对角元全为1的单位数组
d=diag([1,2,3])	创建一个对角元为1，2，3的对角数组
v=diag([1,2;3,4])	取对角元形成一个列向量［1;4］
x=1:0.5:4	等间距产生数组，含义：起始：间距：终值
an=[1,2,pi/2]	逐个元素赋值，元素之间可以用“,”。其中“pi”就是圆周率
an=[1 2 pi/2]	元素之间也可以用空格“ ”分割，结果同上
an=[1,2,3;3,4,6;7,8,9]	“;”为行的分隔符号，而“,”或空格“ ”为同一行元素的分隔符；
x(:,[4,5])=2	第4、5列赋值为2。

2. 寻访

实现寻访数组变量的指定元素。可以整体使用，也可以按照指定元素寻访，见表2-2。

表2-2　寻访变量应用实例

实　例	含　义
x(3)	寻访第3个元素
x(1:3)	寻访第1到3个元素
x([1,2,3])	寻访第1，2，3个元素

2.2.2　运算符

主要有以下三类运算符。

（1）代数运算符　+（加），-（减），*（乘），/（除），^（乘方）。

（2）关系运算符　==（相等），~=（不等），>（大于），>=（大于等于），<（小于），<=（小于等于）。

（3）逻辑运算符　&（与），|（或），~（非）。

2.2.3　矩阵运算

表2-3列举了一些常用的矩阵运算，可以看出矩阵运算命令很简洁。

表2-3　矩阵运算应用实例

实　例	含　义
A′	A的转置
B+s	标量s分别与B的每个元素之和
s*A	标量s分别与A的每个元素之积
B/s	B的每个元素分别被标量s除
A.^n	A的每个元素自乘n次

（续）

实　例	含　义
A+B	对应元素相加
A−B	对应元素相减
A. * B	对应元素相乘
A. /B	A 的元素被 B 的对应元素除
A\B	A 的逆矩阵乘 B
A/B	A 乘 B 的逆矩阵

注：表中 s 表示标量，n 表示整数，A，B 表示矩阵。

2.3 程序控制

正常情况下程序按照语句顺序执行，根据需要也可以不完全按照语句顺序执行，有分支和循环两种形式。

2.3.1 if 判断语句

if 判断语句的语法在表 2-4 中给出，流程图如图 2-2 所示。

表 2-4　if 判断语句语法

语　法	实　例
if 逻辑判断式	if x<60
语句……	mark = '不及格'；
<else if 逻辑判断式>	else if x<70
	mark = '及格'；
语句……	else if x<80
	mark = '中'；
	else if x<90
	mark = '良'；
<else>	else
语句……	mark = '优'；
end	end

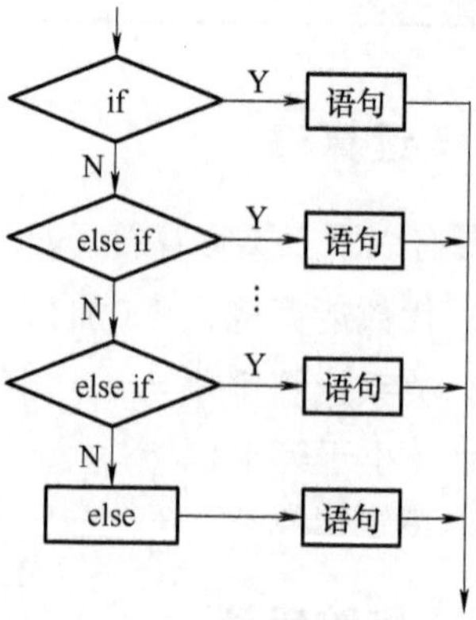

图 2-2　if 判断语句流程图

尖括号<>里的内容表示可选项，下同。依次检查 if 和 else if 判断式，成立时执行该判断式后面的语句，然后跳出结构。当所有判断式都不成立时，执行 else 后面的语句，然后跳出结构。

2.3.2 switch-case 分支语句

switch-case 分支语句的语法在表 2-5 中给出，流程图如图 2-3 所示。

表 2-5 switch-case 分支语句语法

语　法	实　例
switch 变量	switch m
case 数值 1	case '优'
……	disp（'你很棒！'）;
<case 数值 k>	case '良'
……	disp（'你还可以更好！'）;
<otherwise>	otherwise
……	disp（'你还要加油呀！'）;
end	end

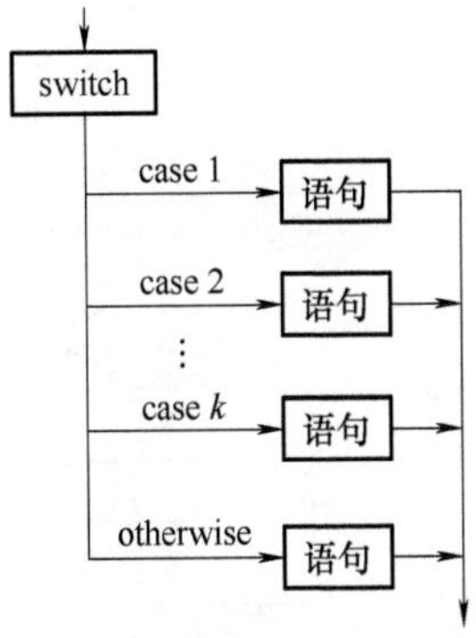

图 2-3　switch-case 分支语句流程图

当变量等于数值 k 的时候，执行该 case 后面的语句，然后跳出该结构。在变量不等于前面所有的检测值的时候，执行 otherwise 后面的命令，然后跳出该结构。

2.3.3　循环语句

1. while 循环语句

while 循环语句的语法在表 2-6 中给出。while 循环语句流程图如图 2-4 所示。

表 2-6　While 循环语句语法

语　法	实例（判断最小可识别数）
	eps=1;
while 表达式	while（1+eps）>1
……	eps=eps/2;
end	end

若表达式成立就反复执行直到 end 之间的语句，直到条件不成立，跳出结构。

2. for 循环语句

for 循环语句的语法在表 2-7 中给出。for 循环语句流程图如图 2-5 所示。

表 2-7　for 循环语句语法

语　法	实例（阶乘）
for n=初值：间距：终值	n=1;
……	for i=1：10
<continue>	n=n * i;
……	end
<break>	
……	
end	

n 从初值开始，以间距为增量，直到达到终值为止，循环执行直到 end 前的语句。遇到 continue 返回循环计数，遇到 break 跳出循环结构。

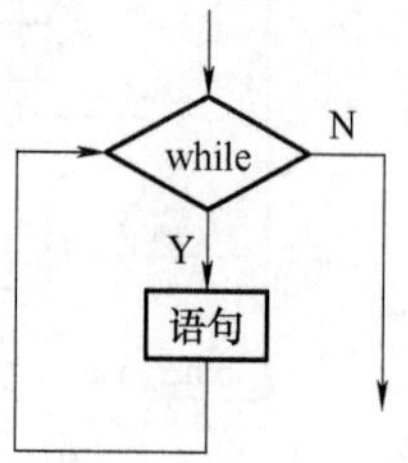

图 2-4 while 循环语句流程图

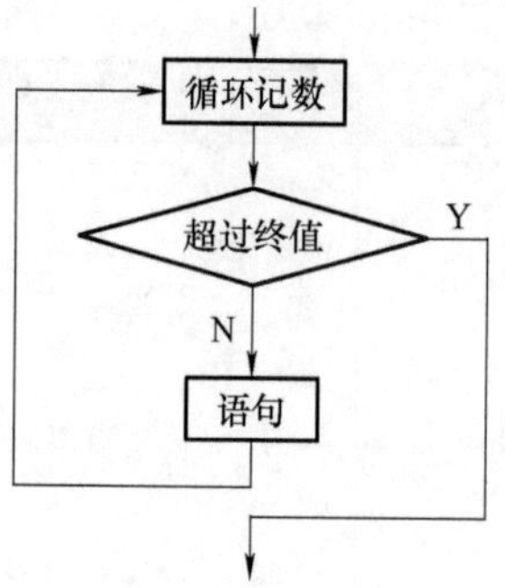

图 2-5 for 循环语句流程图

2.4 函数

2.1.3 节介绍了自行定义函数的方法。MATLAB 同时提供了大量的常用函数。

2.4.1 三角函数

表 2-8 给出了常用的三角函数。第 1 列的角单位是“rad”。第 2 列是第 1 列三角函数名后面增加字母“d”，角单位就成为“°”。例如，sin(pi)= sind(180)= 0。

表 2-8 三角函数

函数名称/rad	函数名称/(°)	含　义
sin	sind	正弦函数
cos	cosd	余弦函数
tan	tand	正切函数
cot	cotd	余切函数
asin	asind	反正弦函数
acos	acosd	反余弦函数
atan	atand	反正切函数
atan2	atand2	反正切函数
acot	acotd	反余切函数

atan2(x,y) 为反正切函数，有两个参数，表示两个坐标轴的投影，因此主值域是 4 个象限 atan(y/x)= atan2(x,y)，而 atan 的主值在第 Ⅰ 和第Ⅳ象限。相对 atan 的优势是可以计算参数 x 为零的情况。

2.4.2 矩阵运算函数

矩阵运算是 MATLAB 的一个强项。表 2-9 给出了本书会用到的一些矩阵运算常用函数。

表 2-9 矩阵运算函数

函数名	含 义	函数调用格式	说 明
inv	求逆矩阵	B=inv(A)	B是A的逆矩阵
eig	求特征值和特征向量	[V,D]=eig(A)	V是矩阵A属于特征值D的特征向量
eigs	求特征值和特征向量	[V,D]=eigs(A,k)	
kron	Kronecker 张量积	C=kron(A,B)	A中每个元素扩充为B
repmat	重复矩阵	B=repmat(A,m,n)	A重复m行n列
repelem	重复元素	B=repelem(A,m,n)	A中元素重复m行n列

具体详细说明如下：

（1）eig 和 eigs　返回的参数 V 和 D 满足关系式

$$\boldsymbol{AV}=\boldsymbol{VD} \tag{2-1}$$

式中，$\boldsymbol{V}$ 和 $\boldsymbol{D}$ 分别是特征向量矩阵和特征值矩阵，即

$$\boldsymbol{V}=[\boldsymbol{v}_1\quad \boldsymbol{v}_2\quad \cdots\quad \boldsymbol{v}_n],\boldsymbol{D}=\begin{bmatrix}\lambda_1 & & & \\ & \lambda_2 & & \\ & & \ddots & \\ & & & \lambda_n\end{bmatrix} \tag{2-2}$$

式中，λ_i 是属于特征向量 $\boldsymbol{v}_i$ 的特征值。满足关系式

$$\boldsymbol{Av}_i=\lambda_i\boldsymbol{v}_i,\text{或}(\boldsymbol{A}-\lambda_i\boldsymbol{I})\boldsymbol{v}_i=\boldsymbol{0} \tag{2-3}$$

式中，$\boldsymbol{I}$ 是单位矩阵。

eigs 函数中的参数 k 是特征向量和特征值的个数。也就是说，当不需要求出所有的特征向量和特征值时可以使用这个函数。而且，该命令中的矩阵还可以是稀疏矩阵，而命令 eig 不可以使用稀疏矩阵。另外，这两个命令中还可以使用两个矩阵，使用命令格式为

```
[V,D]=eig(A,B)
```

满足关系

$$\boldsymbol{AV}=\boldsymbol{BVD} \tag{2-4}$$

的问题称为广义特征值问题。

（2）kron　Kronecker 张量积命令为

```
B=kron([1,2,3],[1,1])
```

形成矩阵 B=[1,1,2,2,3,3]，也就是将第 1 个矩阵的每个元素与第 2 个矩阵相乘，相乘后的矩阵替代原来第 1 个矩阵的元素。

（3）repmat 和 repelem　元素或矩阵的复制命令为

```
B=repmat ([1,2,3],[1,2])
```

形成矩阵 B=[1,2,3,1,2,3]，也就是将第 1 个矩阵复制 1 行 2 列。命令

```
B=repelem([1,2,3],1,2)
```

形成矩阵 B=[1,1,2,2,3,3]，也就是将第 1 个矩阵中的每个元素复制 1 行 2 列。

2.4.3 其他常用函数

其他常用函数见表 2-10。

表 2-10 常用函数

函数名	说明	函数调用格式	数学表达式
exp	指数函数	y=exp(x)	$y=e^x$
log	自然对数函数	y=log(x)	$y=\ln x$
log10	常用对数函数	y=log10(x)	$y=\log_{10}x$ 或 $y=\lg x$
sqrt	平方根函数	y=sqrt(x)	$y=\sqrt{x}$
abs	绝对值函数	y=abs(x)	$y=\|x\|$
round	四舍五入取整函数	y=round(x)	例 round(3.45)=3 round(3.51)=4
fix	截尾取整函数	y=fix(x)	例 fix(3.45)=3 fix(3.51)=3

2.4.4 符号运算函数

MATLAB 的一个重要功能就是符号运算功能，它可以直接对函数进行微分、积分等运算，得到解析式结果，而不是数值结果。

syms 变量　定义符号变量。例如：syms x；将 x 定义为符号变量。

int（函数）　符号积分。例如：int(sin(x))；返回-cos(x)。x 为符号变量。也可以使用定积分，例如：int(sin(x),0,pi) 可以计算正弦函数半个周期的定积分。

diff（函数）　符号微分。例如：diff(sin(x))；返回 cos(x)。x 为符号变量。

2.4.5 输出函数

disp　显示字符串。例如：disp（'OK！'）；显示“OK!”。

fprintf　格式化输出函数，用法与 C 语言相近。应用格式为：

fprintf（'%格式说明 1%格式说明 2…，输出变量 1，输出变量 2，…'）

其中的格式说明为 m. nD。

m 表示输出总字符个数；n 表示输出数据小数点后面的位数，当 m、n 及待输出数据不匹配时，系统忽略这些说明；D 表示输出数据类型，整型数为 i 或 d，浮点数为 f，指数形式为 e，自动格式为 g.

例如：

```
fprintf('%4i%7.2f%14.4g\n', i, x, y)
```

将变量 i，x，y 分别用整数、浮点数和指数形式转换并显示出来。“\n” 表示换行。

2.5 程序调试与运行

在菜单栏中选择“编辑器”标签，显示如图 2-6 所示工具图标。表 2-11 解释了工具图标的具体含义，其中<>内是快捷键。所有这些命令也可以用<>内的快捷键执行，还可以在 Debug 菜单下找到。这些工具并不都总是可见的，只有当编辑窗口为活动窗口时会出现如图 2-6a 所示的运行工具图标。当程序处于暂停状态时，会显示如图 2-6b 所示的调试工具图标。

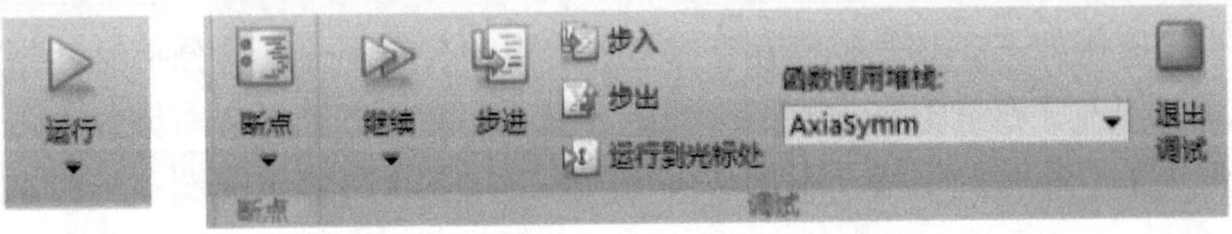

a) b)

图 2-6 Editor 窗口调试命令工具
a）运行工具图标 b）调试工具图标

表 2-11 程序调试与运行常用命令

命 令	快 捷 键	含 义
运行	<F5>	运行程序
断点		设置/清除断点
继续	<F5>	继续执行直至结束或下一中断点
步进	<F10>	逐步运行
步入	<F11>	运行到下一步，如果是函数就进入函数
步出	<Shift+F11>	从函数中跳出，返回上一级程序
运行到光标处		运行到光标所在行
退出调试	<Shift+F5>	退出调试模式

要求程序暂时执行到某个语句，就可以将光标放到该语句位置，单击<断点>，也可以直接双击该语句前面的标号，就在光标位置的语句前面出现一个红色圆点，该语句就设置了暂停位。在此情况下，如果按<运行>，程序就会执行到红点位置。可以按<步进>向下执行一句，也可以按<继续>一直执行下去，直到遇到下一个暂停位，或执行到程序结束。在<步进>时，遇到函数并不进入函数。只有按<步入>才会进入函数。进入函数后<步出>就可以运行到退出本函数，返回上一级的下一行。在暂停状态下，按<退出调试>结束调试状态，程序退出，不再继续执行。

第 3 章

3 桁架和刚架

大量工程中应用如图 3-1 所示的桁架和刚架结构。有限元方法是分析这些结构的强有力工具。在许多结构力学教材中称为矩阵位移法。为了与后面的连续体有限元方法推导过程一致，本章在推导桁架和刚架结构基本公式时与结构力学矩阵位移法有明显的区别，但结论完全一致。

将每段等截面均质直杆作为一个单元。单元的连接点称为结点。结点包括杆件转折点及截面、材料突变的点。本章从一个单元开始研究其杆端力和杆端位移之间的一般关系。

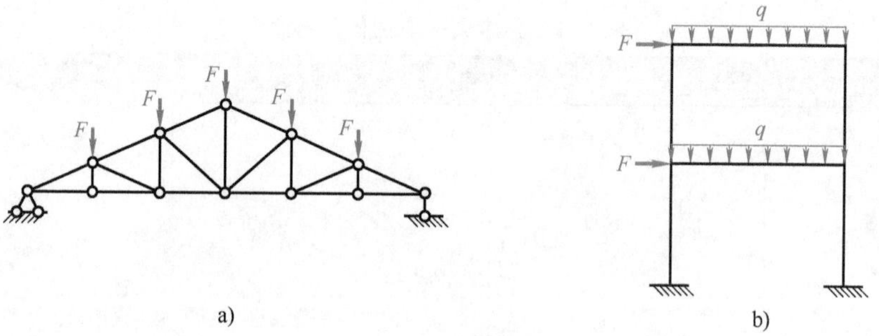

图 3-1　桁架与刚架结构

a）桁架　b）刚架

3.1　平面桁架

3.1.1　杆端力和杆端位移

桁架单元是指轴向外力作用下的两端铰接等截面直杆，仅有轴向内力，仅发生轴向拉伸或压缩变形。如图 3-2 中的直线 ij 表示了变形前的桁架单元。杆件的长度为 l，抗拉刚度为 EA，e 表示杆件编号。沿杆轴方向建立坐标轴 xOy（称为单元坐标系或局部坐标系）。假设杆端 i 的杆端力为 F_{xi} 和 F_{yi}，杆端位移为 u_i 和 v_i；杆端 j 的杆端力为 F_{xj} 和 F_{yj}，杆端位移为 u_j 和 v_j。虽然桁架单元只能承受轴向力作用，但是为了后面的分析方便起见，这里还是将垂直于轴线的横向力（F_{yi} 和 F_{yj}）画上了（实际为零）。同时也标出了垂直于杆轴线的横向位移（v_i 和 v_j）。所有杆端力分量可以写在一起统一记作杆端力列向量，即

$$\boldsymbol{F}_e = [F_{xi} \quad F_{yi} \quad F_{xj} \quad F_{yj}]^{\mathrm{T}} \tag{3-1}$$

杆两端所有位移分量也可以写在一起统一记作**杆端位移列向量**，即

$$\boldsymbol{U}_e = [u_i \quad v_i \quad u_j \quad v_j]^{\mathrm{T}} \tag{3-2}$$

在实际情况中，除了杆两端受到集中力外，杆的中部也可能受到集中力或分布力作用。为了由浅入深、循序渐进地讲解，这种情况放在本章后面与刚架一起讨论。注意：这里各分量的正方向都规定为沿着坐标轴方向。

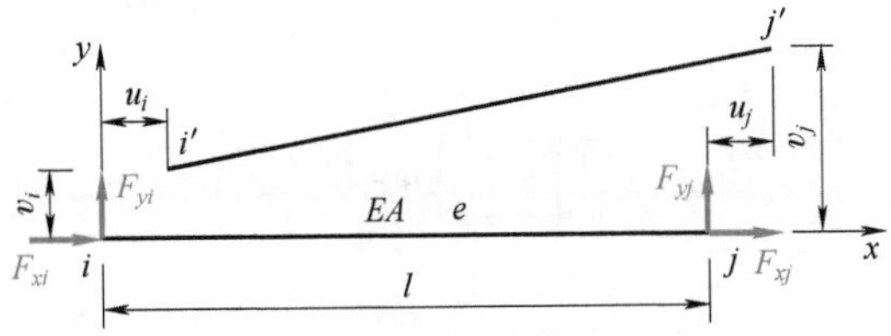

图 3-2 单元坐标系下的桁架单元

3.1.2 位移模式和形函数

在上述杆端位移假设的基础上，杆件内部的位移会如何呢？实际上目前还不知道。可以先假设一种位移形式，称为**位移模式**。既然是假设，假设方法可能就会有很多。为了简单起见，这里先假设最简单的形式，杆内位移按照线性分布，即

$$u(x) = \alpha_0 + \alpha_1 x \tag{3-3}$$

式中，α_0 和 α_1 为待定常数。

读者在继续阅读后续的内容时还可以同时考虑其他假设的合理性。例如：是否可以假设为常数、三次多项式或三角函数等。这里先给出一个提示：合理性不是绝对的，都是有条件的。你要分析什么时候合理或不合理。

注意：本书规定了杆端位移式（3-2），式（3-3）表示的单元内任意位置位移需要与之一致。所以式（3-3）在杆端应该满足条件，即

$$u(0) = \alpha_0 = u_i, u(l) = \alpha_0 + \alpha_1 l = u_j \tag{3-4}$$

由此可以确定两个待定常数

$$\alpha_0 = u_i, \alpha_1 = (u_j - u_i)/l \tag{3-5}$$

将式（3-5）代入式（3-3）就可以得到位移表达式为

$$u(x) = u_i + (u_j - u_i)x/l \tag{3-6}$$

或写为

$$u(x) = (1 - x/l)u_i + (x/l)u_j \tag{3-7}$$

将式（3-7）括号里的部分定义为桁架单元的**形函数**，即

$$N_1(x) = 1 - x/l, N_2(x) = x/l \tag{3-8}$$

还可以定义桁架单元的**形函数矩阵**，即

$$\boldsymbol{N}(x) = [N_1(x) \quad 0 \quad N_2(x) \quad 0] \tag{3-9}$$

式（3-7）就可以进一步写为

$$u(x) = \boldsymbol{N}(x)\boldsymbol{U}_e \tag{3-10}$$

式（3-10）描述了杆件内部位移与杆端位移的关系。这其实就是杆端位移在内部的插值。其中的形函数与位移无关，甚至与杆件无关。

以上推导过程比较好理解。对于复杂问题，直接用矩阵形式表述会更方便。假设位移模式为

$$u(x)=\begin{bmatrix}1 & x\end{bmatrix}\boldsymbol{a} \tag{3-11}$$

式中，$\boldsymbol{a}$ 为待定的常数矩阵，由杆端位移条件（3-2）可以得到

$$u(0)=\begin{bmatrix}1 & 0\end{bmatrix}\boldsymbol{a}=u_i, u(l)=\begin{bmatrix}1 & l\end{bmatrix}\boldsymbol{a}=u_j \tag{3-12}$$

或可写为矩阵形式，即

$$\begin{bmatrix}1 & 0\\1 & l\end{bmatrix}\boldsymbol{a}=\boldsymbol{U}_e \tag{3-13}$$

解得

$$\boldsymbol{a}=\begin{bmatrix}1 & 0\\1 & l\end{bmatrix}^{-1}\boldsymbol{U}_e \tag{3-14}$$

将式（3-14）代回式（3-11）得

$$u(x)=\begin{bmatrix}1 & x\end{bmatrix}\begin{bmatrix}1 & 0\\1 & l\end{bmatrix}^{-1}\boldsymbol{U}_e \tag{3-15}$$

整理后可知式（3-15）与式（3-10）完全一样。其中，

$$\boldsymbol{N}(x)=\begin{bmatrix}1 & x\end{bmatrix}\begin{bmatrix}1 & 0\\1 & l\end{bmatrix}^{-1} \tag{3-16}$$

式（3-16）为形函数矩阵，与式（3-9）一致。

3.1.3 应力和应变

将位移式（3-10）代入应变定义得

$$\boldsymbol{\varepsilon}=\frac{\mathrm{d}u(x)}{\mathrm{d}x}=\frac{\mathrm{d}\boldsymbol{N}}{\mathrm{d}x}\boldsymbol{U}_e \tag{3-17}$$

将形函数（3-8）代入即可计算出

$$\boldsymbol{B}=\frac{\mathrm{d}\boldsymbol{N}}{\mathrm{d}x}=\frac{1}{l}\begin{bmatrix}-1 & 0 & 1 & 0\end{bmatrix} \tag{3-18}$$

式中，$\boldsymbol{B}$ 称为几何矩阵。由此，式（3-17）可以写为

$$\boldsymbol{\varepsilon}=\boldsymbol{B}\boldsymbol{U}_e \tag{3-19}$$

式（3-19）为几何方程。它可以由杆端位移计算出杆内应变，由胡克定律可以得到应力为

$$\boldsymbol{\sigma}=E\boldsymbol{\varepsilon}=E\boldsymbol{B}\boldsymbol{U}_e=\boldsymbol{S}\boldsymbol{U}_e \tag{3-20}$$

式中，$\boldsymbol{S}$ 为应力矩阵即

$$\boldsymbol{S}=E\boldsymbol{B} \tag{3-21}$$

3.1.4 单元刚度矩阵和单元刚度方程

假设一个杆单元的杆端有虚位移 $\delta\boldsymbol{U}_e$，对应杆内有虚应变 $\delta\boldsymbol{\varepsilon}=\boldsymbol{B}\delta\boldsymbol{U}_e$。按照第1章介绍的虚位移原理得到虚应变能，有

$$\delta\phi_{\varepsilon}=\int_{V_e}(\delta\boldsymbol{\varepsilon})^{\mathrm{T}}\boldsymbol{\sigma}\mathrm{d}V=\int_{V_e}(\boldsymbol{B}\delta\boldsymbol{U}_e)^{\mathrm{T}}(E\boldsymbol{B}\boldsymbol{U}_e)\mathrm{d}V=(\delta\boldsymbol{U}_e)^{\mathrm{T}}E\int_{V_e}\boldsymbol{B}^{\mathrm{T}}\boldsymbol{B}\mathrm{d}V\boldsymbol{U}_e \tag{3-22}$$

由于这里没有考虑体力，面力只有杆端力，因此外力虚功只计算杆端力的虚功，即

$$\delta W_e=(\delta\boldsymbol{U}_e)^{\mathrm{T}}\boldsymbol{F}_e \tag{3-23}$$

由虚位移原理可得

$$(\delta\boldsymbol{U}_e)^{\mathrm{T}}E\int_{V_e}\boldsymbol{B}^{\mathrm{T}}\boldsymbol{B}\mathrm{d}V\boldsymbol{U}_e=(\delta\boldsymbol{U}_e)^{\mathrm{T}}\boldsymbol{F}_e \tag{3-24}$$

由虚位移 $\delta\boldsymbol{U}_e$ 的任意性可得

$$\boldsymbol{F}_e=E\int_{V_e}\boldsymbol{B}^{\mathrm{T}}\boldsymbol{B}\mathrm{d}V\boldsymbol{U}_e \tag{3-25}$$

定义平面桁架单元的刚度矩阵，即

$$\boldsymbol{k}_e=E\int_{V_e}\boldsymbol{B}^{\mathrm{T}}\boldsymbol{B}\mathrm{d}V \tag{3-26}$$

式（3-25）可写为

$$\boldsymbol{k}_e\boldsymbol{U}_e=\boldsymbol{F}_e \tag{3-27}$$

式（3-27）称为单元坐标系下平面桁架单元刚度方程。将式（3-18）代入式（3-26）得到单元坐标轴下的平面桁架单元刚度矩阵，即

$$\boldsymbol{k}_e=\frac{EA}{l}\begin{bmatrix}1&0&-1&0\\0&0&0&0\\-1&0&1&0\\0&0&0&0\end{bmatrix} \tag{3-28}$$

3.1.5 整体坐标系下的单元刚度方程

前面的坐标系是沿杆轴方向建立的，称为单元坐标系，或局部坐标系。这样建立坐标系的表达式比较简单。但是，一个结构中各个杆件轴线一般都并不一致。因此，一个结构中各个单元的单元坐标一般也不一致。为了在一个统一坐标系下描述结构的各个部分，有必要建立一个统一的坐标系——结构坐标系，或称整体坐标系。下面研究前面各表达式在两个坐标系下的关系。

如图 3-3a 所示，结构坐标系 xOy 下按照沿坐标轴方向的约定，沿结构坐标轴的杆端力和杆端位移列向量分别记作

$$\begin{cases}\boldsymbol{U}_e=[u_i \quad v_i \quad u_j \quad v_j]^{\mathrm{T}}\\ \boldsymbol{F}_e=[F_{xi} \quad F_{yi} \quad F_{xj} \quad F_{yj}]^{\mathrm{T}}\end{cases} \tag{3-29}$$

为了区别，原来使用的沿单元轴线建立的坐标系，如图 3-3b 所示，称为单元坐标系或局部坐标系，记作$\overline{xOy}$。在单元坐标系下杆端力和杆端位移列向量记作

$$\begin{cases}\overline{\boldsymbol{U}}_e=[\bar{u}_i \quad \bar{v}_i \quad \bar{u}_j \quad \bar{v}_j]^{\mathrm{T}}\\ \overline{\boldsymbol{F}}_e=[\overline{F}_{xi} \quad \overline{F}_{yi} \quad \overline{F}_{xj} \quad \overline{F}_{yj}]^{\mathrm{T}}\end{cases} \tag{3-30}$$

由图 3-3 中力的投影关系可以知道

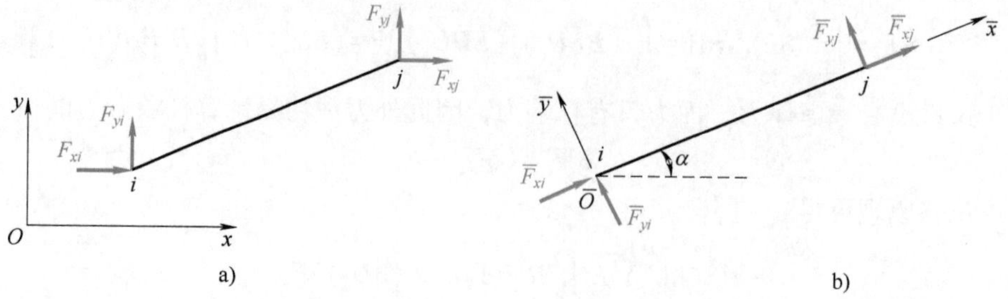

图 3-3 两个坐标系下杆端力关系

a）结构坐标系 b）单元坐标系

$$\begin{cases}\bar{F}_{xi}=F_{xi}\cos\alpha+F_{yi}\sin\alpha\\ \bar{F}_{yi}=-F_{xi}\sin\alpha+F_{yi}\cos\alpha\\ \bar{F}_{xj}=F_{xj}\cos\alpha+F_{yj}\sin\alpha\\ \bar{F}_{yj}=-F_{xj}\sin\alpha+F_{yj}\cos\alpha\end{cases} \tag{3-31}$$

式中，α 是结构坐标系 x 轴正方向沿逆时针方向至单元坐标系 $\bar{x}$ 轴正方向转过的角度。式（3-31）可写成矩阵形式，即

$$\begin{bmatrix}\bar{F}_{xi}\\ \bar{F}_{yi}\\ \hdashline \bar{F}_{xj}\\ \bar{F}_{yj}\end{bmatrix}=\begin{bmatrix}\cos\alpha & \sin\alpha & 0 & 0\\ -\sin\alpha & \cos\alpha & 0 & 0\\ 0 & 0 & \cos\alpha & \sin\alpha\\ 0 & 0 & -\sin\alpha & \cos\alpha\end{bmatrix}\begin{bmatrix}F_{xi}\\ F_{yi}\\ \hdashline F_{xj}\\ F_{yj}\end{bmatrix} \tag{3-32}$$

这就是两个坐标轴系下杆端力的关系。定义平面桁架单元坐标转换矩阵，即

$$\boldsymbol{T}=\begin{bmatrix}\cos\alpha & \sin\alpha & 0 & 0\\ -\sin\alpha & \cos\alpha & 0 & 0\\ 0 & 0 & \cos\alpha & \sin\alpha\\ 0 & 0 & -\sin\alpha & \cos\alpha\end{bmatrix} \tag{3-33}$$

容易验证，坐标转换矩阵具有正交性

$$\boldsymbol{T}\boldsymbol{T}^{\mathrm{T}}=\boldsymbol{I}, 或\ \boldsymbol{T}^{-1}=\boldsymbol{T}^{\mathrm{T}} \tag{3-34}$$

式（3-32）可以写为

$$\bar{\boldsymbol{F}}_e=\boldsymbol{T}\boldsymbol{F}_e \tag{3-35}$$

类似地，杆端位移作为向量也有同样的关系，即

$$\bar{\boldsymbol{U}}_e=\boldsymbol{T}\boldsymbol{U}_e \tag{3-36}$$

式（3-35）和式（3-36）分别表示了杆端力和杆端位移在两个坐标系之间的转换关系。将式（3-36）代入式（3-27）可得

$$\boldsymbol{T}\boldsymbol{F}_e=\bar{\boldsymbol{k}}_e\boldsymbol{T}\boldsymbol{U}_e \tag{3-37}$$

两边同时乘以 $\boldsymbol{T}^{-1}=\boldsymbol{T}^{\mathrm{T}}$ 可得

$$\boldsymbol{F}_e=\boldsymbol{T}^{\mathrm{T}}\bar{\boldsymbol{k}}_e\boldsymbol{T}\boldsymbol{U}_e \tag{3-38}$$

定义结构坐标系下单元刚度矩阵，即

$$\boldsymbol{k}_e=\boldsymbol{T}^{\mathrm{T}}\bar{\boldsymbol{k}}_e\boldsymbol{T} \tag{3-39}$$

式（3-39）表示了由单元坐标系的单元刚度矩阵 $\bar{\boldsymbol{k}}_e$［由式（3-28）］计算结构坐标系下的单元刚度矩阵 $\boldsymbol{k}_e$ 的方法。结构坐标系下平面桁架单元刚度矩阵式（3-39）可以具体写出

$$\boldsymbol{k}_e=\frac{EA}{l}\left[\begin{array}{cc:cc}\cos^2\alpha & \cos\alpha\sin\alpha & -\cos^2\alpha & -\cos\alpha\sin\alpha \\ \sin\alpha\cos\alpha & \sin^2\alpha & -\cos\alpha\sin\alpha & -\sin^2\alpha \\ \hdashline -\cos^2\alpha & -\cos\alpha\sin\alpha & \cos^2\alpha & \cos\alpha\sin\alpha \\ -\sin\alpha\cos\alpha & -\sin^2\alpha & \cos\alpha\sin\alpha & \sin^2\alpha\end{array}\right] \tag{3-40}$$

推导平面桁架单元在结构坐标系下的刚度矩阵的 MATLAB 代码如下（Eq3_40. m）：

```
syms c s real
k0=zeros(4,4);
k0([1,3],[1,3])=[1,-1;-1,1];
T0=[c,s;-s,c];
T=[T0,zeros(2,2);zeros(2,2),T0];
disp(T'*k0*T)
```

显示结果：

```
[ c^2,    c*s,  -c^2,   -c*s]
[ c*s,    s^2,  -c*s,   -s^2 ]
[-c^2,   -c*s,   c^2,    c*s]
[-c*s,   -s^2,   c*s,    s^2 ]
```

其中，$c=\cos\alpha$，$s=\sin\alpha$。

为了显示结果更简洁，这里没有代入抗拉刚度 EA 和杆长 l。

借助结构坐标系下单元刚度矩阵的定义式（3-39），由式（3-38）得到结构坐标系下单元刚度方程为

$$\boldsymbol{k}_e\boldsymbol{U}_e=\boldsymbol{F}_e \tag{3-41}$$

结构中所有单元的刚度方程累加就可以得到**结构总刚度方程**（也称平衡方程），即

$$\boldsymbol{K}_0\boldsymbol{U}=\boldsymbol{F} \tag{3-42}$$

式中，$\boldsymbol{K}_0$ 是结构总刚度矩阵，由单元刚度矩阵累加而成，即

$$\boldsymbol{K}_0=\sum_e \boldsymbol{k}_e \tag{3-43}$$

具体累加方法在后续具体介绍。

3.1.6 求解

如果一个结构有 n 个结点，在结构坐标系下，结构的结点位移向量记为

$$\boldsymbol{U}=[\boldsymbol{U}_1^{\mathrm{T}} \quad \boldsymbol{U}_2^{\mathrm{T}} \quad \cdots \quad \boldsymbol{U}_n^{\mathrm{T}}]^{\mathrm{T}} \tag{3-44}$$

所有结点受到的外力记为

$$\boldsymbol{F}=[\boldsymbol{F}_1^{\mathrm{T}} \quad \boldsymbol{F}_2^{\mathrm{T}} \quad \cdots \quad \boldsymbol{F}_n^{\mathrm{T}}]^{\mathrm{T}} \tag{3-45}$$

对于平面桁架，每个结点有两个自由度。因此，每个结点有 2 个结点位移分量和结点力

分量，即

$$\boldsymbol{U}_i=[u_i \quad v_i]^{\mathrm{T}},\boldsymbol{F}_i=[F_{xi} \quad F_{yi}]^{\mathrm{T}} \tag{3-46}$$

对应的结构总刚度矩阵也是由 $n\times n$ 个 2×2 子矩阵构成，即

$$\boldsymbol{K}_0=\begin{bmatrix}\boldsymbol{k}_{11} & \boldsymbol{k}_{12} & \cdots & \boldsymbol{k}_{1n}\\ \boldsymbol{k}_{21} & \boldsymbol{k}_{22} & \cdots & \boldsymbol{k}_{2n}\\ \vdots & \vdots & & \vdots\\ \boldsymbol{k}_{n1} & \boldsymbol{k}_{n2} & \cdots & \boldsymbol{k}_{nn}\end{bmatrix} \tag{3-47}$$

最后可得到结构总刚度方程为

$$\begin{bmatrix}\boldsymbol{k}_{11} & \boldsymbol{k}_{12} & \cdots & \boldsymbol{k}_{1n}\\ \boldsymbol{k}_{21} & \boldsymbol{k}_{22} & \cdots & \boldsymbol{k}_{2n}\\ \vdots & \vdots & & \vdots\\ \boldsymbol{k}_{n1} & \boldsymbol{k}_{n2} & \cdots & \boldsymbol{k}_{nn}\end{bmatrix}\begin{bmatrix}\boldsymbol{U}_1\\ \boldsymbol{U}_2\\ \vdots\\ \boldsymbol{U}_n\end{bmatrix}=\begin{bmatrix}\boldsymbol{F}_1\\ \boldsymbol{F}_2\\ \vdots\\ \boldsymbol{F}_n\end{bmatrix} \tag{3-48}$$

现在还不能直接求解式（3-48）。首先，刚度矩阵一般也不可逆；其次，右端项也并非完全已知，而结点位移有一部分却是已知的，不需要求解。为了求解所有的未知结点位移和结点力，需要把方程分为 2 组，以便分别求解。

（1）a 组　结点位移 U_a 未知，结点力 F_a 已知；

（2）b 组　结点位移 U_b 已知，结点力 F_b 未知。

对应总刚度方程也可以分成分块子矩阵的形式，即

$$\begin{bmatrix}\boldsymbol{k}_{aa} & \boldsymbol{k}_{ab}\\ \boldsymbol{k}_{ba} & \boldsymbol{k}_{bb}\end{bmatrix}\begin{bmatrix}\boldsymbol{U}_a\\ \boldsymbol{U}_b\end{bmatrix}=\begin{bmatrix}\boldsymbol{F}_a\\ \boldsymbol{F}_b\end{bmatrix} \tag{3-49}$$

将刚度方程按照子矩阵的形式展开写成两个表达式，即

$$\begin{cases}\boldsymbol{k}_{aa}\boldsymbol{U}_a+\boldsymbol{k}_{ab}\boldsymbol{U}_b=\boldsymbol{F}_a\\ \boldsymbol{k}_{ba}\boldsymbol{U}_a+\boldsymbol{k}_{bb}\boldsymbol{U}_b=\boldsymbol{F}_b\end{cases} \tag{3-50}$$

注意：$\boldsymbol{F}_a$ 和 $\boldsymbol{U}_b$ 已知，由式（3-50）第 1 式可以求出未知结点位移 $\boldsymbol{U}_a$，即

$$\boldsymbol{U}_a=\boldsymbol{k}_{aa}^{-1}(\boldsymbol{F}_a-\boldsymbol{k}_{ab}\boldsymbol{U}_b) \tag{3-51}$$

再将式（3-51）代入式（3-50）第 2 式就可以求出未知结点力 $\boldsymbol{F}_b$。至此，所有的结点力和结点位移就都求出来了。

上述方法对小型问题更有效。对于大型问题，这种矩阵的分解工作量很大，所以尽量避免分解刚度矩阵。

一种方法是将式（3-50）写为

$$\begin{cases}\boldsymbol{k}_{aa}\boldsymbol{U}_a=\boldsymbol{F}_a-\boldsymbol{k}_{ab}\bar{\boldsymbol{U}}_b\\ \boldsymbol{I}_{bb}\boldsymbol{U}_b=\bar{\boldsymbol{U}}_b\end{cases} \tag{3-52}$$

式中，$\bar{\boldsymbol{U}}_b$ 是已知位移值，$\boldsymbol{I}_{bb}$ 与 $\boldsymbol{k}_{aa}$ 是同样大小的单位阵。将式（3-52）重新放回原来的位置，构成新的刚度方程。该刚度矩阵就可以求逆了，而且与原式同解。

例如：以一个有 2 个结点 4 个自由度结构为例。已知 2 个位移约束为

$$u_1=\bar{u}_1,u_2=\bar{u}_2 \tag{3-53}$$

原来的刚度方程为

$$\begin{bmatrix} k_{11} & k_{12} & k_{13} & k_{14} \\ k_{21} & k_{22} & k_{23} & k_{24} \\ k_{31} & k_{32} & k_{33} & k_{34} \\ k_{41} & k_{42} & k_{43} & k_{44} \end{bmatrix} \begin{bmatrix} u_1 \\ v_1 \\ u_2 \\ v_2 \end{bmatrix} = \begin{bmatrix} F_{x1} \\ F_{y1} \\ F_{x2} \\ F_{y2} \end{bmatrix} \tag{3-54}$$

可变为

$$\begin{bmatrix} 1 & 0 & 0 & 0 \\ 0 & k_{22} & 0 & k_{24} \\ 0 & 0 & 1 & 0 \\ 0 & k_{42} & 0 & k_{44} \end{bmatrix} \begin{bmatrix} u_1 \\ v_1 \\ u_2 \\ v_2 \end{bmatrix} = \begin{bmatrix} \bar{u}_1 \\ F_{y1}-k_{21}\bar{u}_1-k_{23}\bar{u}_2 \\ \bar{u}_2 \\ F_{y2}-k_{41}\bar{u}_1-k_{43}\bar{u}_2 \end{bmatrix} \tag{3-55}$$

采用这样的方法，刚度方程改动量很小，也不会改变问题的解答。

另外一种方法的改动量更小。将已知位移的对角元乘上一个很大的数 β（假设可以取对角元最大值的 10^5 倍），同时右端项写作该数和对角元素与已知位移相乘的形式，即

$$\begin{bmatrix} \beta k_{11} & k_{12} & k_{13} & k_{14} \\ k_{21} & k_{22} & k_{23} & k_{24} \\ k_{31} & k_{32} & \beta k_{33} & k_{34} \\ k_{41} & k_{42} & k_{43} & k_{44} \end{bmatrix} \begin{bmatrix} u_1 \\ v_1 \\ u_2 \\ v_2 \end{bmatrix} = \begin{bmatrix} \beta k_{11}\bar{u}_1 \\ F_{y1} \\ \beta k_{33}\bar{u}_2 \\ F_{y2} \end{bmatrix} \tag{3-56}$$

方程式（3-56）与原方程不完全同解，但是差别不大，分析如下。由于只改变了第 1 行和第 3 行，故只需要讨论这两行。将这两行展开得

$$\begin{cases} \beta k_{11}u_1+k_{12}v_1+k_{13}u_2+k_{14}v_2=\beta k_{11}\bar{u}_1 \\ k_{31}u_1+k_{32}v_1+\beta k_{33}u_2+k_{34}v_2=\beta k_{33}\bar{u}_2 \end{cases} \tag{3-57}$$

将第一行除以 βk_{11}，第 2 行除以 βk_{33}。由于 β 很大，除了如下项，即

$$\begin{cases} u_1=\bar{u}_1 \\ u_2=\bar{u}_2 \end{cases} \tag{3-58}$$

其他各项都近似为零。而这正是要满足的位移约束边界条件式（3-53）。这两种方法的优势都是保持了刚度矩阵的结构不变，同时保持了稀疏、带状和对称的特征，也避免了行列位置的改变。

以下通过一个极简单的平面桁架来演示有限元求解过程。

例 3.1 求结构变形和支反力。如图 3-4a 所示，平面桁架结构，所有杆件的抗拉刚度 $EA=3\times10^5$kN，其他尺寸在图中给出。

解：（1）结构标识 如图 3-4b 所示，建立结点编号、单元编号，结构坐标系 xOy 和单元坐标系。其中与每个杆件重合的有向线段表示了对应杆件的单元坐标轴 $\bar{x}$ 方向。

（2）建立结点位移向量 固定铰支座位置的位移为零，其他分量未知，用变量表示为

$$\boldsymbol{U}_0=[\boldsymbol{U}_1^{\mathrm{T}} \quad \boldsymbol{U}_2^{\mathrm{T}} \quad \boldsymbol{U}_3^{\mathrm{T}} \quad \boldsymbol{U}_4^{\mathrm{T}}]^{\mathrm{T}}=[0 \quad 0 \quad 0 \quad 0 \quad u_3 \quad v_3 \quad u_4 \quad v_4]^{\mathrm{T}}$$

固定铰支座位置的支反力未知，用变量表示，其他结点的外力用实际外力表示为

$$\boldsymbol{F}_0=[\boldsymbol{F}_1^{\mathrm{T}} \quad \boldsymbol{F}_2^{\mathrm{T}} \quad \boldsymbol{F}_3^{\mathrm{T}} \quad \boldsymbol{F}_4^{\mathrm{T}}]^{\mathrm{T}}=[F_{x1} \quad F_{y1} \quad F_{x2} \quad F_{y2} \quad 0 \quad -20\mathrm{kN} \quad 30\mathrm{kN} \quad 0]^{\mathrm{T}}$$

（3）建立结构总刚度方程 各单元的刚度方程为

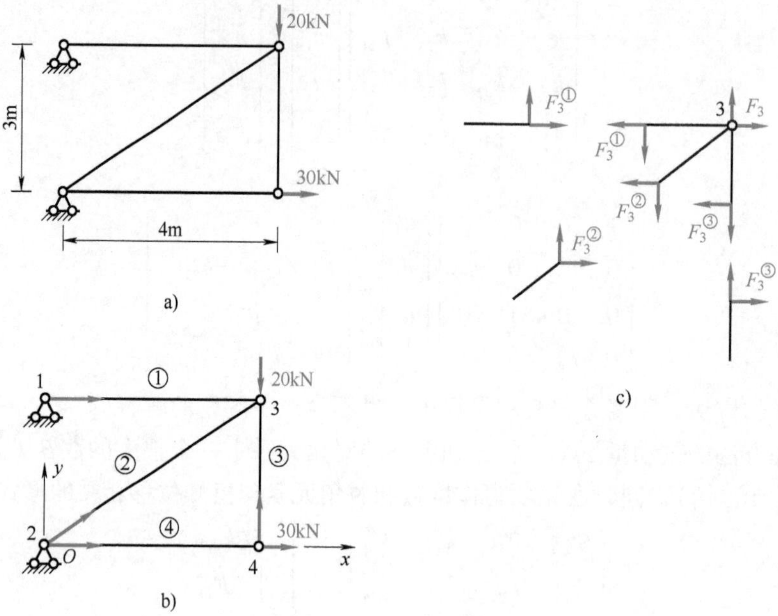

图 3-4　桁架的结点、单元编号和结点平衡

a）桁架结构　b）结点和单元编号　c）结点 3 的受力分析

$$\begin{bmatrix}\boldsymbol{F}_1\\\boldsymbol{F}_3\end{bmatrix}^{①}=\begin{bmatrix}\boldsymbol{k}_{ii}^{①}&\boldsymbol{k}_{ij}^{①}\\\boldsymbol{k}_{ji}^{①}&\boldsymbol{k}_{jj}^{①}\end{bmatrix}\begin{bmatrix}\boldsymbol{U}_1\\\boldsymbol{U}_3\end{bmatrix},\begin{bmatrix}\boldsymbol{F}_2\\\boldsymbol{F}_3\end{bmatrix}^{②}=\begin{bmatrix}\boldsymbol{k}_{ii}^{②}&\boldsymbol{k}_{ij}^{②}\\\boldsymbol{k}_{ji}^{②}&\boldsymbol{k}_{jj}^{②}\end{bmatrix}\begin{bmatrix}\boldsymbol{U}_2\\\boldsymbol{U}_3\end{bmatrix}$$

$$\begin{bmatrix}\boldsymbol{F}_4\\\boldsymbol{F}_3\end{bmatrix}^{③}=\begin{bmatrix}\boldsymbol{k}_{ii}^{③}&\boldsymbol{k}_{ij}^{③}\\\boldsymbol{k}_{ji}^{③}&\boldsymbol{k}_{jj}^{③}\end{bmatrix}\begin{bmatrix}\boldsymbol{U}_4\\\boldsymbol{U}_3\end{bmatrix},\begin{bmatrix}\boldsymbol{F}_2\\\boldsymbol{F}_4\end{bmatrix}^{④}=\begin{bmatrix}\boldsymbol{k}_{ii}^{④}&\boldsymbol{k}_{ij}^{④}\\\boldsymbol{k}_{ji}^{④}&\boldsymbol{k}_{jj}^{④}\end{bmatrix}\begin{bmatrix}\boldsymbol{U}_2\\\boldsymbol{U}_4\end{bmatrix}$$

为了由单元刚度方程累加形成结构刚度方程，将单元刚度方程重新排列并增加了矩阵的阶数使得与结构刚度方程相同。其中不存在的杆端力和刚度矩阵的子矩阵用零表示为

$$\left\{\begin{aligned}&\begin{bmatrix}\boldsymbol{F}_1\\0\\\boldsymbol{F}_3\\0\end{bmatrix}^{①}=\begin{bmatrix}\boldsymbol{k}_{ii}^{①}&0&\boldsymbol{k}_{ij}^{①}&0\\0&0&0&0\\\boldsymbol{k}_{ji}^{①}&0&\boldsymbol{k}_{jj}^{①}&0\\0&0&0&0\end{bmatrix}\begin{bmatrix}\boldsymbol{U}_1\\\boldsymbol{U}_2\\\boldsymbol{U}_3\\\boldsymbol{U}_4\end{bmatrix},\begin{bmatrix}0\\\boldsymbol{F}_2\\\boldsymbol{F}_3\\0\end{bmatrix}^{②}=\begin{bmatrix}0&0&0&0\\0&\boldsymbol{k}_{ii}^{②}&\boldsymbol{k}_{ij}^{②}&0\\0&\boldsymbol{k}_{ji}^{②}&\boldsymbol{k}_{jj}^{②}&0\\0&0&0&0\end{bmatrix}\begin{bmatrix}\boldsymbol{U}_1\\\boldsymbol{U}_2\\\boldsymbol{U}_3\\\boldsymbol{U}_4\end{bmatrix}\\&\begin{bmatrix}0\\0\\\boldsymbol{F}_3\\\boldsymbol{F}_4\end{bmatrix}^{③}=\begin{bmatrix}0&0&0&0\\0&0&0&0\\0&0&\boldsymbol{k}_{jj}^{③}&\boldsymbol{k}_{ji}^{③}\\0&0&\boldsymbol{k}_{ij}^{③}&\boldsymbol{k}_{ii}^{③}\end{bmatrix}\begin{bmatrix}\boldsymbol{U}_1\\\boldsymbol{U}_2\\\boldsymbol{U}_3\\\boldsymbol{U}_4\end{bmatrix},\begin{bmatrix}0\\\boldsymbol{F}_2\\0\\\boldsymbol{F}_4\end{bmatrix}^{④}=\begin{bmatrix}0&0&0&0\\0&\boldsymbol{k}_{ii}^{④}&0&\boldsymbol{k}_{ij}^{④}\\0&0&0&0\\0&\boldsymbol{k}_{ji}^{④}&0&\boldsymbol{k}_{jj}^{④}\end{bmatrix}\begin{bmatrix}\boldsymbol{U}_1\\\boldsymbol{U}_2\\\boldsymbol{U}_3\\\boldsymbol{U}_4\end{bmatrix}\end{aligned}\right. \tag{3-59}$$

由图 3-4c 的受力分析可以得到结点平衡关系，即

$$\boldsymbol{F}_3-\boldsymbol{F}_3^{①}-\boldsymbol{F}_3^{②}-\boldsymbol{F}_3^{③}=0\ \text{或}\ \boldsymbol{F}_3=\boldsymbol{F}_3^{①}+\boldsymbol{F}_3^{②}+\boldsymbol{F}_3^{③}$$

其他结点也有类似的关系，即

$$\boldsymbol{F}_1=\boldsymbol{F}_1^{①},\boldsymbol{F}_2=\boldsymbol{F}_2^{②}+\boldsymbol{F}_2^{④},\boldsymbol{F}_4=\boldsymbol{F}_4^{③}+\boldsymbol{F}_4^{④}$$

写成矩阵形式为

$$\begin{bmatrix}\boldsymbol{F}_1\\\boldsymbol{F}_2\\\boldsymbol{F}_3\\\boldsymbol{F}_4\end{bmatrix}=\begin{bmatrix}\boldsymbol{F}_1\\0\\\boldsymbol{F}_3\\0\end{bmatrix}^{①}+\begin{bmatrix}0\\\boldsymbol{F}_2\\\boldsymbol{F}_3\\0\end{bmatrix}^{②}+\begin{bmatrix}0\\0\\\boldsymbol{F}_3\\\boldsymbol{F}_4\end{bmatrix}^{③}+\begin{bmatrix}0\\\boldsymbol{F}_2\\0\\\boldsymbol{F}_4\end{bmatrix}^{④}$$

将式（3-59）代入上式得到结构总刚度方程为

$$\begin{bmatrix}\boldsymbol{F}_1\\\boldsymbol{F}_2\\\boldsymbol{F}_3\\\boldsymbol{F}_4\end{bmatrix}=\begin{bmatrix}\boldsymbol{k}_{ii}^{①} & 0 & \boldsymbol{k}_{ij}^{①} & 0\\ 0 & \boldsymbol{k}_{ii}^{②}+\boldsymbol{k}_{ii}^{④} & \boldsymbol{k}_{ij}^{②} & \boldsymbol{k}_{ij}^{④}\\ \boldsymbol{k}_{ji}^{①} & \boldsymbol{k}_{ji}^{②} & \boldsymbol{k}_{jj}^{①}+\boldsymbol{k}_{jj}^{②}+\boldsymbol{k}_{jj}^{③} & \boldsymbol{k}_{ji}^{③}\\ 0 & \boldsymbol{k}_{ji}^{④} & \boldsymbol{k}_{ij}^{③} & \boldsymbol{k}_{ii}^{③}+\boldsymbol{k}_{jj}^{④}\end{bmatrix}\begin{bmatrix}\boldsymbol{U}_1\\\boldsymbol{U}_2\\\boldsymbol{U}_3\\\boldsymbol{U}_4\end{bmatrix}$$

式中，

$$\boldsymbol{K}_0=\begin{bmatrix}\boldsymbol{k}_{ii}^{①} & 0 & \boldsymbol{k}_{ij}^{①} & 0\\ 0 & \boldsymbol{k}_{ii}^{②}+\boldsymbol{k}_{ii}^{④} & \boldsymbol{k}_{ij}^{②} & \boldsymbol{k}_{ij}^{④}\\ \boldsymbol{k}_{ji}^{①} & \boldsymbol{k}_{ji}^{②} & \boldsymbol{k}_{jj}^{①}+\boldsymbol{k}_{jj}^{②}+\boldsymbol{k}_{jj}^{③} & \boldsymbol{k}_{ji}^{③}\\ 0 & \boldsymbol{k}_{ji}^{④} & \boldsymbol{k}_{ij}^{③} & \boldsymbol{k}_{ii}^{③}+\boldsymbol{k}_{jj}^{④}\end{bmatrix}$$

为结构总刚度矩阵。

以下具体计算每个单元刚度矩阵：

$$\boldsymbol{k}_e=\frac{EA}{l}\left[\begin{array}{cc:cc}\cos^2\alpha & \sin\alpha\cos\alpha & -\cos^2\alpha & -\sin\alpha\cos\alpha\\ \sin\alpha\cos\alpha & \sin^2\alpha & -\sin\alpha\cos\alpha & -\sin^2\alpha\\ \hdashline -\cos^2\alpha & -\sin\alpha\cos\alpha & \cos^2\alpha & \sin\alpha\cos\alpha\\ -\sin\alpha\cos\alpha & -\sin^2\alpha & \sin\alpha\cos\alpha & \sin^2\alpha\end{array}\right]$$

1）单元①和单元④刚度矩阵　当 $\alpha=0$，$\cos0=1$，$\sin0=0$ 时，

$$\boldsymbol{k}^{①}=\boldsymbol{k}^{④}=\frac{3\times10^5}{4}\left[\begin{array}{cc:cc}1 & 0 & -1 & 0\\ 0 & 0 & 0 & 0\\ \hdashline -1 & 0 & 1 & 0\\ 0 & 0 & 0 & 0\end{array}\right]\text{kN/m}=200\left[\begin{array}{cc:cc}375 & 0 & -375 & 0\\ 0 & 0 & 0 & 0\\ \hdashline -375 & 0 & 375 & 0\\ 0 & 0 & 0 & 0\end{array}\right]\text{kN/m}$$

2）单元②刚度矩阵　当 $\cos\alpha=\dfrac{4}{5}$，$\sin\alpha=\dfrac{3}{5}$时，

$$\boldsymbol{k}^{②}=\frac{3\times10^5}{5}\left[\begin{array}{cc:cc}\frac{16}{25} & \frac{12}{25} & -\frac{16}{25} & -\frac{12}{25}\\ \frac{12}{25} & \frac{9}{25} & -\frac{12}{25} & -\frac{9}{25}\\ \hdashline -\frac{16}{25} & -\frac{12}{25} & \frac{16}{25} & \frac{12}{25}\\ -\frac{12}{25} & -\frac{9}{25} & \frac{12}{25} & \frac{9}{25}\end{array}\right]\text{kN/m}=200\left[\begin{array}{cc:cc}192 & 144 & -192 & -144\\ 144 & 108 & -144 & -108\\ \hdashline -192 & -144 & 192 & 144\\ -144 & -108 & 144 & 108\end{array}\right]\text{kN/m}$$

3）单元③刚度矩阵　当 $\alpha=\dfrac{\pi}{2}$，$\cos\dfrac{\pi}{2}=0$，$\sin\dfrac{\pi}{2}=1$ 时，

$$
\boldsymbol{k}^{③}=\frac{3\times10^{5}}{3}\left[\begin{array}{cc:cc}0&0&0&0\\0&1&0&-1\\ \hdashline 0&0&0&0\\0&-1&0&1\end{array}\right]\text{kN/m}=200\left[\begin{array}{cc:cc}0&0&0&0\\0&500&0&-500\\ \hdashline 0&0&0&0\\0&-500&0&500\end{array}\right]\text{kN/m}
$$

4）结构总刚度矩阵和结构总刚度

$$
\boldsymbol{K}_0=200\left[\begin{array}{cc:cc:cc:cc}375&0&&&-375&0&&\\0&0&&&0&0&&\\ \hdashline &&192+375&144+0&-192&-144&-375&0\\&&144+0&108+0&-144&-108&0&0\\ \hdashline -375&0&-192&-144&375+192+0&0+144+0&0&0\\0&0&-144&-108&0+144+0&0+108+500&0&-500\\ \hdashline &&-375&0&0&0&0+375&0+0\\&&0&0&0&-500&0+0&500+0\end{array}\right]\text{kN/m}
$$

$$
=200\left[\begin{array}{cc:cc:cc:cc}375&0&&&-375&0&&\\0&0&&&0&0&&\\ \hdashline &&567&144&-192&-144&-375&0\\&&144&108&-144&-108&0&0\\ \hdashline -375&0&-192&-144&567&144&0&0\\0&0&-144&-108&144&608&0&-500\\ \hdashline &&-375&0&0&0&375&0\\&&0&0&0&-500&0&500\end{array}\right]\text{kN/m}
$$

结构总刚度方程 $\boldsymbol{K}_0\boldsymbol{U}_0=\boldsymbol{F}_0$ 为

$$
200\text{kN/m}\left[\begin{array}{cc:cc:cc:cc}375&0&&&-375&0&&\\0&0&&&0&0&&\\ \hdashline &&567&144&-192&-144&-375&0\\&&144&108&-144&-108&0&0\\ \hdashline -375&0&-192&-144&567&144&0&0\\0&0&-144&-108&144&608&0&-500\\ \hdashline &&-375&0&0&0&375&0\\&&0&0&0&-500&0&500\end{array}\right]\left[\begin{array}{c}0\\0\\0\\0\\ \hdashline u_3\\v_3\\u_4\\v_4\end{array}\right]=\left[\begin{array}{c}F_{x1}\\F_{y1}\\F_{x2}\\F_{y2}\\ \hdashline 0\\-20\text{kN}\\30\text{kN}\\0\end{array}\right] \tag{3-60}
$$

（4）引入边界条件　由于第五至第八自由度的位移未知，所以保留五至八行的方程。由于第一至第四个自由度对应的位移为零，所以删除第一至第四列。最后得到结构刚度方程

$$
200\text{kN/m}\begin{bmatrix}567&144&0&0\\144&608&0&-500\\0&0&375&0\\0&-500&0&500\end{bmatrix}\begin{bmatrix}u_3\\v_3\\u_4\\v_4\end{bmatrix}=\begin{bmatrix}0\\-20\\30\\0\end{bmatrix}\text{kN}
$$

(5) 计算结点位移　求解这个结构方程得到结点位移为

$$\begin{bmatrix} u_3 \\ v_3 \\ u_4 \\ v_4 \end{bmatrix} = \frac{1}{200}\begin{bmatrix} 567 & 144 & 0 & 0 \\ 144 & 608 & 0 & -500 \\ 0 & 0 & 375 & 0 \\ 0 & -500 & 0 & 500 \end{bmatrix}^{-1}\begin{bmatrix} 0 \\ -20 \\ 30 \\ 0 \end{bmatrix}\text{m} = \begin{bmatrix} 0.3555 \\ -1.4 \\ 0.4 \\ -1.4 \end{bmatrix}\times 10^{-3}\text{m}$$

(6) 计算杆端力　由单元刚度方程 $\boldsymbol{F}_e = \boldsymbol{k}_e \boldsymbol{U}_e$ 得到单元①的杆端力列向量为

$$\begin{bmatrix} \overline{F}_{xi} \\ \overline{F}_{yi} \\ \overline{F}_{xj} \\ \overline{F}_{yj} \end{bmatrix}^{①} = \begin{bmatrix} F_{x1} \\ F_{y1} \\ F_{x3} \\ F_{y3} \end{bmatrix}^{①} = 200\text{kN/m}\begin{bmatrix} 375 & 0 & -375 & 0 \\ 0 & 0 & 0 & 0 \\ -375 & 0 & 375 & 0 \\ 0 & 0 & 0 & 0 \end{bmatrix}\begin{bmatrix} 0 \\ 0 \\ 0.3555 \\ -1.4 \end{bmatrix}\times 10^{-3}\text{m} = \begin{bmatrix} -26.67 \\ 0 \\ 26.67 \\ 0 \end{bmatrix}\text{kN}$$

注意：比较图 3-3 的杆端力定义可以知道单元①的轴力为 $\overline{F}_{xj} = 26.67\text{kN}$。类似地可以计算单元②的杆端力列向量为

$$\begin{bmatrix} F_{x2} \\ F_{y2} \\ F_{x3} \\ F_{y3} \end{bmatrix}^{②} = 200\text{kN/m}\left[\begin{array}{cc|cc} 192 & 144 & -192 & -144 \\ 144 & 108 & -144 & -108 \\ \hline -192 & -144 & 192 & 144 \\ -144 & -108 & 144 & 108 \end{array}\right]\begin{bmatrix} 0 \\ 0 \\ 0.3555 \\ -1.4 \end{bmatrix}\times 10^{-3}\text{m} = \begin{bmatrix} 26.67 \\ 20.00 \\ -26.67 \\ -20.00 \end{bmatrix}\text{kN}$$

注意：结构总刚度方程［式（3-60）］一定是在结构坐标系下。所以，结构方程中的所有量都是在结构坐标系下的表达式。上面的这个杆端力也是结构坐标系下的表达式。如图 3-3所示，只能在单元坐标系下杆端力 $\overline{F}_{xj}$才能够与杆的轴力一致。所以，为了计算内力，需要借助式（3-35）将结构坐标系下的杆端力转换为单元坐标系下杆端力

$$\begin{bmatrix} \overline{F}_{xi} \\ \overline{F}_{yi} \\ \overline{F}_{xj} \\ \overline{F}_{yj} \end{bmatrix}^{②} = \begin{bmatrix} 0.8 & 0.6 & 0 & 0 \\ -0.6 & 0.8 & 0 & 0 \\ 0 & 0 & 0.8 & 0.6 \\ 0 & 0 & -0.6 & 0.8 \end{bmatrix}\begin{bmatrix} 26.67 \\ 20.00 \\ -26.67 \\ -20.00 \end{bmatrix}\text{kN} = \begin{bmatrix} 33.33 \\ 0 \\ -33.33 \\ 0 \end{bmatrix}\text{kN}$$

从图 3-3b 可知，$\overline{F}_{xj} = -33.3\text{kN}$ 就是单元②的轴力了。其他单元的轴力可以类似地计算出来。

(7) 计算支座反力　利用式（3-60）的前 4 行计算得到支座反力

$$\begin{bmatrix} F_{x1} \\ F_{y1} \\ F_{x2} \\ F_{y2} \end{bmatrix} = 200\text{kN/m}\begin{bmatrix} -375 & 0 & 0 & 0 \\ 0 & 0 & 0 & 0 \\ -192 & -144 & -375 & 0 \\ -144 & -108 & 0 & 0 \end{bmatrix}\begin{bmatrix} 0.3555 \\ -1.4 \\ 0.4 \\ -1.4 \end{bmatrix}\times 10^{-3}\text{m} = \begin{bmatrix} -26.67 \\ 0 \\ -3.33 \\ 20 \end{bmatrix}\text{kN}$$

(8) 校核　检验满足整体平衡条件，即

$$\sum F_x = F_{x1} + F_{x2} + 30\text{kN} = -26.67\text{kN} - 3.33\text{kN} + 30\text{kN} = 0$$

$$\sum F_y = F_{y1} + F_{y2} - 20\text{kN} = 0 + 20\text{kN} - 20\text{kN} = 0$$

3.1.7　程序设计

1. 变量说明

全书所有程序中一些变量采用了统一符号，见表 3-1。

有限元方法与MATLAB程序设计

表 3-1 变量说明

变量名	大小	含 义	格 式
nd	1×1	结点总数	
ne	1×1	单元总数	
gxy	nd×2	结点坐标	$[x_1, y_1; x_2, y_2; \cdots; x_{nd}, y_{nd}]$， (x_1, y_1) 为结点 1 的坐标，nd 为结点数。
ndel	ne×3	单元信息	$[i_1, j_1, m_1; i_2, j_2, m_2; \cdots; i_{ne}, j_{ne}, m_{ne}]$， (i_1, j_1, m_1) 为单元 1 的结点号。
EA	ne×3	杆件抗拉刚度	格式 $[EA_1; EA_2; \cdots; EA_{ne}]$，$EA_1$ 为单元 1 的抗拉刚度。
F	2nd×1	结点力列向量	
U	2nd×1	结点位移列向量	
K	2nd×2nd	刚度矩阵	
Fe	4×1	单元杆端力	$[F_{xi}; F_{yi}; F_{xj}; F_{yj}]$。
dofix		约束位移对应自由度编号	
dofree		非约束位移对应自由度编号	

2. 源程序

以例 3.1 为例，不同结构仅需修改行末加*的 5 行。

平面桁架程序讲解

```
%——————————————————定义结构——————————————————%
function Truss                                                    % 平面桁架
gxy=[0,3;0,0;4,3;4,0];                                            % 结点坐标*
ndel=[1,3;2,3;4,3;2,4];                          % 单元信息，即每个单元的结点号*
EA=3e8*ones(4,1);                                                % 抗拉刚度 EA*
nd=size(gxy,1);                                                   % 结点总数
ne=size(ndel,1);                                                  % 单元总数
F=zeros(2*nd,1);
F([6,7])=[-2e4;3e4];                                              % 置结点力*
dofix=1:4;                                                        % 约束自由度*
dofree=setdiff(1:2 * nd,dofix);                                   % 无约束自由度
%————————————————形成刚度矩阵————————————————%
K=zeros(2*nd,2*nd);                                               % 结构总刚度矩阵
k0=zeros(4,4);k0([1,3],[1,3])=[1,-1;-1,1];              % 单元坐标下单元刚度矩阵
for el=1:ne
 [T,L]=TrusRota(gxy(ndel(el,:),:));                     % 返回单元坐标转换矩阵和杆长
```

```
    N(2:2:4)= 2*ndel(el,:);N(1:2:4)= N(2:2:4)-1;                    % 单元自由度
    K(N,N)= K(N,N)+EA(el)/L*T'*k0*T;  % 由单元刚度矩阵安装结构总刚度矩阵
  end
%————————————————求解位移————————————————%
U=zeros(2*nd,1);                                    % 结点位移列向量初始化
U(dofix)= 0;         % 置约束位移,如果位移约束非零置实际值,否则不需要此行
U(dofree)= K(dofree,dofree)\(F(dofree)-K(dofree,dofix)*U(dofix));
                                                              % 求解位移列向量
%————————————————计算结果输出————————————————%
fprintf('\n%4s%7s%7s%12s%12s\n','结点','X 坐标','Y 坐标','u 位移','v 位移')
                                                                  % 输出标题
for i=1:nd                                          % 输出结点编号,坐标和位移
  fprintf('%4i%10.4f%10.4f%14.4g%14.4g\n',i,gxy(i,:),U(2*i+(-1:0)))
end
fprintf('\n%4s%4s%12s%12s\n','单元','结点','面积','轴力')                 % 标题
for el=1:ne                               % 输出单元号,单元信息,抗拉刚度和杆端力
  [T,L]=TrusRota(gxy(ndel(el,:),:));
  N(2:2:4)= 2*ndel(el,:);N(1:2:4)= N(2:2:4)-1;                    % 单元自由度
  Fe=EA(el)/L*k0*T*U(N);                                             % 杆端力
  fprintf('%4i%4i%4i%14.4g%14.4g\n',el,ndel(el,:),EA(el),Fe(3));
end
DrawFrame(gxy,ndel,dofix,U);
%————————————————坐标转换矩阵函数————————————————%
function [T,L]=TrusRota(xy)
dl=xy(2,:)-xy(1,:);
L=sqrt(dl*dl');                                                        % 杆长
cs=dl/L;
T0=[cs;-cs(2),cs(1)];
T=[T0,zeros(2,2);zeros(2,2),T0];                                 % 坐标转换矩阵
```

3. 输出结果

```
结点  X 坐标   Y 坐标         u 位移        v 位移
  1   0.0000  3.0000             0             0
  2   0.0000  0.0000             0             0
  3   4.0000  3.0000     0.0003556       -0.0014
  4   4.0000  0.0000        0.0004       -0.0014
```

单元	结点		面积	轴力
1	1	3	3e+008	2.667e+004
2	2	3	3e+008	-3.333e+004
3	4	3	3e+008	2.91e-011
4	2	4	3e+008	3e+004

图 3-5 给出了程序输出的原始结构（黑色粗线）、变形结构（细虚线）、单元、结点编号等。

书后附录 A 给出了输出该图形的具体源程序（DrawFrame.m）。

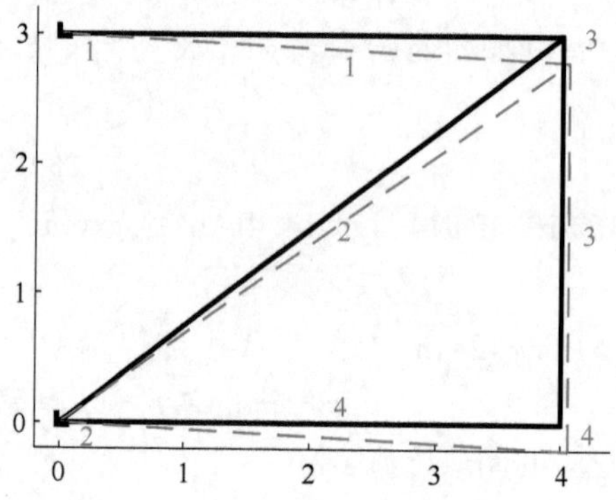

图 3-5 刚架单元

3.2 平面刚架

刚架是指不仅有轴力，而且一般也有弯矩和剪力等内力的杆系结构。这里讲平面刚架，内力不包含扭矩。这里仅考虑轴向拉压和弯曲内力作用下的杆件变形，忽略剪切变形。

如图 3-6 所示，刚架杆受到杆端力作用发生变形。变形和受力一律以坐标轴方向为正，转角和力偶以逆时针旋转为正。杆端位移和杆端力列向量分别为

$$\boldsymbol{F}_e=[F_{xi} \quad F_{yi} \quad M_i \mid F_{xj} \quad F_{yj} \quad M_j]^{\mathrm{T}} \tag{3-61}$$

$$\boldsymbol{U}_e=[u_i \quad v_i \quad \theta_i \mid u_j \quad v_j \quad \theta_j]^{\mathrm{T}} \tag{3-62}$$

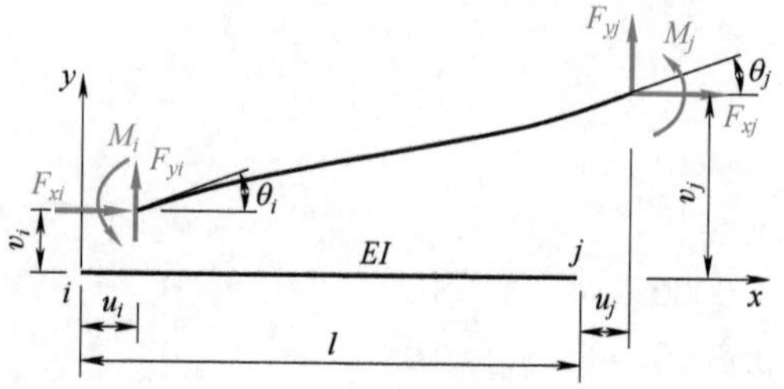

图 3-6 刚架单元

3.2.1 位移模式

假设杆件沿轴向位移和横向位移用多项式近似表示为

$$\begin{cases}u(x)=\alpha_1+\alpha_2 x\\ v(x)=\alpha_3+\alpha_4 x+\alpha_5 x^2+\alpha_6 x^3\end{cases}\tag{3-63}$$

定义列向量为

$$\boldsymbol{\alpha}=[\alpha_1\quad \alpha_2\quad \alpha_3\quad \alpha_4\quad \alpha_5\quad \alpha_6]^{\mathrm{T}}\tag{3-64}$$

矩阵为

$$\boldsymbol{H}=\begin{bmatrix}1 & x & 0 & 0 & 0 & 0\\ 0 & 0 & 1 & x & x^2 & x^3\end{bmatrix}\tag{3-65}$$

杆件位移列向量可以表示为

$$\boldsymbol{u}(x)=\begin{bmatrix}u(x)\\ v(x)\end{bmatrix}=\boldsymbol{H\alpha}\tag{3-66}$$

由于式（3-63）需要满足边界条件，根据杆端位移建立方程组

$$\begin{cases}u(0)=\alpha_1=u_i,u(l)=\alpha_1+\alpha_2 l=u_j\\ v(0)=\alpha_3=v_i,v(l)=\alpha_3+\alpha_4 l+\alpha_5 l^2+\alpha_6 l^3=v_j\\ v'(0)=\alpha_4=\theta_i,v'(l)=\alpha_4+2\alpha_5 l+3\alpha_6 l^2=\theta_j\end{cases}\tag{3-67}$$

联立求解这六个方程可以求解出 $\alpha_1\sim\alpha_6$ 共六个常数。这个求解并不难，但是仍推荐用矩阵方法推导。因为采用矩阵形式推导对问题的复杂程度不敏感。为此定义矩阵为

$$\boldsymbol{A}=\begin{bmatrix}1 & 0 & 0 & 0 & 0 & 0\\ 0 & 0 & 1 & 0 & 0 & 0\\ 0 & 0 & 0 & 1 & 0 & 0\\ 1 & l & 0 & 0 & 0 & 0\\ 0 & 0 & 1 & l & l^2 & l^3\\ 0 & 0 & 0 & 1 & 2l & 3l^2\end{bmatrix}\tag{3-68}$$

线性方程组（3-67）可以写为

$$\boldsymbol{A\alpha}=\boldsymbol{U}_e\tag{3-69}$$

求解这个线性方程组得

$$\boldsymbol{\alpha}=\boldsymbol{A}^{-1}\boldsymbol{U}_e\tag{3-70}$$

将式（3-70）代入式（3-66）得

$$\boldsymbol{u}(x)=\boldsymbol{HA}^{-1}\boldsymbol{U}_e\tag{3-71}$$

定义形函数矩阵为

$$\boldsymbol{N}(x)=\boldsymbol{HA}^{-1}\tag{3-72}$$

具体写为

$$\boldsymbol{N}(x)=\begin{bmatrix}N_1 & 0 & 0 & N_2 & 0 & 0\\ 0 & N_3 & N_4 & 0 & N_5 & N_6\end{bmatrix}\tag{3-73}$$

$$\begin{cases} N_1 = 1-\dfrac{x}{l} & N_3 = \left(1-\dfrac{x}{l}\right)^2\left(1+2\dfrac{x}{l}\right) & N_5 = \left(\dfrac{x}{l}\right)^2\left(3-2\dfrac{x}{l}\right) \\ N_2 = \dfrac{x}{l} & N_4 = x\left(1-\dfrac{x}{l}\right)^2 & N_6 = \dfrac{x^2}{l}\left(\dfrac{x}{l}-1\right) \end{cases} \tag{3-74}$$

最后位移表达式写为

$$\boldsymbol{u}(x) = \boldsymbol{N}(x)\boldsymbol{U}_e \tag{3-75}$$

注意：这是所有单元的形式采用的一种标准写法。

每一个形函数都表示对应自由度发生单位位移时梁的变形形状，如图 3-7 所示。N_1 和 N_2 表示了轴向位移，这里没有画出。

读者可以思考一下：这些形函数是近似地还是精确地描述了杆件位移？

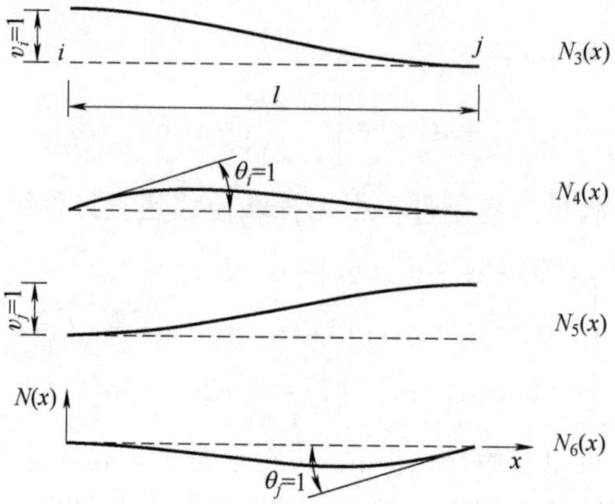

图 3-7　形函数的几何意义

3.2.2　应变和应力

按照材料力学关于轴向拉压和弯曲变形的理论，杆件轴向应变包含了轴向拉压产生的应变和弯曲产生的应变，分别用 ε_0 和 ε_b 表示为

$$\boldsymbol{\varepsilon} = \begin{bmatrix} \varepsilon_0 \\ \varepsilon_b \end{bmatrix} = \begin{bmatrix} \dfrac{du}{dx} \\ -y\dfrac{d^2v}{dx^2} \end{bmatrix} \tag{3-76}$$

这里利用了材料力学在推导弯曲应力时推导出的一个应变公式，即

$$\varepsilon_b = -\frac{y}{\rho} \tag{3-77}$$

式中，y 是到中性轴的距离，ρ 是杆弯曲变形的轴线曲率半径，在小变形时可以近似用挠度的二次导数计算$\dfrac{1}{\rho}=\dfrac{d^2v}{dx^2}$。将位移表达式（3-75）代入应变表达式（3-76）可得到

$$\boldsymbol{\varepsilon} = \boldsymbol{B}\boldsymbol{U}_e \tag{3-78}$$

式中，

$$\boldsymbol{B}=\begin{bmatrix}\dfrac{\mathrm{d}N_1}{\mathrm{d}x} & 0 & 0 & \dfrac{\mathrm{d}N_2}{\mathrm{d}x} & 0 & 0\\ 0 & -y\dfrac{\mathrm{d}^2N_3}{\mathrm{d}x^2} & -y\dfrac{\mathrm{d}^2N_4}{\mathrm{d}x^2} & 0 & -y\dfrac{\mathrm{d}^2N_5}{\mathrm{d}x^2} & -y\dfrac{\mathrm{d}^2N_6}{\mathrm{d}x^2}\end{bmatrix} \tag{3-79}$$

式（3-79）是几何矩阵。将形函数［式（3-74）］代入式（3-79）可以具体写出形函数表达式为

$$\boldsymbol{B}=\begin{bmatrix}-\dfrac{1}{l} & 0 & 0 & \dfrac{1}{l} & 0 & 0\\ 0 & \dfrac{6y}{l^2}\left(1-\dfrac{2x}{l}\right) & \dfrac{2y}{l}\left(2-\dfrac{3x}{l}\right) & 0 & \dfrac{6y}{l^2}\left(\dfrac{2x}{l}-1\right) & \dfrac{2y}{l}\left(1-\dfrac{3x}{l}\right)\end{bmatrix} \tag{3-80}$$

在单向应力状态下，可以根据胡克定律直接乘弹性模量计算应力为

$$\boldsymbol{\sigma}=[\sigma_0 \quad \sigma_b]^{\mathrm{T}}=E\boldsymbol{\varepsilon}=E\boldsymbol{B}\boldsymbol{U}_e \tag{3-81}$$

3.2.3 单元刚度方程

假设杆件在轴向和横向都受到分布力作用，其线分布集度分别用 $q_x(x)$ 和 $q_y(x)$ 表示，如图 3-8 所示。分布外力（图 3-8a 和图 3-8b）记作向量形式，即

$$\boldsymbol{f}(x)=[q_x(x) \quad q_y(x)]^{\mathrm{T}} \tag{3-82}$$

单元中位置 c 的集中外力（图 3-8c）表示为

$$\boldsymbol{p}_c=[p_x \quad p_y]^{\mathrm{T}} \tag{3-83}$$

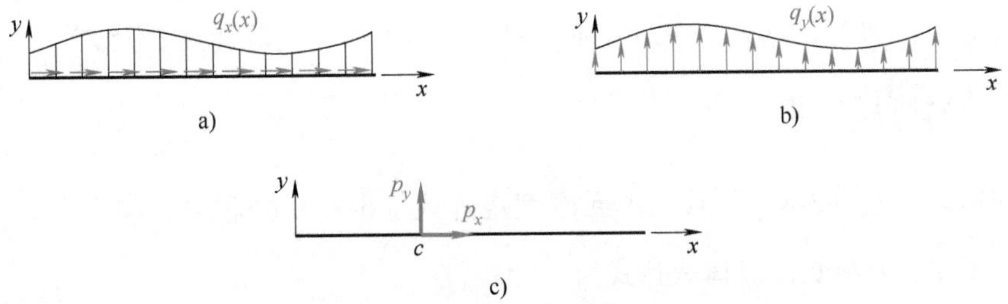

图 3-8 刚架单元受到分布内力作用
a）轴向分布力 b）横向分布力 c）集中力

单元杆端结点的虚位移 $\delta\boldsymbol{U}_e$ 导致了杆件内部的虚变形和虚应变，即

$$\delta\boldsymbol{u}=\boldsymbol{N}\delta\boldsymbol{U}_e \tag{3-84}$$

$$\delta\boldsymbol{\varepsilon}=\boldsymbol{B}\delta\boldsymbol{U}_e \tag{3-85}$$

按照第 1 章关于外力虚功的概念式，将式（3-82）和式（3-84）代入外力虚功表达式（1-48）得

$$\delta W_e=\int_l(\boldsymbol{N}\delta\boldsymbol{U}_e)^{\mathrm{T}}\boldsymbol{f}(x)\,\mathrm{d}x+\sum_c(\boldsymbol{N}_c\delta\boldsymbol{U}_e)^{\mathrm{T}}\boldsymbol{p}_c+(\delta\boldsymbol{U}_e)^{\mathrm{T}}\boldsymbol{F}_e^i \tag{3-86}$$

式中，$\boldsymbol{p}_c$ 是集中力，也是外力，只是为了后面计算方便专门提取出来的；$\boldsymbol{N}_c$ 是集中力 $\boldsymbol{p}_c$ 作用点的形函数值，$\boldsymbol{F}_e^i$ 是其他单元对该单元的作用力。将式（3-81）和式（3-85）代入虚应变能表达式［式（1-47）］可得

$$\delta\phi_\varepsilon=\int_V(\delta\boldsymbol{\varepsilon})^{\mathrm{T}}\boldsymbol{\sigma}\mathrm{d}V=\int_V(\boldsymbol{B}\delta\boldsymbol{U}_e)^{\mathrm{T}}E\boldsymbol{B}\mathrm{d}V\boldsymbol{U}_e \tag{3-87}$$

根据虚位移原理可得

$$(\delta\boldsymbol{U}_e)^{\mathrm{T}}\left(\int_l \boldsymbol{N}^{\mathrm{T}}\boldsymbol{f}(x)\,\mathrm{d}x+\sum_c \boldsymbol{N}_c^{\mathrm{T}}\boldsymbol{p}_c+\boldsymbol{F}_e^i\right)=E(\delta\boldsymbol{U}_e)^{\mathrm{T}}\int_l \boldsymbol{B}^{\mathrm{T}}\boldsymbol{B}\mathrm{d}x\boldsymbol{U}_e \tag{3-88}$$

由虚位移 $\delta\boldsymbol{U}_e$ 的任意性可知

$$\int_l \boldsymbol{N}^{\mathrm{T}}\boldsymbol{f}(x)\,\mathrm{d}x+\sum_c \boldsymbol{N}_c^{\mathrm{T}}\boldsymbol{p}_c+\boldsymbol{F}_e^i=E\int_V \boldsymbol{B}^{\mathrm{T}}\boldsymbol{B}\mathrm{d}V\boldsymbol{U}_e \tag{3-89}$$

定义单元刚度矩阵为

$$\boldsymbol{k}_e=E\int_{V_e}\boldsymbol{B}^{\mathrm{T}}\boldsymbol{B}\mathrm{d}V \tag{3-90}$$

定义单元等效结点力向量为

$$\boldsymbol{F}_e^E=\int_l \boldsymbol{N}^{\mathrm{T}}\boldsymbol{f}(x)\,\mathrm{d}x+\sum_c \boldsymbol{N}_c^{\mathrm{T}}\boldsymbol{p}_c \tag{3-91}$$

式（3-91）是将结间荷载转化为结点荷载的公式。这里没有考虑外力偶作用问题。读者可以试着推导这个问题。

最后，式（3-89）写为单元刚度方程，即

$$\boldsymbol{k}_e\boldsymbol{U}_e=\boldsymbol{F}_e \tag{3-92}$$

式中，$\boldsymbol{F}_e=\boldsymbol{F}_e^i+\boldsymbol{F}_e^E$ 包含了其他各单元对该单元的作用力 $\boldsymbol{F}_e^i$ 和外力产生的等效结点力 $\boldsymbol{F}_e^E$ 两部分。最后将所有单元的单元刚度方程式（3-92）累加，形成结构刚度方程，即

$$\boldsymbol{KU}=\boldsymbol{F} \tag{3-93}$$

在形成结构刚度方程时，研究对象是结构整体。以结构整体为研究对象时，单元之间的作用力 $\boldsymbol{F}_e^i$ 是内力，内力成对出现，方向相反，外力功为零，所以，单元之间的作用力 $\boldsymbol{F}_e^i$ 对最后的结构刚度方程中结点力向量 $\boldsymbol{F}$ 没有贡献，只需要累加外力的等效结点力 $\boldsymbol{F}_e^E$。

3.2.4 单元刚度矩阵

将几何矩阵［式（3-80）］代入单元刚度矩阵式（3-90）并积分，注意 $I=\int_A y^2\mathrm{d}A$ 是截面惯性矩，得单元刚度矩阵具体表达式为

$$\boldsymbol{k}_e=\left[\begin{array}{ccc|ccc}
\frac{EA}{l} & 0 & 0 & -\frac{EA}{l} & 0 & 0\\
0 & \frac{12EI}{l^3} & \frac{6EI}{l^2} & 0 & -\frac{12EI}{l^3} & \frac{6EI}{l^2}\\
0 & \frac{6EI}{l^2} & \frac{4EI}{l} & 0 & -\frac{6EI}{l^2} & \frac{2EI}{l}\\
\hline
-\frac{EA}{l} & 0 & 0 & \frac{EA}{l} & 0 & 0\\
0 & -\frac{12EI}{l^3} & -\frac{6EI}{l^2} & 0 & \frac{12EI}{l^3} & -\frac{6EI}{l^2}\\
0 & \frac{6EI}{l^2} & \frac{2EI}{l} & 0 & -\frac{6EI}{l^2} & \frac{4EI}{l}
\end{array}\right] \tag{3-94}$$

可以用如下 MATLAB 代码（Eq3_90.m）进行上述计算，即

```
syms x y L A real
A(1,1)=1;A(2,3)=1;A(3,4)=1;
A(4,1:2)=[1,L];A(5,3:6)=[1,L,L^2,L^3];
A(6,4:6)=[1,2*L,3*L^2];
H(1,1:2)=[1,x];
H(2,3:6)=[1,x,x^2,x^3];
N=simplify(H/A);                                    % 形函数式(3-74)
disp(N)
B=simplify([diff(N(1,:),x);-y*diff(diff(N(2,:),x),x)]);
                                                    % 几何矩阵式(3-79)
disp(B)
ke=simplify(int(B'*B,x,0,L));                       % 刚度矩阵式(3-90)
disp(ke)
```

输出结果为

```
[(L-x)/L,0,0,x/L,0,0]
[0,((L-x)^2*(L+2*x))/L^3,(x*(L-x)^2)/L^2,0,(x^2*(3*L-2*x))/L^3,-(x^2*(L-
x))/L^2]

[-1/L,0,0,1/L,0,0]
[0,(6*y*(L-2*x))/L^3,(2*y*(2*L-3*x))/L^2,0,-(6*y*(L-2*x))/L^3,(2*y*
(L-3*x))/L^2]

[1/L,0,0,-1/L,0,0]
[0,(12*y^2)/L^3,(6*y^2)/L^2,0,-(12*y^2)/L^3,(6*y^2)/L^2]
[0,(6*y^2)/L^2,(4*y^2)/L,0,-(6*y^2)/L^2,(2*y^2)/L]
[-1/L,0,0,1/L,0,0]
[0,-(12*y^2)/L^3,-(6*y^2)/L^2,0,(12*y^2)/L^3,-(6*y^2)/L^2]
[0,(6*y^2)/L^2,(2*y^2)/L,0,-(6*y^2)/L^2,(4*y^2)/L]
```

这里单元刚度矩阵仅计算了沿 x 轴的积分，进一步的横截面积分可以得到横截面面积和惯性矩（为节省版面，将输出中的空格压缩了，后续不再特别说明）。

单元刚度矩阵具有一些重要的性质与特点：

（1）k_{ij}含义　j 自由度的单位位移在 i 自由度产生的力。直接令式（3-92）中位移列向量中某一分量取 1，其他取 0 就可以验证。

（2）对称性　可以由互等定理验证 $k_{ij}=k_{ji}$。

（3）对角元大于零　对角元表示同一自由度的力和位移的关系，在某一自由度方向产生位移必然需要该自由度有同向作用力，$k_{ii}>0$。

（4）不可逆性　可以直接验证。它的力学意义是：当结点力确定后，结点位移并不确定；从式（3-92）可以知道，当结点位移确定后，结点力是确定的，这是由于存在刚体位移。

（5）正定性　式（3-92）两边同时左乘位移列向量的转置，即

$$\boldsymbol{U}_e^{\mathrm{T}}\boldsymbol{k}_e\boldsymbol{U}_e=\boldsymbol{U}_e^{\mathrm{T}}\boldsymbol{F}_e$$

上式等号的右式表示结点力自身做的功，必然为正，所以 $\boldsymbol{k}_e$ 正定。

上述这些性质具有一般性，适于前面讲的桁架和后面要讲的其他所有单元。

3.2.5　结构坐标系下单元刚度方程

前述的推导是在单元坐标系下进行的。以下建立结构坐标系，并研究各量在两个坐标系之间的关系。在结构坐标系下，杆端力和杆端位移为

$$\boldsymbol{F}_e=[F_{xi}\quad F_{yi}\quad M_i\ \vdots\ F_{xj}\quad F_{yj}\quad M_j]^{\mathrm{T}} \tag{3-95}$$

$$\boldsymbol{U}_e=[u_i\quad v_i\quad \theta_i\ \vdots\ u_j\quad v_j\quad \theta_j]^{\mathrm{T}} \tag{3-96}$$

为推导方便，将杆端力两部分合在一起，统一用 $\boldsymbol{F}_e$ 表示。为了区分，在单元坐标系下，结点力和结点位移记为

$$\overline{\boldsymbol{F}}_e=[\overline{F}_{xi}\quad \overline{F}_{yi}\quad \overline{M}_i\ \vdots\ \overline{F}_{xj}\quad \overline{F}_{yj}\quad \overline{M}_j]^{\mathrm{T}} \tag{3-97}$$

$$\overline{\boldsymbol{U}}_e=[\overline{u}_i\quad \overline{v}_i\quad \overline{\theta}_i\ \vdots\ \overline{u}_j\quad \overline{v}_j\quad \overline{\theta}_j]^{\mathrm{T}} \tag{3-98}$$

实际上，刚架单元与桁架单元的杆端力和杆端位移类似。刚架两端只是各多了一个转角和力偶，而转角和力偶与坐标旋转无关，所以杆端力和杆端位移的坐标转换矩阵基本一样：

$$\boldsymbol{T}=\begin{bmatrix}\cos\alpha & \sin\alpha & 0 & 0 & 0 & 0\\ -\sin\alpha & \cos\alpha & 0 & 0 & 0 & 0\\ 0 & 0 & 1 & 0 & 0 & 0\\ 0 & 0 & 0 & \cos\alpha & \sin\alpha & 0\\ 0 & 0 & 0 & -\sin\alpha & \cos\alpha & 0\\ 0 & 0 & 0 & 0 & 0 & 1\end{bmatrix} \tag{3-99}$$

只是增加了两个单位1的对角元，容易验证，即

$$\boldsymbol{T}\boldsymbol{T}^{\mathrm{T}}=\boldsymbol{I},\boldsymbol{T}^{-1}=\boldsymbol{T}^{\mathrm{T}} \tag{3-100}$$

两个坐标系下单元杆端位移和杆端力的关系为

$$\overline{\boldsymbol{F}}_e=\boldsymbol{T}\boldsymbol{F}_e,\overline{\boldsymbol{U}}_e=\boldsymbol{T}\boldsymbol{U}_e \tag{3-101}$$

将式（3-101）代入式（3-92）可得

$$\boldsymbol{T}\boldsymbol{F}_e=\overline{\boldsymbol{k}}_e\boldsymbol{T}\boldsymbol{U}_e\ \text{或}\ \boldsymbol{T}^{\mathrm{T}}\overline{\boldsymbol{k}}_e\boldsymbol{T}\boldsymbol{U}_e=\boldsymbol{F}_e \tag{3-102}$$

定义结构坐标系下的刚度矩阵为

$$\boldsymbol{k}_e=\boldsymbol{T}^{\mathrm{T}}\overline{\boldsymbol{k}}_e\boldsymbol{T} \tag{3-103}$$

由式（3-102）可以得到结构坐标系下的刚度方程，即

$$\boldsymbol{k}_e\boldsymbol{U}_e=\boldsymbol{F}_e \tag{3-104}$$

后续的求解过程与前面讲的桁架问题类似，不再详述，仅以下面的几个例题说明。

例3.2　求图3-9所示的杆件受到集度为 q 的均布横向荷载和集中力 F 作用下的等效杆端力。

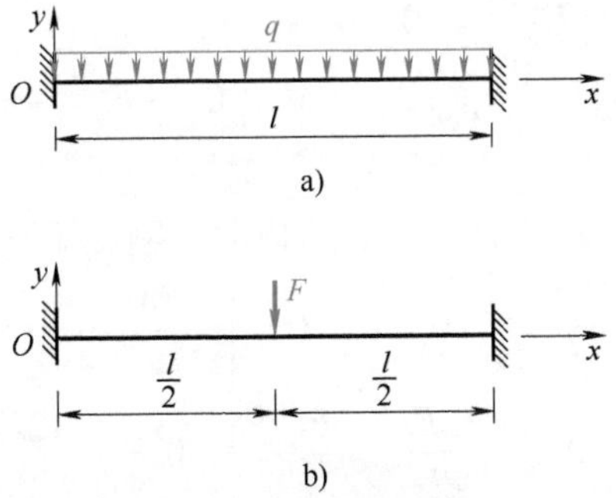

图 3-9 刚架单元外力

a）均布荷载 b）集中力

解：（1）在均布力$\boldsymbol{f}=-q[0\quad 1]^{\mathrm{T}}$作用下，如图 3-9a 所示，由式（3-91）得等效结点力向量

$$\boldsymbol{F}_e^E=\int_l \boldsymbol{N}^{\mathrm{T}}\boldsymbol{f}\mathrm{d}x=\int_0^l\begin{bmatrix}N_1 & 0\\ 0 & N_3\\ 0 & N_4\\ N_2 & 0\\ 0 & N_5\\ 0 & N_6\end{bmatrix}\begin{bmatrix}0\\ -q\end{bmatrix}\mathrm{d}x=-q\int_0^l\begin{bmatrix}0\\ N_3\\ N_4\\ 0\\ N_5\\ N_6\end{bmatrix}\mathrm{d}x=-\frac{1}{12}ql\begin{bmatrix}0\\ 6\\ l\\ 0\\ 6\\ -l\end{bmatrix} \tag{3-105}$$

（2）在集中力作用下，如图 3-9b 所示，由式（3-91）得等效结点力向量

$$\boldsymbol{F}_e^E=\boldsymbol{N}_c^{\mathrm{T}}\boldsymbol{p}_c=\begin{bmatrix}N_1 & 0\\ 0 & N_3\\ 0 & N_4\\ N_2 & 0\\ 0 & N_5\\ 0 & N_6\end{bmatrix}_{x=\frac{l}{2}}\begin{bmatrix}0\\ -q\end{bmatrix}=-q\begin{bmatrix}0\\ N_3\\ N_4\\ 0\\ N_5\\ N_6\end{bmatrix}_{x=\frac{l}{2}}=-\frac{ql}{12}\begin{bmatrix}0\\ 6\\ l\\ 0\\ 6\\ -l\end{bmatrix} \tag{3-106}$$

例 3.3 求解图 3-10 所示刚架的变形和支反力，弹性模量为 E。

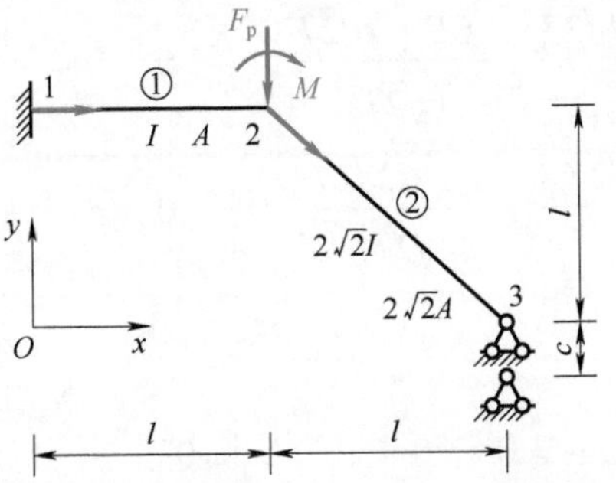

图 3-10 例 3.3 刚架

解：（1）结构标识 结点编号，单元编号；建立单元坐标系，结构坐标系，如图 3-10 所示。

（2）建立结点位移向量和结点力向量 结点位移向量和结点力向量分别为

$$\boldsymbol{U}_0=[\boldsymbol{U}_1^{\mathrm{T}}\quad \boldsymbol{U}_2^{\mathrm{T}}\quad \boldsymbol{U}_3^{\mathrm{T}}]^{\mathrm{T}}=[0\quad 0\quad 0\ \vdots\ u_2\quad v_2\quad \theta_2\ \vdots\ 0\quad -c\quad \theta_3]^{\mathrm{T}} \tag{3-107}$$

$$\boldsymbol{F}_0=[\boldsymbol{F}_1^{\mathrm{T}}\quad \boldsymbol{F}_2^{\mathrm{T}}\quad \boldsymbol{F}_3^{\mathrm{T}}]^{\mathrm{T}}=[F_{x1}\quad F_{y1}\quad M_1\ \vdots\ 0\quad -F_{\mathrm{p}}\quad -M\ \vdots\ F_{x3}\quad F_{y3}\quad 0]^{\mathrm{T}} \tag{3-108}$$

（3）建立单元刚度矩阵

1）单元①。单元坐标和结构坐标一致，所以单元刚度矩阵形式不变，即

$$\bar{\boldsymbol{k}}^{①}=\boldsymbol{k}^{①}=\begin{bmatrix} \frac{EA}{l} & 0 & 0 & -\frac{EA}{l} & 0 & 0 \\ 0 & \frac{12EI}{l^3} & \frac{6EI}{l^2} & 0 & -\frac{12EI}{l^3} & \frac{6EI}{l^2} \\ 0 & \frac{6EI}{l^2} & \frac{4EI}{l} & 0 & -\frac{6EI}{l^2} & \frac{2EI}{l} \\ -\frac{EA}{l} & 0 & 0 & \frac{EA}{l} & 0 & 0 \\ 0 & -\frac{12EI}{l^3} & -\frac{6EI}{l^2} & 0 & \frac{12EI}{l^3} & -\frac{6EI}{l^2} \\ 0 & \frac{6EI}{l^2} & \frac{2EI}{l} & 0 & -\frac{6EI}{l^2} & \frac{4EI}{l} \end{bmatrix} \tag{3-109}$$

2）单元②。先建立单元坐标下刚度矩阵

$$\bar{\boldsymbol{k}}^{②}=\begin{bmatrix} \frac{E\cdot 2\sqrt{2}A}{\sqrt{2}l} & 0 & 0 & -\frac{E\cdot 2\sqrt{2}A}{\sqrt{2}l} & 0 & 0 \\ 0 & \frac{12E\cdot 2\sqrt{2}I}{(\sqrt{2}l)^3} & \frac{6E\cdot 2\sqrt{2}I}{(\sqrt{2}l)^2} & 0 & -\frac{12E\cdot 2\sqrt{2}I}{(\sqrt{2}l)^3} & \frac{6E\cdot 2\sqrt{2}I}{(\sqrt{2}l)^2} \\ 0 & \frac{6E\cdot 2\sqrt{2}I}{(\sqrt{2}l)^2} & \frac{4E\cdot 2\sqrt{2}I}{\sqrt{2}l} & 0 & -\frac{6E\cdot 2\sqrt{2}I}{(\sqrt{2}l)^2} & \frac{2E\cdot 2\sqrt{2}I}{\sqrt{2}l} \\ -\frac{E\cdot 2\sqrt{2}A}{\sqrt{2}l} & 0 & 0 & \frac{E\cdot 2\sqrt{2}A}{\sqrt{2}l} & 0 & 0 \\ 0 & -\frac{12E\cdot 2\sqrt{2}I}{(\sqrt{2}l)^3} & -\frac{6E\cdot 2\sqrt{2}I}{(\sqrt{2}l)^2} & 0 & \frac{12E\cdot 2\sqrt{2}I}{(\sqrt{2}l)^3} & -\frac{6E\cdot 2\sqrt{2}I}{(\sqrt{2}l)^2} \\ 0 & \frac{6E\cdot 2\sqrt{2}I}{(\sqrt{2}l)^2} & \frac{2E\cdot 2\sqrt{2}I}{\sqrt{2}l} & 0 & -\frac{6E\cdot 2\sqrt{2}I}{(\sqrt{2}l)^2} & \frac{4E\cdot 2\sqrt{2}I}{\sqrt{2}l} \end{bmatrix} \tag{3-110}$$

利用坐标转换矩阵，即

$$\boldsymbol{T}=\begin{bmatrix} \cos\alpha & \sin\alpha & 0 & 0 & 0 & 0 \\ -\sin\alpha & \cos\alpha & 0 & 0 & 0 & 0 \\ 0 & 0 & 1 & 0 & 0 & 0 \\ 0 & 0 & 0 & \cos\alpha & \sin\alpha & 0 \\ 0 & 0 & 0 & -\sin\alpha & \cos\alpha & 0 \\ 0 & 0 & 0 & 0 & 0 & 1 \end{bmatrix},\cos\alpha=\frac{\sqrt{2}}{2},\sin\alpha=-\frac{\sqrt{2}}{2} \tag{3-111}$$

可得到结构坐标系下的刚度矩阵为

$$\boldsymbol{k}^e=\boldsymbol{T}^{\mathrm{T}}\overline{\boldsymbol{k}}^e\boldsymbol{T}$$

具体写出来为

$$\boldsymbol{k}^{②}=\begin{bmatrix}
\frac{EA}{l}+\frac{6EI}{l^3} & -\frac{EA}{l}+\frac{6EI}{l^3} & \frac{6EI}{l^2} & -\frac{EA}{l}-\frac{6EI}{l^3} & \frac{EA}{l}-\frac{6EI}{l^3} & \frac{6EI}{l^2} \\
-\frac{EA}{l}+\frac{6EI}{l^3} & \frac{EA}{l}+\frac{6EI}{l^3} & \frac{6EI}{l^2} & \frac{EA}{l}-\frac{6EI}{l^3} & -\frac{EA}{l}-\frac{6EI}{l^3} & \frac{6EI}{l^2} \\
\frac{6EI}{l^2} & \frac{6EI}{l^2} & \frac{8EI}{l} & -\frac{6EI}{l^2} & -\frac{6EI}{l^2} & \frac{4EI}{l} \\
-\frac{EA}{l}-\frac{6EI}{l^3} & \frac{EA}{l}-\frac{6EI}{l^3} & -\frac{6EI}{l^2} & \frac{EA}{l}+\frac{6EI}{l^3} & -\frac{EA}{l}+\frac{6EI}{l^3} & -\frac{6EI}{l^2} \\
\frac{EA}{l}-\frac{6EI}{l^3} & -\frac{EA}{l}-\frac{6EI}{l^3} & -\frac{6EI}{l^2} & -\frac{EA}{l}+\frac{6EI}{l^3} & \frac{EA}{l}+\frac{6EI}{l^3} & -\frac{6EI}{l^2} \\
\frac{6EI}{l^2} & \frac{6EI}{l^2} & \frac{4EI}{l} & -\frac{6EI}{l^2} & -\frac{6EI}{l^2} & \frac{8EI}{l}
\end{bmatrix} \tag{3-112}$$

（4）形成总刚度矩阵和总刚度方程　将前面得到的各单元刚度矩阵按照杆端对应整体结点编号组装为

$$\boldsymbol{K}^0=\begin{bmatrix}
\frac{EA}{l} & 0 & 0 & -\frac{EA}{l} & 0 & 0 & & & \\
0 & \frac{12EI}{l^3} & \frac{6EI}{l^2} & 0 & -\frac{12EI}{l^3} & \frac{6EI}{l^2} & & & \\
0 & \frac{6EI}{l^2} & \frac{4EI}{l} & 0 & -\frac{6EI}{l^2} & \frac{2EI}{l} & & & \\
-\frac{EA}{l} & 0 & 0 & \frac{2EA}{l}+\frac{6EI}{l^3} & -\frac{EA}{l}+\frac{6EI}{l^3} & \frac{6EI}{l^2} & -\frac{EA}{l}-\frac{6EI}{l^3} & \frac{EA}{l}-\frac{6EI}{l^3} & \frac{6EI}{l^2} \\
0 & -\frac{12EI}{l^3} & -\frac{6EI}{l^2} & -\frac{EA}{l}+\frac{6EI}{l^3} & \frac{EA}{l}+\frac{18EI}{l^3} & 0 & \frac{EA}{l}-\frac{6EI}{l^3} & -\frac{EA}{l}-\frac{6EI}{l^3} & \frac{6EI}{l^2} \\
0 & \frac{6EI}{l^2} & \frac{2EI}{l} & \frac{6EI}{l^2} & 0 & \frac{12EI}{l} & -\frac{6EI}{l^2} & -\frac{6EI}{l^2} & \frac{4EI}{l} \\
 & & & -\frac{EA}{l}-\frac{6EI}{l^3} & \frac{EA}{l}-\frac{6EI}{l^3} & -\frac{6EI}{l^2} & \frac{EA}{l}+\frac{6EI}{l^3} & -\frac{EA}{l}+\frac{6EI}{l^3} & -\frac{6EI}{l^2} \\
 & & & \frac{EA}{l}-\frac{6EI}{l^3} & -\frac{EA}{l}-\frac{6EI}{l^3} & -\frac{6EI}{l^2} & -\frac{EA}{l}+\frac{6EI}{l^3} & \frac{EA}{l}+\frac{6EI}{l^3} & -\frac{6EI}{l^2} \\
 & & & \frac{6EI}{l^2} & \frac{6EI}{l^2} & \frac{4EI}{l} & -\frac{6EI}{l^2} & -\frac{6EI}{l^2} & \frac{8EI}{l}
\end{bmatrix} \tag{3-113}$$

总刚度方程为

$$
\begin{bmatrix}
\frac{EA}{l} & 0 & 0 & -\frac{EA}{l} & 0 & 0 & & & \\
0 & \frac{12EI}{l^3} & \frac{6EI}{l^2} & 0 & -\frac{12EI}{l^3} & \frac{6EI}{l^2} & & & \\
0 & \frac{6EI}{l^2} & \frac{4EI}{l} & 0 & -\frac{6EI}{l^2} & \frac{2EI}{l} & & & \\
-\frac{EA}{l} & 0 & 0 & \frac{2EA}{l}+\frac{6EI}{l^3} & -\frac{EA}{l}+\frac{6EI}{l^3} & \frac{6EI}{l^2} & -\frac{EA}{l}-\frac{6EI}{l^3} & \frac{EA}{l}-\frac{6EI}{l^3} & \frac{6EI}{l^2} \\
0 & -\frac{12EI}{l^3} & -\frac{6EI}{l^2} & -\frac{EA}{l}+\frac{6EI}{l^3} & \frac{EA}{l}+\frac{18EI}{l^3} & 0 & \frac{EA}{l}-\frac{6EI}{l^3} & -\frac{EA}{l}-\frac{6EI}{l^3} & \frac{6EI}{l^2} \\
0 & \frac{6EI}{l^2} & \frac{2EI}{l} & \frac{6EI}{l^2} & 0 & \frac{12EI}{l} & -\frac{6EI}{l^2} & -\frac{6EI}{l^2} & \frac{4EI}{l} \\
 & & & -\frac{EA}{l}-\frac{6EI}{l^3} & \frac{EA}{l}-\frac{6EI}{l^3} & -\frac{6EI}{l^2} & \frac{EA}{l}+\frac{6EI}{l^3} & -\frac{EA}{l}+\frac{6EI}{l^3} & -\frac{6EI}{l^2} \\
 & & & \frac{EA}{l}-\frac{6EI}{l^3} & -\frac{EA}{l}-\frac{6EI}{l^3} & -\frac{6EI}{l^2} & -\frac{EA}{l}+\frac{6EI}{l^3} & \frac{EA}{l}+\frac{6EI}{l^3} & -\frac{6EI}{l^2} \\
 & & & \frac{6EI}{l^2} & \frac{6EI}{l^2} & \frac{4EI}{l} & -\frac{6EI}{l^2} & -\frac{6EI}{l^2} & \frac{8EI}{l}
\end{bmatrix}
\begin{bmatrix} 0 \\ 0 \\ 0 \\ u_2 \\ v_2 \\ \theta_2 \\ 0 \\ -c \\ \theta_3 \end{bmatrix}
=
\begin{bmatrix} F_{x1} \\ F_{y1} \\ M_1 \\ 0 \\ -F_p \\ -M \\ F_{x3} \\ F_{y3} \\ 0 \end{bmatrix}
\tag{3-114}
$$

（5）引入位移边界条件　由于只有第四，五，六，九自由度的位移是待求的，所以只保留这些行。由于第一，二，三，七的位移为零，删除式（3-114）中对应的这些列，可得

$$
\begin{bmatrix}
\frac{2EA}{l}+\frac{6EI}{l^3} & -\frac{EA}{l}+\frac{6EI}{l^3} & \frac{6EI}{l^2} & \frac{EA}{l}-\frac{6EI}{l^3} & \frac{6EI}{l^2} \\
-\frac{EA}{l}+\frac{6EI}{l^3} & \frac{EA}{l}+\frac{18EI}{l^3} & 0 & -\frac{EA}{l}-\frac{6EI}{l^3} & \frac{6EI}{l^2} \\
\frac{6EI}{l^2} & 0 & \frac{12EI}{l} & -\frac{6EI}{l^2} & \frac{4EI}{l} \\
\frac{6EI}{l^2} & \frac{6EI}{l^2} & \frac{4EI}{l} & -\frac{6EI}{l^2} & \frac{8EI}{l}
\end{bmatrix}
\begin{bmatrix} u_2 \\ v_2 \\ \theta_2 \\ -c \\ \theta_3 \end{bmatrix}
=
\begin{bmatrix} 0 \\ -F_p \\ -M \\ 0 \end{bmatrix}
\tag{3-115}
$$

第四个自由度对应的位移已知，但不为零，需要移到等式右端。实际上，第四个自由度的位移要与刚度矩阵的第四列相乘，再移到右边，写为

$$
\begin{bmatrix}
\frac{2EA}{l}+\frac{6EI}{l^3} & -\frac{EA}{l}+\frac{6EI}{l^3} & \frac{6EI}{l^2} & \frac{6EI}{l^2} \\
-\frac{EA}{l}+\frac{6EI}{l^3} & \frac{EA}{l}+\frac{18EI}{l^3} & 0 & \frac{6EI}{l^2} \\
\frac{6EI}{l^2} & 0 & \frac{12EI}{l} & \frac{4EI}{l} \\
\frac{6EI}{l^2} & \frac{6EI}{l^2} & \frac{4EI}{l} & \frac{8EI}{l}
\end{bmatrix}
\begin{bmatrix} u_2 \\ v_2 \\ \theta_2 \\ \theta_3 \end{bmatrix}
=
\begin{bmatrix} 0 \\ -F_p \\ -M \\ 0 \end{bmatrix}
+
\begin{bmatrix} \frac{EA}{l}-\frac{6EI}{l^3} \\ -\frac{EA}{l}-\frac{6EI}{l^3} \\ -\frac{6EI}{l^2} \\ -\frac{6EI}{l^2} \end{bmatrix} c
\tag{3-116}
$$

求解该方程就可以得到结点位移。由结点位移，根据单元刚度矩阵得到杆端力，进而得

到内力。

3.2.6 程序设计

例 3.4 如图 3-11 所示，刚架结构，$E=210\times10^9$Pa，柱子：$A_1=4\times10^{-2}\text{m}^2$，$I_1=12\times10^{-5}\text{m}^4$，斜杆：$A_2=3\times10^{-2}\text{m}^2$，$I_2=7\times10^{-5}\text{m}^4$。分析结构变形和内力。

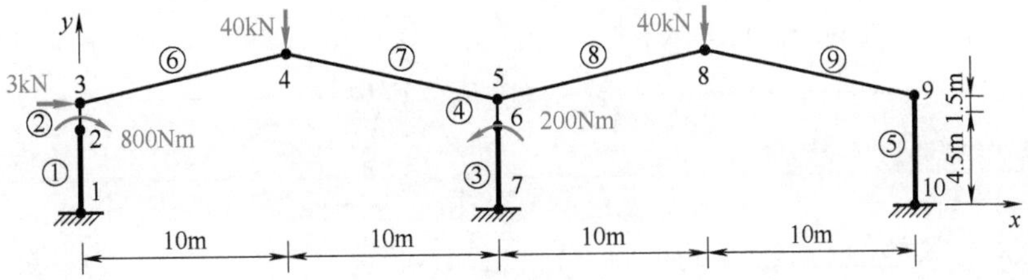

图 3-11 刚架结构

解： 采用 MATLAB 求解。

（1）变量说明 大多数变量与桁架类似，个别不一致的变量说明如下：

1）AI 横截面面积和惯性矩，格式 $[A_1,I_1;A_2,I_2;\cdots;A_n,I_n]$。$(A_1,I_1)$ 为单元 1 的横截面面积和惯性矩。

2）Fe 单元坐标杆端力，格式 $[\overline{F}_{Ni}\quad \overline{F}_{Qi}\quad \overline{M}_i\quad \overline{F}_{Nj}\quad \overline{F}_{Qj}\quad \overline{M}_j]$。

如图 3-12 所示，程序 DrawFrame. m（见附录 A）输出的计算图形。

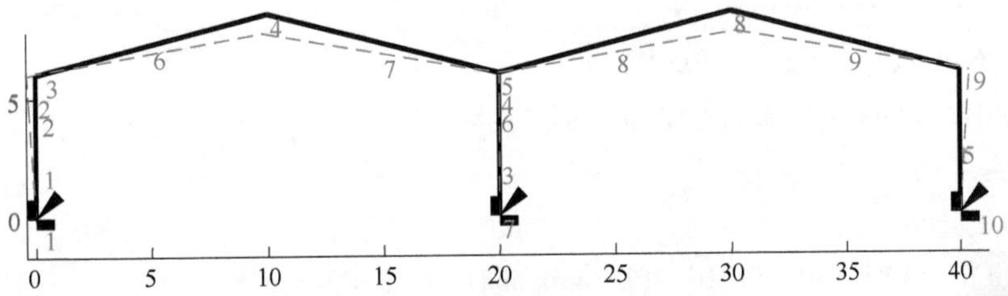

图 3-12 刚架结构程序计算结果图形输出

平面刚架程序讲解

（2）源程序

```
%——————————————————定义结构——————————————————
function Frame                                                    % 平面刚架
gxy=[0,0;0,4.5;0,6;10,8.5;20,6;20,4.5;20,0;30,8.5;40,6;40,0];
                                                       % 结点坐标。每行一个结点*
ndel=[1,2;2,3;7,6;6,5;10,9;3,4;4,5;5,8;8,9];   % 单元信息，每行一个单元*
AI=[repmat([4e-2,12e-5],5,1);repmat([3e-2,7e-5],4,1)];  % 横截面面积和惯性矩*
Em=210e9;                                                         % 弹性模量
nd=size(gxy,1);                                                   % 结点总数
```

```
ne=size(ndel,1);                                              % 单元总数
F=zeros(3*nd,1);                                              % 结点力列向量
F([6,7,11,18,23])=[-8e2;3e3;-4e4;2e2;-4e4];
                         % 左边为结点力对应自由度，右边为结点力值*
dofix=[1:3,19:21,28:30];                                      % 位移约束自由度*
dofree=setdiff(1:3*nd,dofix);                                 % 无位移约束自由度
  %——————————————形成结构刚度矩阵——————————————
K=zeros(3*nd,3*nd);                                           % 结构刚度矩阵
for el=1:ne
 [ke,T]=FramStif(gxy(ndel(el,:),:),AI(el,:));                 % 单元刚度矩阵
 N=kron(3*ndel(el,:),[1,1,1])-[2,1,0,2,1,0];                  % 单元自由度
 K(N,N)=K(N,N)+Em*T'*ke*T;                    % 单元刚度矩阵安装结构刚度矩阵
end
    %——————————————求解位移——————————————
U=zeros(3*ne,1);                                              % 结点位移列向量
U(dofix)=0;      % 置约束位移，填写实际值，如果支座位移为零就不需要此行
U(dofree)=K(dofree,dofree)\(F(dofree)-K(dofree,dofix)*U(dofix)); % 求解位移
        %——————————————输出位移——————————————
DrawFrame(gxy,ndel,dofix,U,3);
fprintf('\n%4s%6s%8s%12s%12s%12s\n','结点','x坐标','x坐标','u位移','v
位移','转角')
for i=1:nd                                         % 输出结点号，坐标和位移
 fprintf('%4i%10.4f%10.4f%14.4g%14.4g%14.4g\n',i,gxy(i,:),U(3*i+(-2:
0)))
end
        %——————————————输出内力——————————————
fprintf('\n%4s%4s%8s%12s\n','单元','结点','轴力','剪力','弯矩')
for el=1:ne                                        % 输出单元信息和杆端力
 [ke,T]=FramStif(gxy(ndel(el,:),:),AI(el,:));                 % 单元刚度矩阵
 N=kron(3*ndel(el,:),[1,1,1])-[2,1,0,2,1,0];                  % 单元自由度
 Fe=Em*ke*T*U(N);                                             % 杆端力
fprintf('%4i%4i%14.4g%14.4g%14.4g\n%8i%14.4g%14.4g%14.4g\n',el,ndel
(el,1),Fe(1:3),ndel(el,2),Fe(4:6));
end
        %——————————————刚架单元刚度矩阵——————————————
function [ke,T]=FramStif(xy,AI)                               % 刚架刚度矩阵
```

```
dl=xy(2,:)-xy(1,:);
L=sqrt(dl*dl');                                                    % 杆长
cs=dl/L;
T0=[cs,0;-cs(2),cs(1),0;0,0,1];
T=[T0,zeros(3,3);zeros(3,3),T0];                                   % 坐标转换矩阵
A=AI(1);I=AI(2);                                                   % 横截面面积和惯性矩
ke=[A/I,0,0,-A/I,0,0;0,12/L^2,6/L,0,-12/L^2,6/L;0,6/L,4,0,-6/L,2;
                                                                   % 单元刚度矩阵
-A/I,0,0,A/I,0,0;0,-12/L^2,-6/L,0,12/L^2,-6/L;0,6/L,2,0,-6/L,4]*I/L;
end
```

(3) 输出结果

结点	x 坐标	y 坐标	u 位移	v 位移	转角
1	0.0000	0.0000	0	0	0
2	0.0000	4.5000	-0.02232	-1.105e-005	0.006159
3	0.0000	6.0000	-0.02968	-1.474e-005	0.003246
4	10.0000	8.5000	-0.01408	-0.06266	-0.0007396
5	20.0000	6.0000	0.001518	-2.748e-005	-0.0002911
6	20.0000	4.5000	0.001038	-2.061e-005	-0.0003353
7	20.0000	0.0000	0	0	0
8	30.0000	8.5000	0.0174	-0.0638	0.001054
9	40.0000	6.0000	0.03329	-1.493e-005	-0.003922
10	40.0000	0.0000	0	0	0

单元	结点	轴力	剪力	弯矩
1	1	2.063e+004	-2.808e+004	-9.766e+004
	2	-2.063e+004	2.808e+004	-2.868e+004
2	2	2.063e+004	-2.808e+004	2.788e+004
	3	-2.063e+004	2.808e+004	-7e+004
3	7	3.847e+004	940.6	3994
	6	-3.847e+004	-940.6	238.5
4	6	3.847e+004	940.6	-38.53
	5	-3.847e+004	-940.6	1449
	⋮			

3.2.7 铁摩辛柯梁单元

在前面讲的刚架单元理论中，仅考虑了杆件的轴向变形和弯曲变形，而忽略了剪切变形。

假设横截面保持平面并始终与轴线垂直，所以可以用梁的轴线转角$\left(\text{也就是挠度的导数}\frac{\partial v}{\partial x}\right)$表示横截面转角$\theta$，忽略剪切变形$\gamma=0$，如图 3-13 所示。对于细长杆件，剪切变形相对于弯曲变形相对较小，这种近似的误差不大。否则就需要考虑剪切变形的影响。

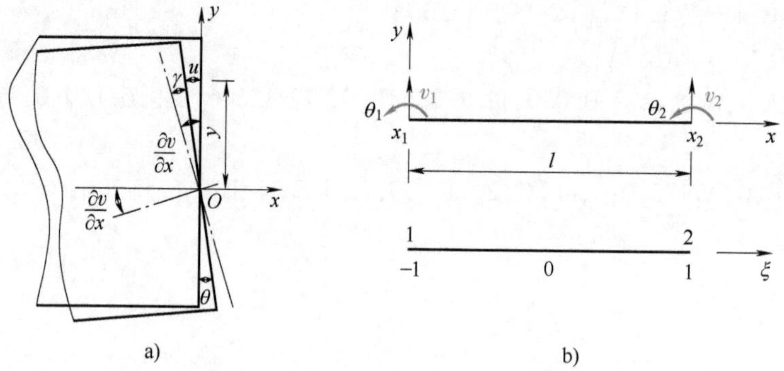

图 3-13　考虑剪切变形的梁

a）截面变形　b）坐标及结点位移

对长细比较大的实心梁，由于剪力较小或剪切刚度较大，所以误差不大。但是对于长细比较小的杆，剪力相对于弯矩就不是很小了，或薄壁杆件的剪切刚度较小时，剪切变形就不易忽略了，这个近似就不适当了。为此，引入考虑剪切变形的梁理论，称为铁摩辛柯（Timoshenko）梁。

由于不考虑横截面转角与轴线转角的相等关系，结点位置的挠度和转角都作为独立基本变量，可得

$$\boldsymbol{U}_e=\begin{bmatrix}\boldsymbol{U}_i\\\boldsymbol{U}_j\end{bmatrix},\boldsymbol{U}_i=\begin{bmatrix}v_i\\\theta_i\end{bmatrix}\tag{3-117}$$

需要同时假设挠曲和横截面转角表达式为

$$\begin{cases}v(x)=\sum N_i(x)v_i\\\theta(x)=\sum N_i(x)\theta_i\end{cases}\tag{3-118}$$

式中，$N_i(x)$ 是形函数，可以使用相同的形式，简单地假设为线性函数，即

$$N_i(\xi)=(1+\xi_i\xi)/2\tag{3-119}$$

式中，

$$\xi=(2x-x_1-x_2)/l,l=x_2-x_1\tag{3-120}$$

式（3-120）是局部坐标，且有

$$\frac{\partial}{\partial x}N_i(\xi)=\frac{2}{l}\frac{\partial}{\partial\xi}(1+\xi_i\xi)/2=\frac{\xi_i}{l}\tag{3-121}$$

由图 3-13 可以看到，轴向位移可以表示为

$$u(x)=-y\theta(x)\tag{3-122}$$

结合式（3-118）的第二式和式（3-122），弯曲正应变可以计算得

$$\varepsilon_{\mathrm{b}}=\frac{\partial u}{\partial x}=-y\frac{\partial \theta}{\partial x}=-y\sum_{i=1}^{2}\frac{\partial N_i(x)}{\partial x}\theta_i=-\frac{y}{l}\sum_{i=1}^{2}[0\quad \xi_i]\boldsymbol{U}_i \tag{3-123}$$

由图3-13可以看到剪切角为

$$\gamma=\theta-\frac{\partial v}{\partial x} \tag{3-124}$$

将式（3-118）的第一式代入可得

$$\gamma=\sum_{i=1}^{2}\left[N_i(x)\theta_i-\frac{\partial N_i(x)}{\partial x}v_i\right]=\frac{1}{2l}\sum_{i=1}^{2}[-2\xi_i\quad l(1+\xi_i\xi)]\boldsymbol{U}_i \tag{3-125}$$

定义矩阵为

$$\begin{cases}\boldsymbol{B}_{\mathrm{b}}=[\boldsymbol{B}_{\mathrm{b}i}\quad \boldsymbol{B}_{\mathrm{b}j}],\boldsymbol{B}_{\mathrm{b}i}=[0\quad \xi_i]\\ \boldsymbol{B}_{\mathrm{s}}=[\boldsymbol{B}_{\mathrm{s}i}\quad \boldsymbol{B}_{\mathrm{s}j}],\boldsymbol{B}_{\mathrm{s}i}=[-2\xi_i\quad l(1+\xi_i\xi)]/(2l)\end{cases} \tag{3-126}$$

式（3-123）和式（3-125）可以写为

$$\varepsilon_{\mathrm{b}}=z\boldsymbol{B}_{\mathrm{b}}\boldsymbol{U}_e,\gamma=\boldsymbol{B}_{\mathrm{s}}\boldsymbol{U}_e \tag{3-127}$$

根据刚度矩阵得计算公式为

$$\boldsymbol{k}_e=E\int_l\int_A z^2\boldsymbol{B}_{\mathrm{b}}^{\mathrm{T}}\boldsymbol{B}_{\mathrm{b}}\mathrm{d}x\mathrm{d}A+\frac{G}{k}\int_l\int_A\boldsymbol{B}_{\mathrm{s}}^{\mathrm{T}}\boldsymbol{B}_{\mathrm{s}}\mathrm{d}x\mathrm{d}A \tag{3-128}$$

式中，G是剪切刚度，k是剪切系数。将式（3-126）代入可得

$$\boldsymbol{k}_e=\frac{EIl}{2}\int_{-1}^{1}\boldsymbol{B}_{\mathrm{b}}^{\mathrm{T}}\boldsymbol{B}_{\mathrm{b}}\mathrm{d}\xi+\frac{GAl}{2k}\int_{-1}^{1}\boldsymbol{B}_{\mathrm{s}}^{\mathrm{T}}\boldsymbol{B}_{\mathrm{s}}\mathrm{d}\xi \tag{3-129}$$

式中，I和A分别是横截面惯性矩和横截面面积。式（3-126）可以写为

$$\begin{cases}\boldsymbol{B}_{\mathrm{b}}=\dfrac{1}{2l}[0\quad -1\quad 0\quad 1]\\ \boldsymbol{B}_{\mathrm{s}}=\dfrac{1}{2l}[1\quad l(1-\xi)\quad -1\quad l(1+\xi)]\end{cases} \tag{3-130}$$

将式（3-130）代入式（3-129）得到单元刚度矩阵，即

$$\boldsymbol{k}_e=\frac{EI}{8}\begin{bmatrix}0&0&0&0\\0&1&0&-1\\0&0&0&0\\0&-1&0&1\end{bmatrix}+\frac{GA}{12kl}\begin{bmatrix}12&6l&-12&6l\\6l&4l^2&-6l&2l^2\\-12&-6l&12&-6l\\6l&2l^2&-6l&4l^2\end{bmatrix} \tag{3-131}$$

但是，只适用于剪切变形较大的杆件，否则会导致“剪切锁死”现象。

3.3 空间刚架

3.3.1 杆端位移和杆端力

空间刚架与平面刚架类似，但是作为空间问题多考虑了扭转和另一个方向的弯曲，这里仍忽略剪切变形。

如图3-14所示，刚架杆受到杆端力作用发生变形。x轴是轴线，y轴和z轴是横截面的两个惯性主轴。变形和受力仍然以坐标轴方向为正，转角和力偶以绕坐标轴方向旋转为正。

杆端力和杆端位移列向量分别为

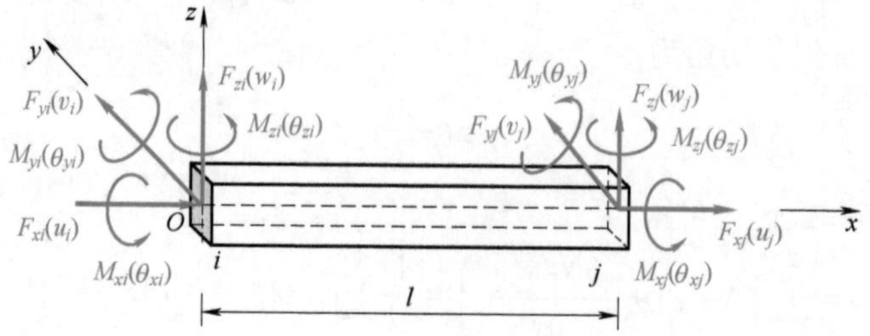

图 3-14　空间刚架单元

$$\boldsymbol{F}_i=[F_{xi}\quad F_{yi}\quad F_{zi}\quad M_{xi}\quad M_{yi}\quad M_{zi}]^{\mathrm{T}} \tag{3-132}$$

$$\boldsymbol{U}_i=[u_i\quad v_i\quad w_i\quad \theta_{xi}\quad \theta_{yi}\quad \theta_{zi}]^{\mathrm{T}} \tag{3-133}$$

而杆端力列向量的第一项是轴力，第二，三项是两个主轴方向的剪力，第四项是扭矩，第五，六项是绕两个主轴方向的弯矩。杆端位移列向量的第一项是轴向位移，第二，三项是两个主轴方向的挠度，第四项是扭转角，第五，六项是绕两个主轴方向的转角。写成单元杆端力和单元杆端结点位移的列向量为

$$\boldsymbol{F}_e=[\boldsymbol{F}_i^{\mathrm{T}}\quad \boldsymbol{F}_j^{\mathrm{T}}]^{\mathrm{T}} \tag{3-134}$$

$$\boldsymbol{U}_e=[\boldsymbol{U}_i^{\mathrm{T}}\quad \boldsymbol{U}_j^{\mathrm{T}}]^{\mathrm{T}} \tag{3-135}$$

3.3.2　位移模式和形函数

假设杆件沿轴向变形和横向变形用多项式近似表示为

$$\begin{cases}u(x)=\alpha_1+\alpha_2x,v(x)=\alpha_3+\alpha_4x+\alpha_5x^2+\alpha_6x^3\\ \theta(x)=\alpha_{11}+\alpha_{12}x,w(x)=\alpha_7+\alpha_8x+\alpha_9x^2+\alpha_{10}x^3\end{cases} \tag{3-136}$$

定义列向量为

$$\boldsymbol{\alpha}=[\alpha_1\quad \alpha_2\quad \cdots\quad \alpha_{12}]^{\mathrm{T}} \tag{3-137}$$

定义矩阵为

$$\boldsymbol{H}=\begin{bmatrix}1&x&0&0&0&0&0&0&0&0&0&0\\0&0&1&x&x^2&x^3&0&0&0&0&0&0\\0&0&0&0&0&0&1&x&x^2&x^3&0&0\\0&0&0&0&0&0&0&0&0&0&1&x\end{bmatrix} \tag{3-138}$$

杆件位移列向量可以表示为

$$\boldsymbol{u}(x)=\begin{bmatrix}u(x)\\v(x)\\w(x)\\\theta_x(x)\end{bmatrix}=\boldsymbol{H}(x)\boldsymbol{\alpha} \tag{3-139}$$

细心的读者会发现，式（3-139）中的位移与杆端位移式（3-133）的并不对应。这是由于在细长杆的小变形弹性弯曲理论中忽略了杆的剪切变形，假设杆横截面与轴线垂直，于是横截面的转角和轴线的转角一致，所以挠度表达式与转角表达式在一般位置不独立，具有关

系式为

$$\theta_y(x)=-w'(x),\theta_z(x)=v'(x) \tag{3-140}$$

但是，在杆端转角与位移是独立的［$\theta_y(0)$ 与 $w(0)$ 无关，但是与 $w'(0)$ 相关］。至于式（3-140）第一式的负号则是由于挠度和转角的正方向的定义造成的。形函数矩阵中的符号也是这个原因产生的。

由于假设的位移模式［式（3-136）］需要满足边界条件，所以根据杆端位移建立方程组，即

$$\begin{cases}u(0)=\alpha_1=u_i, & u(l)=\alpha_1+\alpha_2 l=u_j\\ v(0)=\alpha_3=v_i, & v(l)=\alpha_3+\alpha_4 l+\alpha_5 l^2+\alpha_6 l^3=v_j\\ w(0)=\alpha_7=w_i, & w(l)=\alpha_7+\alpha_8 l+\alpha_9 l^2+\alpha_{10} l^3=w_j\\ \theta(0)=\alpha_{11}=\theta_{xi}, & \theta(l)=\alpha_{11}+\alpha_{12} l=\theta_{xj}\\ w'(0)=\alpha_8=-\theta_{yi}, & w'(l)=\alpha_8+2\alpha_9 l+3\alpha_{10} l^2=-\theta_{yj}\\ v'(0)=\alpha_4=\theta_{zi}, & v'(l)=\alpha_4+2\alpha_5 l+3\alpha_6 l^2=\theta_{zj}\end{cases} \tag{3-141}$$

式（3-141）中12个方程构成的线性方程组可以写成矩阵形式。定义系数矩阵为

$$\boldsymbol{A}=\begin{bmatrix}1&0&0&0&0&0&0&0&0&0&0&0\\0&0&1&0&0&0&0&0&0&0&0&0\\0&0&0&0&0&0&1&0&0&0&0&0\\0&0&0&0&0&0&0&0&0&0&1&0\\0&0&0&0&0&0&0&-1&0&0&0&0\\0&0&0&1&0&0&0&0&0&0&0&0\\1&l&0&0&0&0&0&0&0&0&0&0\\0&0&1&l&l^2&l^3&0&0&0&0&0&0\\0&0&0&0&0&0&1&l&l^2&l^3&0&0\\0&0&0&0&0&0&0&0&0&0&1&l\\0&0&0&0&0&0&0&-1&-2l&-3l^2&0&0\\0&0&0&1&2l&3l^2&0&0&0&0&0&0\end{bmatrix} \tag{3-142}$$

线性方程组（3-141）写为

$$\boldsymbol{A\alpha}=\boldsymbol{U}_e \tag{3-143}$$

求解得

$$\boldsymbol{\alpha}=\boldsymbol{A}^{-1}\boldsymbol{U}_e \tag{3-144}$$

代入位移表达式（3-139）得到位移

$$\boldsymbol{u}(x)=\boldsymbol{HA}^{-1}\boldsymbol{U}_e \tag{3-145}$$

记形函数为

$$\boldsymbol{N}(x)=\boldsymbol{HA}^{-1} \tag{3-146}$$

位移可以写为

$$\boldsymbol{u}(x)=\boldsymbol{N}(x)\boldsymbol{U}_e \tag{3-147}$$

具体写为

$$
\boldsymbol{N}(x)=\left[\begin{array}{cccccc:cccccc}
N_1 & 0 & 0 & 0 & 0 & 0 & N_2 & 0 & 0 & 0 & 0 & 0 \\
0 & N_3 & 0 & 0 & 0 & N_4 & 0 & N_5 & 0 & 0 & 0 & N_6 \\
0 & 0 & N_3 & 0 & -N_4 & 0 & 0 & 0 & N_5 & 0 & -N_6 & 0 \\
0 & 0 & 0 & N_1 & 0 & 0 & 0 & 0 & 0 & N_2 & 0 & 0
\end{array}\right] \tag{3-148}
$$

式中，$N_1 \sim N_6$ 是形函数，与平面刚架的形函数式（3-74）完全一样。而形函数矩阵式（3-148）的第一行和第四行分别就是杆端轴向位移和扭转角的简单线性插值。因为形函数本质上就是一种插值函数。插值函数的形式与插值点的函数值及其导数值无关。

3.3.3 应变和几何矩阵

按照材料力学关于轴向拉压和弯曲变形的理论，杆件轴向应变包含了轴向拉压产生的应变，用 ε_0 表示，绕 y 轴和 z 轴的弯曲变形产生的应变分别用 $\varepsilon_{\mathrm{by}}$ 和 $\varepsilon_{\mathrm{bz}}$ 表示。扭转产生的切应变用 γ 表示，计算应变列向量为

$$
\boldsymbol{\varepsilon}=\begin{bmatrix} \varepsilon_0 \\ \varepsilon_{\mathrm{by}} \\ \varepsilon_{\mathrm{bz}} \\ \gamma \end{bmatrix}=\begin{bmatrix} u' \\ -yv'' \\ -zw'' \\ r\theta_x' \end{bmatrix} \tag{3-149}
$$

式中，y 和 z 是计算点的坐标，因为坐标轴建立在截面形心惯性主轴上，所以它们也是到中性轴的距离。r 是到轴线的距离。最后一行的假设只对圆截面是准确的。

将位移表达式（3-136）代入应变表达式（3-149）得

$$
\boldsymbol{\varepsilon}=\boldsymbol{B}\boldsymbol{U}_e \tag{3-150}
$$

式中，

$$
\boldsymbol{B}=\left[\begin{array}{cccccc:cccccc}
N_1' & 0 & 0 & 0 & 0 & 0 & N_2' & 0 & 0 & 0 & 0 & 0 \\
0 & -yN_3'' & 0 & 0 & 0 & -yN_4'' & 0 & -yN_5'' & 0 & 0 & 0 & -yN_6'' \\
0 & 0 & -zN_3'' & 0 & zN_4'' & 0 & 0 & 0 & -zN_5'' & 0 & zN_6'' & 0 \\
0 & 0 & 0 & rN_1' & 0 & 0 & 0 & 0 & 0 & rN_2' & 0 & 0
\end{array}\right] \tag{3-151}
$$

式（3-151）为几何矩阵。定义弹性矩阵为

$$
\boldsymbol{D}=\begin{bmatrix} E & 0 & 0 & 0 \\ 0 & E & 0 & 0 \\ 0 & 0 & E & 0 \\ 0 & 0 & 0 & G \end{bmatrix} \tag{3-152}
$$

式中，G 是切变模量。由此可以计算得到拉压正应力 σ_0，两个方向的弯曲正应力 σ_{by}，σ_{bz} 和扭转切应力 τ 的表达式为

$$
\boldsymbol{\sigma}=\begin{bmatrix} \sigma_0 \\ \sigma_{\mathrm{by}} \\ \sigma_{\mathrm{bz}} \\ \tau \end{bmatrix}=\boldsymbol{D}\boldsymbol{\varepsilon} \tag{3-153}
$$

将式（3-150）代入式（3-153），并定义应力矩阵为

$$\boldsymbol{S}=\boldsymbol{D}\boldsymbol{B} \tag{3-154}$$

则应力可以统一写为

$$\boldsymbol{\sigma}=\boldsymbol{S}\boldsymbol{U}_e \tag{3-155}$$

3.3.4 单元刚度方程

除了平面刚架的轴向及横向分布力以外，空间刚架杆件上还要多考虑一个方向的横向力和绕轴线的分布力偶作用（图 3-15）。假设他们的线分布集度分别用 $q_z(x)$ 和 $m_x(x)$ 表示，外力统一写为列向量，即

$$\boldsymbol{f}(x)=[q_x(x)\quad q_y(x)\quad q_z(x)\quad m_x(x)]^{\mathrm{T}} \tag{3-156}$$

单元杆端结点的虚位移 $\delta\boldsymbol{U}_e$ 导致了杆件内部的虚变形和虚应变，其表达式如下：

$$\delta\boldsymbol{u}=\boldsymbol{N}\delta\boldsymbol{U}_e \tag{3-157}$$

$$\delta\boldsymbol{\varepsilon}=\boldsymbol{B}\delta\boldsymbol{U}_e \tag{3-158}$$

按照第 1 章关于外力虚功的概念，将式（3-157）代入外力虚功表达式［式（1-48）］可得

$$\delta W_e=\int_l(\boldsymbol{N}\delta\boldsymbol{U}_e)^{\mathrm{T}}\boldsymbol{f}(x)\,\mathrm{d}x \tag{3-159}$$

将式（3-155）和式（3-158）代入虚应变能表达式［式（1-47）］得

$$\delta\phi_\varepsilon=\int_V(\delta\boldsymbol{\varepsilon})^{\mathrm{T}}\boldsymbol{\sigma}\mathrm{d}V=\int_V(\boldsymbol{B}\delta\boldsymbol{U}_e)^{\mathrm{T}}(\boldsymbol{D}\boldsymbol{B}\boldsymbol{U}_e)\,\mathrm{d}V \tag{3-160}$$

根据虚位移原理可得

$$(\delta\boldsymbol{U}_e)^{\mathrm{T}}\int_l\boldsymbol{N}^{\mathrm{T}}\boldsymbol{f}(x)\,\mathrm{d}x=(\delta\boldsymbol{U}_e)^{\mathrm{T}}\int_l\boldsymbol{B}^{\mathrm{T}}\boldsymbol{D}\boldsymbol{B}\mathrm{d}x\boldsymbol{U}_e \tag{3-161}$$

由虚位移的任意性可知

$$\int_l\boldsymbol{N}^{\mathrm{T}}\boldsymbol{f}(x)\,\mathrm{d}x=\int_V\boldsymbol{B}^{\mathrm{T}}\boldsymbol{D}\boldsymbol{B}\mathrm{d}V\boldsymbol{U}_e \tag{3-162}$$

定义单元刚度矩阵为

$$\boldsymbol{k}_e=\int_{V_e}\boldsymbol{B}^{\mathrm{T}}\boldsymbol{D}\boldsymbol{B}\mathrm{d}V \tag{3-163}$$

定义单元结点力向量为

$$\boldsymbol{F}_e=\int_l\boldsymbol{N}^{\mathrm{T}}\boldsymbol{f}(x)\,\mathrm{d}x \tag{3-164}$$

式（3-163）写为单元刚度方程

$$\boldsymbol{k}_e\boldsymbol{U}_e=\boldsymbol{F}_e \tag{3-165}$$

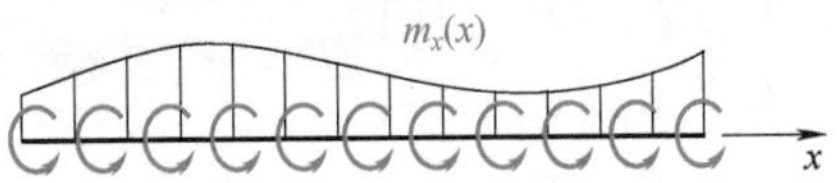

图 3-15　刚架单元受到分布力偶

3.3.5 单元刚度矩阵

将几何矩阵式（3-151）和弹性矩阵式（3-152）代入单元刚度矩阵式（3-163）并积分，注意 $J=\int_A r^2\mathrm{d}A$ 是截面极惯性矩，单元刚度矩阵具体表达式为

$$\bar{\boldsymbol{k}}_e=\left[\begin{array}{cccccc|cccccc}
\frac{EA}{l} & 0 & 0 & 0 & 0 & 0 & -\frac{EA}{l} & 0 & 0 & 0 & 0 & 0 \\
0 & \frac{12EI_z}{l^3} & 0 & 0 & 0 & \frac{6EI_z}{l^2} & 0 & -\frac{12EI_z}{l^3} & 0 & 0 & 0 & \frac{6EI_z}{l^2} \\
0 & 0 & \frac{12EI_y}{l^3} & 0 & -\frac{6EI_y}{l^2} & 0 & 0 & 0 & -\frac{12EI_y}{l^3} & 0 & -\frac{6EI_y}{l^2} & 0 \\
0 & 0 & 0 & \frac{GJ}{l} & 0 & 0 & 0 & 0 & 0 & -\frac{GJ}{l} & 0 & 0 \\
0 & 0 & 0 & 0 & \frac{4EI_y}{l} & 0 & 0 & 0 & \frac{6EI_y}{l^2} & 0 & \frac{2EI_y}{l} & 0 \\
0 & 0 & 0 & 0 & 0 & \frac{4EI_z}{l} & 0 & -\frac{6EI_z}{l^2} & 0 & 0 & 0 & \frac{2EI_z}{l} \\
\hline
-\frac{EA}{l} & 0 & 0 & 0 & 0 & 0 & \frac{EA}{l} & 0 & 0 & 0 & 0 & 0 \\
0 & -\frac{12EI_z}{l^3} & 0 & 0 & 0 & -\frac{6EI_z}{l^2} & 0 & \frac{12EI_z}{l^3} & 0 & 0 & 0 & -\frac{6EI_z}{l^2} \\
0 & 0 & -\frac{12EI_y}{l^3} & 0 & \frac{6EI_y}{l^2} & 0 & 0 & 0 & \frac{12EI_y}{l^3} & 0 & \frac{6EI_y}{l^2} & 0 \\
0 & 0 & 0 & -\frac{GJ}{l} & 0 & 0 & 0 & 0 & 0 & \frac{GJ}{l} & 0 & 0 \\
0 & 0 & -\frac{6EI_y}{l^2} & 0 & \frac{2EI_y}{l} & 0 & 0 & 0 & \frac{6EI_y}{l^2} & 0 & \frac{4EI_y}{l} & 0 \\
0 & \frac{6EI_z}{l^2} & 0 & 0 & 0 & \frac{2EI_z}{l} & 0 & -\frac{6EI_z}{l^2} & 0 & 0 & 0 & \frac{4EI_z}{l}
\end{array}\right] \tag{3-166}$$

在结构坐标系下，如果杆件的轴线和横截面两个主惯性轴的单位向量分别是 $\boldsymbol{e}_1$，$\boldsymbol{e}_2$ 和 $\boldsymbol{e}_3$，定义矩阵为

$$\boldsymbol{T}=\begin{bmatrix}\boldsymbol{T}_0 & 0 & 0 & 0\\ 0 & \boldsymbol{T}_0 & 0 & 0\\ 0 & 0 & \boldsymbol{T}_0 & 0\\ 0 & 0 & 0 & \boldsymbol{T}_0\end{bmatrix},\boldsymbol{T}_0=[\boldsymbol{e}_1\quad \boldsymbol{e}_2\quad \boldsymbol{e}_3] \tag{3-167}$$

按照前面的推导方法可以得到结构坐标系下的单元刚度矩阵，即

$$\boldsymbol{k}_e=\boldsymbol{T}\bar{\boldsymbol{k}}_e\boldsymbol{T} \tag{3-168}$$

可以用 MATLAB 实现上述运算，即

```
syms x y z r L A E G real
A(1,1)=1;A(2,3)=1;A(3,7)=1;A(4,11)=1;
A(5,8)=-1;A(6,4)=1;A(7,1:2)=[1,L];
A(8,3:6)=[1,L,L^2,L^3];A(9,7:10)=A(8,3:6);
A(10,11:12)=[1,L];A(11,8:10)=[1,2*L,3*L^2];A(12,4:6)=-A(11,8:10);
H(1,1:2)=[1,x];H( 2,3:6)=[1,x,x^2,x^3];
H(4,11:12)=[1,x];H(3,7:10)=H(2,3:6);
N=simplify(H/A)';                                    % 形函数矩阵式(3-146)
disp(N)
B=simplify([diff(N(1,:),x);-y*diff(diff(N(2,:),x),x);-z*diff(diff(N(3,:),
x),x);r*diff(N(4,:),x)]);
disp(B)                                              % 几何矩阵式(3-151)
D=diag([E,E,E,G]);
ke=simplify(int(B'*D*B,x,0,L));                      % 单元刚度矩阵
disp(ke)
```


该代码可以输出以下结果：

（1）形函数矩阵式（3-146）

```
[(L-x)/L,0,0,0,0,0,x/L,0,0,0,0,0]
[0,((L-x)^2*(L+2*x))/L^3,0,0,0,(x*(L-x)^2)/L^2,0,(x^2*(3*L-2*x))/L^
3,0,0,0,(x^2*(L-x))/L^2]
[0,0,((L-x)^2*(L+2*x))/L^3,0,-(x*(L-x)^2)/L^2,0,0,0,(x^2*(3*L-2*x))/
L^3,0,-(x^2*(L-x))/L^2,0]
[0,0,0,(L-x)/L,0,0,0,0,0,x/L,0,0]
```

（2）几何矩阵式（3-151）

```
[-1/L,0,0,0,0,0,1/L,0,0,0,0,0]
[0,(6*y*(L-2*x))/L^3,0,0,0,(2*y*(2*L-3*x))/L^2,0,-(6*y*(L-2*x))/L^3,
0,0,0,-(2*y*(L-3*x))/L^2]
[0,0,(6*z*(L-2*x))/L^3,0,-(2*z*(2*L-3*x))/L^2,0,0,0,-(6*z*(L-2*x))/L
^3,0,(2*z*(L-3*x))/L^2,0]
[0,0,0,-r/L,0,0,0,0,0,r/L,0,0]
```

（3）单元刚度矩阵

```
[E/L,0,0,0,0,0,-E/L,0,0,0,0,0]
[0,(12*E*y^2)/L^3,0,0,0,(6*E*y^2)/L^2,0,-(12*E*y^2)/L^3,0,0,0,-(6*E*y^
2)/L^2]
```

```
[0,0,(12*E*z^2)/L^3,0,-(6*E*z^2)/L^2,0,0,0,-(12*E*z^2)/L^3,0,(6*E*z^
2)/L^2,0]
[0,0,0,(G*r^2)/L,0,0,0,0,0,-(G*r^2)/L,0,0]
[0,0,-(6*E*z^2)/L^2,0,(4*E*z^2)/L,0,0,0,(6*E*z^2)/L^2,0,-(2*E*z^2)/L,
0]
[0,(6*E*y^2)/L^2,0,0,0,(4*E*y^2)/L,0,-(6*E*y^2)/L^2,0,0,0,-(2*E*y^2)/
L]
[-E/L,0,0,0,0,0,E/L,0,0,0,0,0]
[0,-(12*E*y^2)/L^3,0,0,0,-(6*E*y^2)/L^2,0,(12*E*y^2)/L^3,0,0,0,(6*E*y^
2)/L^2]
[0,0,-(12*E*z^2)/L^3,0,(6*E*z^2)/L^2,0,0,0,(12*E*z^2)/L^3,0,-(6*E*z^
2)/L^2,0]
[0,0,0,-(G*r^2)/L,0,0,0,0,0,(G*r^2)/L,0,0]
[0,0,(6*E*z^2)/L^2,0,-(2*E*z^2)/L,0,0,0,-(6*E*z^2)/L^2,0,(4*E*z^2)/L,
0]
[0,-(6*E*y^2)/L^2,0,0,0,-(2*E*y^2)/L,0,(6*E*y^2)/L^2,0,0,0,(4*E*y^2)/
L]
```

在前面的计算单元刚度矩阵的代码中只计算了沿轴线积分。沿截面积分后，常数积分为横截面面积 A，关于 y^2 和 z^2 积分后成为截面惯性矩 I_z 和 I_y，关于 r^2 积分得到截面极惯性矩 J。

前面推导了平面桁架、平面刚架和空间刚架。这些公式推导主要采用了矩阵形式。虽然有些抽象，但是表达式简洁、一致，使用非常方便。尤其是采用 MATLAB 的形式。将前面讲的几种单元形式的推导过程归纳如下。这个过程具有一般性，后面各章节基本上也是这样一个推导过程。

1）假设位移模式 $\boldsymbol{u}=\boldsymbol{H\alpha}$，由结点位移求得系数 $\boldsymbol{\alpha}$，形成形函数矩阵 $\boldsymbol{N}$ 和位移表达式 $\boldsymbol{u}=\boldsymbol{N}\boldsymbol{U}_e$。

2）位移求导得到几何矩阵 $\boldsymbol{B}$ 和应变表达式 $\boldsymbol{\varepsilon}=\boldsymbol{B}\boldsymbol{U}_e$。

3）利用胡克定律计算应力 $\boldsymbol{\sigma}=\boldsymbol{S}\boldsymbol{U}_e$。

4）计算单元刚度矩阵 $\boldsymbol{k}_e=\int_{V_e}\boldsymbol{B}^{\mathrm{T}}\boldsymbol{D}\boldsymbol{B}\mathrm{d}V$。

5）形成单元刚度方程 $\boldsymbol{k}_e\boldsymbol{U}_e=\boldsymbol{F}_e$。

上述讲解的过程，不是求解有限元问题的过程。以上这些表达式在后面的各章节的推导中形式不变，但是内容不一样。

习题

3-1 推导图 3-16 所示阶梯变截面杆单元刚度矩阵。

3-2　图 3-17 所示杆件一端铰接，推导刚度矩阵，忽略轴向变形。提示杆端力和杆端位移分别为

$$\boldsymbol{F}_e = [\,F_{yi} \quad M_i \quad F_{yj}\,]^{\mathrm{T}}$$

$$\boldsymbol{U}_e = [\,v_i \quad \theta_i \quad v_j\,]^{\mathrm{T}}$$

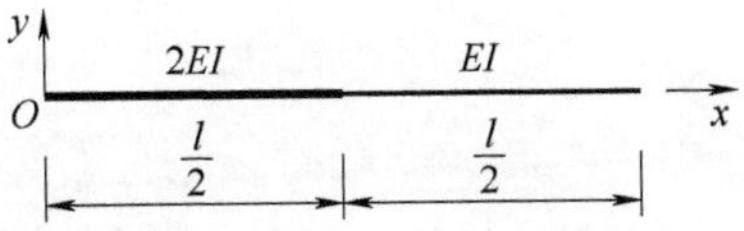

图 3-16　变截面杆

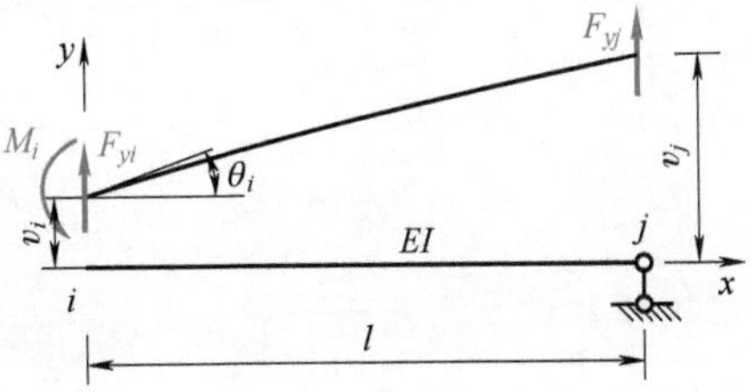

图 3-17　一端铰接梁

3-3　如图 3-18 所示，杆件部分受到均布荷载或集中力偶作用，求杆端力。

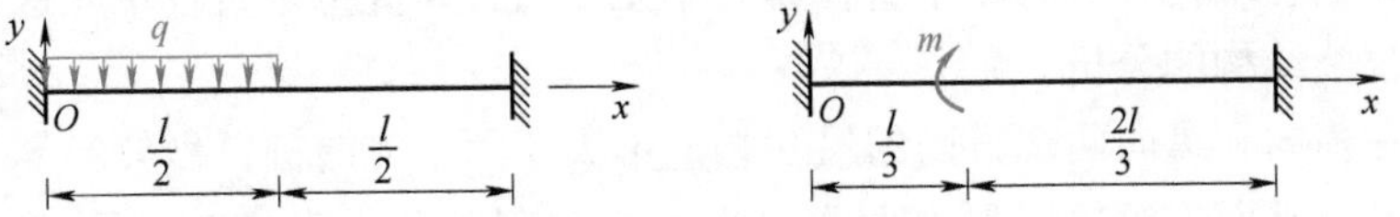

a)　b)

图 3-18　刚架杆端力

a）部分均布荷载　b）集中力偶

第 4 章

平面问题

前面讲述了桁架和刚架结构，这些结构有时称为离散结构或杆系结构。当杆件的横截面尺寸远小于轴向长度，横向的应力变化可以简化为线性（弯曲）或均匀（轴向拉压），实际上就可以直接采用材料力学中较为简单的平面假设，而沿轴向则做比较复杂的一些假设。在离散结构中，我们将结构分解为若干直杆作为单元。通过研究每个直杆单元这样一个简单问题来实现一个复杂结构的分析。

如果结构在横向和纵向两个方向的尺寸相差不大，两个方向都要做较为复杂的假设，则成为连续体问题。平面连续体问题有两类：平面应力问题和平面应变问题（在弹性力学教材中有更详细地叙述）。本章研究一般平面连续体问题的有限元方法。

在研究平面连续体问题时，我们也采用类似的思路：将平面连续体离散化为若干个微小的区域，也称为单元，如图 1-7 所示。在每个单元内对变形做简单假设，由此可以进一步得到简化的力和位移的关系；根据单元内力与位移的关系建立结构的外力与位移之间的关系，求解这个关系，就可以得到外力作用下结构的变形、应力及支反力等。

单元可以划分为多种形式，对应多种变形简化假设，这就构成了不同类型的单元。本章先研究最简单的平面常应变三结点三角单元。它不仅简单、实用，而且体现了连续体有限元方法的基本原理。

4.1 三角形常应变单元

4.1.1 结点位移

为了研究任意连续体在外力作用下的应力和变形，先研究一个典型的一般三角形单元，如图 4-1 所示。三角形的三个顶点 i，j，m 称为结点，坐标分别为（x_i,y_i），（x_j,y_j）和（x_m,y_m）。假设结点位移可以写成列向量形式，即

$$\boldsymbol{U}_e=[\boldsymbol{U}_i^{\mathrm{T}}\quad \boldsymbol{U}_j^{\mathrm{T}}\quad \boldsymbol{U}_m^{\mathrm{T}}]^{\mathrm{T}},\boldsymbol{U}_i=[u_i\quad v_i]^{\mathrm{T}}\quad (i,j,m) \tag{4-1}$$

式中，（i,j,m）表示角标轮换。单元的结点位移向量也可以展开写为

$$\boldsymbol{U}_e=[u_i\quad v_i\quad u_j\quad v_j\quad u_m\quad v_m]^{\mathrm{T}} \tag{4-2}$$

以下根据结点位移建立单元内部任意位置的位移。

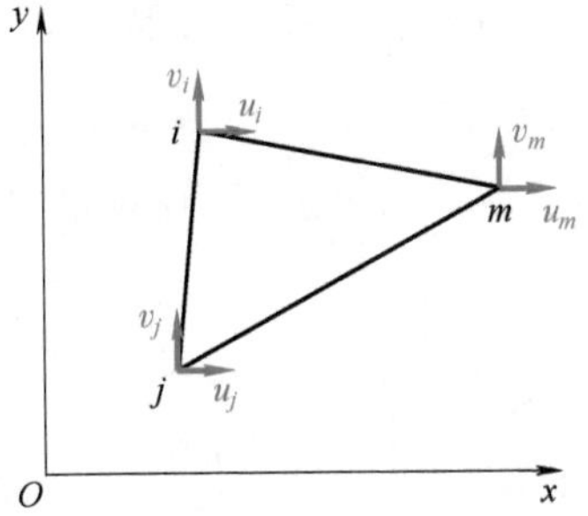

图 4-1 三角形单元

4.1.2 位移模式和形函数

一个物体在外力作用下的变形一般极其复杂，很难用简单函数来描述。所以找到真实准确的位移场并不现实。为此，有限元方法在单元内做简单近似假设。在满足一定条件下，当单元尺寸足够小时，这种近似带来的误差就会足够小。

本书中的有限元方法以结点位移为基本变量。由于一个单元有三个结点，构造的单元位移必须在结点上与结点位移一致。因此，每个假设的位移需要有三个待定系数，所以位移模式假设为

$$\begin{cases} u(x,y)=\alpha_1+\alpha_2 x+\alpha_3 y \\ v(x,y)=\alpha_4+\alpha_5 x+\alpha_6 y \end{cases} \tag{4-3}$$

式中，$\alpha_1 \sim \alpha_6$ 是六个待定系数。因为假设的位移模式在结点位置应该与假设的结点位移一致。根据结点位移可以建立方程组，即

$$\begin{cases} u(x_i,y_i)=\alpha_1+\alpha_2 x_i+\alpha_3 y_i=u_i \\ v(x_i,y_i)=\alpha_4+\alpha_5 x_i+\alpha_6 y_i=v_i, \end{cases} \quad (i,j,m) \tag{4-4}$$

式中，u_i，v_i 就是式（4-1）假设的结点位移。由式（4-4）第一式代表的三个方程写成矩阵形式为

$$\begin{bmatrix} 1 & x_i & y_i \\ 1 & x_j & y_j \\ 1 & x_m & y_m \end{bmatrix}\begin{bmatrix} \alpha_1 \\ \alpha_2 \\ \alpha_3 \end{bmatrix}=\begin{bmatrix} u_i \\ u_j \\ u_m \end{bmatrix} \tag{4-5}$$

系数矩阵的行列式记为

$$2A=\begin{vmatrix} 1 & x_i & y_i \\ 1 & x_j & y_j \\ 1 & x_m & y_m \end{vmatrix} \tag{4-6}$$

式中，A 就是三角形单元的面积。为了避免面积取负值，三个结点应该按照逆时针顺序选取，或者直接取绝对值也行。由求解线性方程组的克拉默（Cramer）法则可以得到式（4-5）的解为

$$\alpha_1=\frac{1}{2A}\begin{vmatrix} u_i & x_i & y_i \\ u_j & x_j & y_j \\ u_m & x_m & y_m \end{vmatrix},\alpha_2=\frac{1}{2A}\begin{vmatrix} 1 & u_i & y_i \\ 1 & u_j & y_j \\ 1 & u_m & y_m \end{vmatrix},\alpha_3=\frac{1}{2A}\begin{vmatrix} 1 & x_i & u_i \\ 1 & x_j & u_j \\ 1 & x_m & u_m \end{vmatrix} \tag{4-7}$$

将求解出的这些待定系数代入到式（4-3）并整理可得到用结点位移表示的位移模式，即

$$u(x,y)=\frac{1}{2A}[(a_i+b_ix+c_iy)u_i+(a_j+b_jx+c_jy)u_j+(a_m+b_mx+c_my)u_m] \tag{4-8}$$

式中，

$$\begin{cases} a_i=\begin{vmatrix} x_j & y_j \\ x_m & y_m \end{vmatrix}=x_jy_m-x_my_j, \\ b_i=-\begin{vmatrix} 1 & y_j \\ 1 & y_m \end{vmatrix}=y_j-y_m, \qquad (i,j,m) \\ c_i=\begin{vmatrix} 1 & x_j \\ 1 & x_m \end{vmatrix}=x_m-x_j, \end{cases} \tag{4-9}$$

类似地，可以求出

$$v(x,y)=\frac{1}{2A}[(a_i+b_ix+c_iy)v_i+(a_j+b_jx+c_jy)v_j+(a_m+b_mx+c_my)v_m] \tag{4-10}$$

定义形函数为

$$N_i(x,y)=\frac{1}{2A}(a_i+b_ix+c_iy), \quad (i,j,m) \tag{4-11}$$

形函数也可以用行列式形式写为

$$N_i(x,y)=\frac{1}{2A}\begin{vmatrix} 1 & x & y \\ 1 & x_j & y_j \\ 1 & x_m & y_m \end{vmatrix} \quad (i,j,m) \tag{4-12}$$

容易验证式（4-12）与式（4-11）一致。位移模式式（4-8）和式（4-10）还可以用形函数表示为

$$\begin{aligned} u(x,y)&=\sum_i N_i(x,y)u_i \\ v(x,y)&=\sum_i N_i(x,y)v_i \end{aligned} \tag{4-13}$$

或统一写成矩阵形式为

$$\boldsymbol{u}(x,y)=[u(x,y) \quad v(x,y)]^{\mathrm{T}}=\boldsymbol{N}(x,y)\boldsymbol{U}_e \tag{4-14}$$

式中，$\boldsymbol{N}(x,y)$ 为形函数矩阵，即

$$\boldsymbol{N}(x,y)=\begin{bmatrix} N_i & 0 & N_j & 0 & N_m & 0 \\ 0 & N_i & 0 & N_j & 0 & N_m \end{bmatrix} \tag{4-15}$$

从式（4-11）或式（4-12）可以看出，形函数是线性函数。容易验证形函数的如下性质，即

$$\begin{cases} N_i(x_j,y_j)=\begin{cases} 1, & i=j \\ 0, & i\neq j \end{cases} \\ 0\leqslant N_i(x,y)\leqslant 1, \text{当}(x,y)\text{在三角形内部} \end{cases} \tag{4-16}$$

还可以直接验证

$$N_i(x,y)+N_j(x,y)+N_m(x,y)=1 \tag{4-17}$$

根据这些性质可画出形函数，如图 4-2 所示。

由于位移模式是线性函数，在结点位置等于结点位移。为了求图 4-3 所示两个单元共用一个边界 ij 上的位移，可以直接由两个结点的位移线性插值得到，既然是 i、j 两个点的插值与第三点无关，所以两个单元在公共边上的插值完全一样，这也就意味着相邻单元在边界上位移连续。

比较式（4-6）和式（4-12）可以知道，式（4-12）就是图 4-4 中的三角形 pjm 的面积与单元面积之比。因为形函数表示三角形内任意点与其中一个边围成的面积，又称为**面积坐标**，写为

$$L_i(x,y)=\frac{1}{2A}(a_i+b_ix+c_iy) \tag{4-18}$$

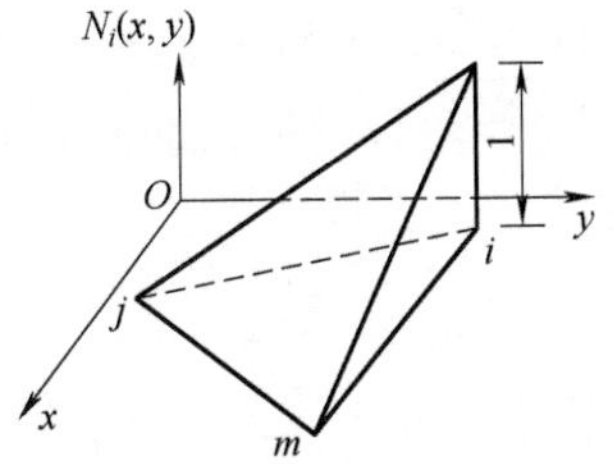

图 4-2　形函数

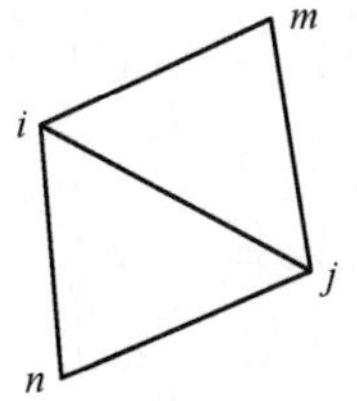

图 4-3　相邻单元公共边界上的位移

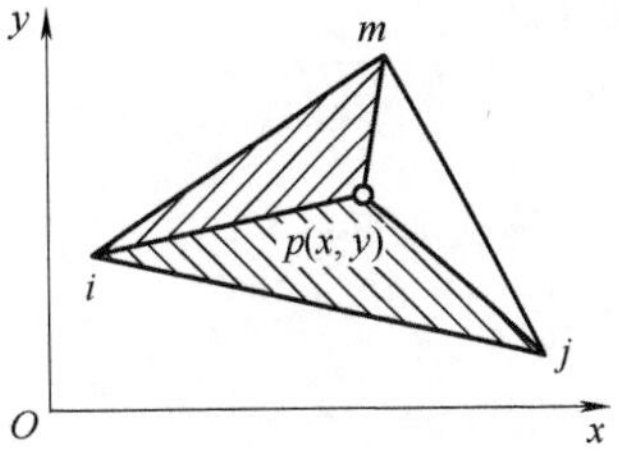

图 4-4　面积坐标

由于单元的三部分面积坐标累加与三角形的面积之比应该是单位 1，因此，

$$\sum_{(i,j,m)} L_i(x,y)=\frac{1}{2A}\sum_{(i,j,m)}(a_i+b_ix+c_iy)=\frac{1}{2A}\Big(\sum_{(i,j,m)}a_i+\sum_{(i,j,m)}b_ix+\sum_{(i,j,m)}c_iy\Big)=1 \tag{4-19}$$

结果与 p 点的位置无关，所以有

$$\sum_{(i,j,m)}a_i=2A,\quad \sum_{(i,j,m)}b_i=0,\quad \sum_{(i,j,m)}c_i=0 \tag{4-20}$$

面积坐标可以统一写为

$$\begin{bmatrix}L_i\\L_j\\L_m\end{bmatrix}=\frac{1}{2A}\begin{bmatrix}a_i&b_i&c_i\\a_j&b_j&c_j\\a_m&b_m&c_m\end{bmatrix}\begin{bmatrix}1\\x\\y\end{bmatrix} \tag{4-21}$$

或反解出

$$\begin{bmatrix}1\\x\\y\end{bmatrix}=\begin{bmatrix}1&1&1\\x_i&x_j&x_m\\y_i&y_j&y_m\end{bmatrix}\begin{bmatrix}L_i\\L_j\\L_m\end{bmatrix} \tag{4-22}$$

关于面积坐标还有两个积分公式，即

$$\iint_A L_i^{\alpha}L_j^{\beta}L_m^{\gamma}\mathrm{d}A=\frac{\alpha!\ \beta!\ \gamma!}{(\alpha+\beta+\gamma+2)!}2A \tag{4-23}$$

$$\int_L L_i^{\alpha}L_j^{\beta}\mathrm{d}s=\frac{\alpha!\ \beta!}{(\alpha+\beta+1)!}l,(i,j,m) \tag{4-24}$$

后续需要时可以直接使用，式（4-23）和式（4-24）中 A 和 l 分别是平面积分域的面积和线

积分域的弧长。

例 4.1 求图 4-5 所示三角形单元的形函数和位移模式。

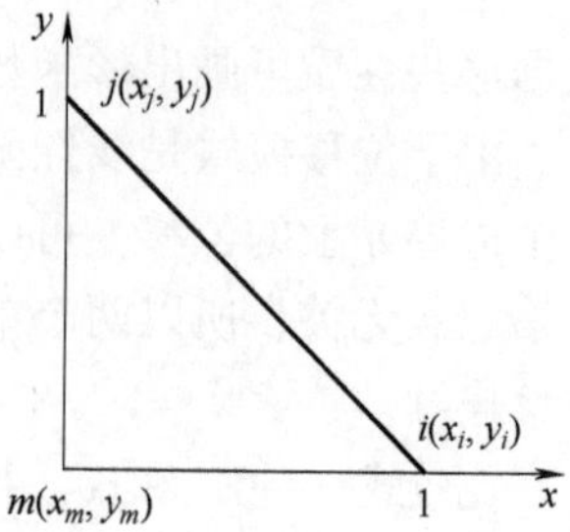

图 4-5 三角形单元

解：结点坐标为

$$(x_i,y_i)=(1,0),\ (x_j,y_j)=(0,1),$$
$$(x_m,y_m)=(0,0)$$

代入面积公式［式 (4-6)］，得

$$A=\frac{1}{2}\begin{vmatrix}1 & x_i & y_i\\ 1 & x_j & y_j\\ 1 & x_m & y_m\end{vmatrix}=\frac{1}{2}\begin{vmatrix}1 & 1 & 0\\ 1 & 0 & 1\\ 1 & 0 & 0\end{vmatrix}=\frac{1}{2} \tag{4-25}$$

结点坐标代入式 (4-12) 可得

$$N_i(x,y)=\frac{1}{2A}\begin{vmatrix}1 & x & y\\ 1 & x_j & y_j\\ 1 & x_m & y_m\end{vmatrix}=\begin{vmatrix}1 & x & y\\ 1 & 0 & 1\\ 1 & 0 & 0\end{vmatrix}=x \tag{4-26}$$

$$N_j(x,y)=\frac{1}{2A}\begin{vmatrix}1 & x & y\\ 1 & x_m & y_m\\ 1 & x_i & y_i\end{vmatrix}=\begin{vmatrix}1 & x & y\\ 1 & 0 & 0\\ 1 & 1 & 0\end{vmatrix}=y \tag{4-27}$$

$$N_m(x,y)=\frac{1}{2A}\begin{vmatrix}1 & x & y\\ 1 & x_i & y_i\\ 1 & x_j & y_j\end{vmatrix}=\begin{vmatrix}1 & x & y\\ 1 & 1 & 0\\ 1 & 0 & 1\end{vmatrix}=1-x-y \tag{4-28}$$

由形函数可以构造位移模式，即

$$\begin{cases}u(x,y)=\sum\limits_i N_i(x,y)\,u_i=xu_i+yu_j+(1-x-y)\,u_m\\ v(x,y)=\sum\limits_i N_i(x,y)\,v_i=xv_i+yv_j+(1-x-y)\,v_m\end{cases} \tag{4-29}$$

也可以采用式 (4-9) 计算系数，即

$$\begin{cases}a_i=x_jy_m-x_my_j=0, & a_j=x_my_i-x_iy_m=0, & a_m=x_iy_j-x_jy_i=1\\ b_i=y_j-y_m=1, & b_j=y_m-y_i=0, & b_m=y_i-y_j=-1\\ c_i=x_m-x_j=0, & c_j=x_i-x_m=1, & c_m=x_j-x_i=-1\end{cases} \tag{4-30}$$

再由式 (4-8) 和式 (4-10) 直接写出位移模式。

4.1.3 应变和几何矩阵

根据应变定义，将位移表达式对坐标求导可得

$$\boldsymbol{\varepsilon}=\begin{bmatrix}\varepsilon_x\\ \varepsilon_y\\ \gamma_{xy}\end{bmatrix}=\begin{bmatrix}\dfrac{\partial u}{\partial x}\\ \dfrac{\partial v}{\partial y}\\ \dfrac{\partial u}{\partial y}+\dfrac{\partial v}{\partial x}\end{bmatrix}=\sum_{(i,j,m)}\begin{bmatrix}\dfrac{\partial N_i}{\partial x} & 0\\ 0 & \dfrac{\partial N_i}{\partial y}\\ \dfrac{\partial N_i}{\partial y} & \dfrac{\partial N_i}{\partial x}\end{bmatrix}\boldsymbol{U}_i \tag{4-31}$$

为了求应变，对形函数式（4-11）求导可得

$$\frac{\partial}{\partial x}N_i(x,y)=\frac{b_i}{2A},\frac{\partial}{\partial y}N_i(x,y)=\frac{c_i}{2A} \tag{4-32}$$

将式（4-32）代入式（4-31），并定义几何子矩阵

$$\boldsymbol{B}_i=\frac{1}{2A}\begin{bmatrix} b_i & 0 \\ 0 & c_i \\ c_i & b_i \end{bmatrix},(i,j,m) \tag{4-33}$$

应变写为

$$\boldsymbol{\varepsilon}=\sum_{(i,j,m)}\boldsymbol{B}_i\boldsymbol{U}_i \tag{4-34}$$

定义几何矩阵为

$$\boldsymbol{B}=[\boldsymbol{B}_i \quad \boldsymbol{B}_j \quad \boldsymbol{B}_m]=\frac{1}{2A}\begin{bmatrix} b_i & 0 & b_j & 0 & b_m & 0 \\ 0 & c_i & 0 & c_j & 0 & c_m \\ c_i & b_i & c_j & b_j & c_m & b_m \end{bmatrix} \tag{4-35}$$

可得到应变表达式为

$$\boldsymbol{\varepsilon}=\boldsymbol{B}\boldsymbol{U}_e \tag{4-36}$$

由于应变表达式中各项都是常数，与位置无关，所以这种三角形单元又称为常应变单元。

例 4.2　计算例 4.1 的几何矩阵和用结点位移表示的应变。

解：将例 4.1 得到的系数代入式（4-35）中，得到几何矩阵，即

$$\boldsymbol{B}=\frac{1}{2A}\begin{bmatrix} b_i & 0 & b_j & 0 & b_m & 0 \\ 0 & c_i & 0 & c_j & 0 & c_m \\ c_i & b_i & c_j & b_j & c_m & b_m \end{bmatrix}=\begin{bmatrix} 1 & 0 & 0 & 0 & -1 & 0 \\ 0 & 0 & 0 & 1 & 0 & -1 \\ 0 & 1 & 1 & 0 & -1 & -1 \end{bmatrix} \tag{4-37}$$

再由式（4-36），得到应变，即

$$\boldsymbol{\varepsilon}=\boldsymbol{B}\boldsymbol{U}_e=\begin{bmatrix} 1 & 0 & 0 & 0 & -1 & 0 \\ 0 & 0 & 0 & 1 & 0 & -1 \\ 0 & 1 & 1 & 0 & -1 & -1 \end{bmatrix}\begin{bmatrix} u_i \\ v_i \\ u_j \\ v_j \\ u_m \\ v_m \end{bmatrix}=\begin{bmatrix} u_i-u_m \\ v_j-v_m \\ v_i-v_m+u_j-u_m \end{bmatrix} \tag{4-38}$$

4.1.4　应力和应力矩阵

记应力列阵为

$$\boldsymbol{\sigma}=[\sigma_x \quad \sigma_y \quad \tau_{xy}]^{\mathrm{T}} \tag{4-39}$$

由胡克定律可知

$$\boldsymbol{\sigma}=\boldsymbol{D}\boldsymbol{\varepsilon}=\boldsymbol{D}\boldsymbol{B}\boldsymbol{U}_e=\boldsymbol{S}\boldsymbol{U}_e \tag{4-40}$$

式中，$\boldsymbol{D}$ 是式（1-21）给出的弹性矩阵

$$D=\frac{E}{1-\mu^2}\begin{bmatrix}1 & \mu & 0\\ \mu & 1 & 0\\ 0 & 0 & \frac{1-\mu}{2}\end{bmatrix} \tag{4-41}$$

式中，E 为弹性模量，μ 为泊松比，$\boldsymbol{S}$ 称为应力矩阵，表达式为

$$\boldsymbol{S}=[\boldsymbol{S}_i \quad \boldsymbol{S}_j \quad \boldsymbol{S}_m],\boldsymbol{S}_i=\frac{E}{2(1-\mu^2)A}\begin{bmatrix}b_i & \mu c_i\\ \mu b_i & c_i\\ \frac{1-\mu}{2}c_i & \frac{1-\mu}{2}b_i\end{bmatrix} \tag{4-42}$$

4.1.5 刚度矩阵和刚度方程

假设结点有虚位移 $\delta\boldsymbol{U}_e$，由此导致结构内任一点的虚位移和虚应变，即

$$\delta\boldsymbol{u}=\boldsymbol{N}\delta\boldsymbol{U}_e,\delta\boldsymbol{\varepsilon}=\boldsymbol{B}\delta\boldsymbol{U}_e \tag{4-43}$$

如果结构受到体力 $\boldsymbol{\gamma}$，面力 $\boldsymbol{q}$ 和集中力 $\boldsymbol{p}$ 处于平衡状态，按照虚位移原理，虚应变能与外力在虚位移上的做功相等，可得

$$\iint(\delta\boldsymbol{\varepsilon})^{\mathrm{T}}\boldsymbol{\sigma}t\mathrm{d}A=\iint(\delta\boldsymbol{u})^{\mathrm{T}}\boldsymbol{\gamma}t\mathrm{d}A+\int(\delta\boldsymbol{u})^{\mathrm{T}}\boldsymbol{q}t\mathrm{d}s \tag{4-44}$$

式中，t 是板的厚度。将式（4-43）代入式（4-44）可得

$$(\delta\boldsymbol{U}_e)^{\mathrm{T}}\iint\boldsymbol{B}^{\mathrm{T}}\boldsymbol{D}\boldsymbol{B}t\mathrm{d}A\boldsymbol{U}_e=(\delta\boldsymbol{U}_e)^{\mathrm{T}}\left(\iint\boldsymbol{N}^{\mathrm{T}}\boldsymbol{\gamma}t\mathrm{d}A+\int\boldsymbol{N}^{\mathrm{T}}\boldsymbol{q}t\mathrm{d}s+\sum_c\boldsymbol{N}_c^{\mathrm{T}}\boldsymbol{p}_c+\boldsymbol{F}_e^i\right) \tag{4-45}$$

式中，$\boldsymbol{N}_c$ 是集中力 $\boldsymbol{p}_c$ 作用点位置的形函数值。该项也应该属于式（4-44）右端第二项的面力，只是为了后面计算方便，这里将集中力单独列出来了。由虚位移的任意性可得

$$\iint\boldsymbol{B}^{\mathrm{T}}\boldsymbol{D}\boldsymbol{B}t\mathrm{d}A\boldsymbol{U}_e=\iint\boldsymbol{N}^{\mathrm{T}}\boldsymbol{\gamma}t\mathrm{d}A+\int\boldsymbol{N}^{\mathrm{T}}\boldsymbol{q}t\mathrm{d}s+\sum_c\boldsymbol{N}_c^{\mathrm{T}}\boldsymbol{p}_c+\boldsymbol{F}_e^i \tag{4-46}$$

式（4-46）等号右边前三项定义为等效结点力列向量，即

$$\boldsymbol{F}_e^E=\iint\boldsymbol{N}^{\mathrm{T}}\boldsymbol{\gamma}t\mathrm{d}A+\int\boldsymbol{N}^{\mathrm{T}}\boldsymbol{q}t\mathrm{d}s+\sum_c\boldsymbol{N}_c^{\mathrm{T}}\boldsymbol{p}_c \tag{4-47}$$

式（4-46）等号左边的积分部分定义为刚度矩阵，即

$$\boldsymbol{k}_e=\iint\boldsymbol{B}^{\mathrm{T}}\boldsymbol{D}\boldsymbol{B}t\mathrm{d}A \tag{4-48}$$

式（4-46）转化为刚度方程，即

$$\boldsymbol{k}_e\boldsymbol{U}_e=\boldsymbol{F}_e \tag{4-49}$$

式中，$\boldsymbol{F}_e=\boldsymbol{F}_e^i+\boldsymbol{F}_e^E$ 包含了其他各单元对该单元的作用力 $\boldsymbol{F}_e^i$ 和外力产生的等效结点力 $\boldsymbol{F}_e^E$ 两部分。实际上，对于三角形常应变单元，由于刚度矩阵中被积函数是常数，可以直接积分得

$$\boldsymbol{k}_e=\boldsymbol{B}^{\mathrm{T}}\boldsymbol{D}\boldsymbol{B}tA \tag{4-50}$$

刚度方程也可以用分块子矩阵形式表示为

$$\begin{bmatrix}\boldsymbol{k}_{ii} & \boldsymbol{k}_{ij} & \boldsymbol{k}_{im}\\ \boldsymbol{k}_{ji} & \boldsymbol{k}_{jj} & \boldsymbol{k}_{jm}\\ \boldsymbol{k}_{mi} & \boldsymbol{k}_{mj} & \boldsymbol{k}_{mm}\end{bmatrix}\begin{bmatrix}\boldsymbol{U}_i\\ \boldsymbol{U}_j\\ \boldsymbol{U}_m\end{bmatrix}=\begin{bmatrix}\boldsymbol{F}_i\\ \boldsymbol{F}_j\\ \boldsymbol{F}_m\end{bmatrix} \tag{4-51}$$

进一步，将几何矩阵式（4-33）和弹性矩阵式（4-41）代入单元刚度矩阵式（4-50），可以具体写出刚度矩阵。此处仅写出其中一个子矩阵

$$\boldsymbol{k}_{ij}=\boldsymbol{B}_i^{\mathrm{T}}\boldsymbol{D}\boldsymbol{B}_j tA \tag{4-52}$$

成为

$$\boldsymbol{k}_{ij}=\boldsymbol{B}_i^{\mathrm{T}}\boldsymbol{D}\boldsymbol{B}_j tA=\frac{1}{4A}\frac{Et}{1-\mu^2}\begin{bmatrix} b_i & 0 & c_i \\ 0 & c_i & b_i \end{bmatrix}\begin{bmatrix} 1 & \mu & 0 \\ \mu & 1 & 0 \\ 0 & 0 & \frac{1-\mu}{2} \end{bmatrix}\begin{bmatrix} b_j & 0 \\ 0 & c_j \\ c_j & b_j \end{bmatrix}$$

$$=\frac{1}{4A}\frac{Et}{1-\mu^2}\begin{bmatrix} b_i & \mu b_i & \frac{1-\mu}{2}c_i \\ \mu c_i & c_i & \frac{1-\mu}{2}b_i \end{bmatrix}\begin{bmatrix} b_j & 0 \\ 0 & c_j \\ c_j & b_j \end{bmatrix} \tag{4-53}$$

$$=\frac{Et}{4A(1-\mu^2)}\begin{bmatrix} b_i b_j+\frac{1-\mu}{2}c_i c_j & \mu b_i c_j+\frac{1-\mu}{2}c_i b_j \\ \mu c_i b_j+\frac{1-\mu}{2}b_i c_j & c_i c_j+\frac{1-\mu}{2}b_i b_j \end{bmatrix}$$

上述推导可以用如下 MATLAB（Eq4_47. m）实现，即

```
syms xy [3,2] real
syms x y ym A E mu t real
m=[1,2,3,1,2];
for i=1:3
 N0(i)=simplify(det([ones(3,1),[x,y;xy(m(i+1:i+2),:)]])/2/A);
                                                    % 形函数(4-12)
end
disp(N0)
Nm=kron(N0,eye(2));
disp(Nm)                                            % 形函数矩阵(4-15)
Nx=diff(N0,x);
Ny=diff(N0,y);
B0=[kron(Nx,[1,0]);kron(Ny,[0,1]);kron(Ny,[1,0])+kron(Nx,[0,1])];
disp(B0)                                            % 几何矩阵(4-35)
D=E/(1-mu^2)*[1,mu,0;mu,1,0;0,0,(1-mu)/2];
k0=A*t*B0'*D*B0;
disp(k0)                                            % 刚度矩阵
```

也可以采用另外的表述形式，即

```
for i=1:3
 a=  det(xy(m(i+1:i+2),:));
 b=[1,-1]*xy(m(i+1:i+2),2);
 c=[-1,1]*xy(m(i+1:i+2),1);
```

```
N(i)=[1,x,y]*[a;b;c]/2/A;
 B(:,2*i-1:2*i)=[b,0;0,c;c,b]/2/A;
end
disp(N)                                             % 形函数式(4-35)
disp(B)                                             % 几何矩阵
```

还可以用如下 MATLAB 验证上述两种形式的一致性：

```
disp(simplify(N-N0))
disp(simplify(B-B0))
```

例 4.3　写出例 4.1 的单元刚度矩阵。假设$\mu=0$。

解：由于例 4.2 已经写出几何矩阵，可以直接将例 4.2 的几何矩阵和式（4-41）的弹性矩阵代入式（4-50）得

$$\boldsymbol{k}_e=\frac{Et}{2}\left[\begin{array}{cc:cc:cc} 1 & 0 & 0 & 0 & -1 & 0 \\ 0 & 0.5 & 0.5 & 0 & -0.5 & -0.5 \\ \hdashline 0 & 0.5 & 0.5 & 0 & -0.5 & -0.5 \\ 0 & 0 & 0 & 1 & 0 & -1 \\ \hdashline -1 & -0.5 & -0.5 & 0 & 1.5 & 0.5 \\ 0 & -0.5 & -0.5 & -1 & 0.5 & 1.5 \end{array}\right] \tag{4-54}$$

本例的计算过程可以用 MATLAB 实现（Exam4_3.m），即

```
syms N [3,1]
syms x y ui uj um
xy=[1,0;0,1;0,0];
mu=0;
A=det([ones(3,1),xy])/2;                            % 单元面积式(4-6)
m=[1,2,3,1,2];
for i=1:3
 N(i)=det([ones(3,1),[x,y;xy(m(i+1:i+2),:)]])/2/A;
end
disp([ui,uj,um]*N)                                  % 位移模式公式参考此处
Nx=diff(N,x)';
Ny=diff(N,y)';
B=[kron(Nx,[1,0]);kron(Ny,[0,1]);kron(Ny,[1,0])+kron(Nx,[0,1])];
disp(B)
D=1/(1-mu^2)*[1,mu,0;mu,1,0;0,0,(1-mu)/2];
ke=A*B'*D*B;                                        % 刚度矩阵式(4-52)
disp(ke)
```

为了显示清楚，没有代入 E 和 t，可以直接写在矩阵外面。结果显示为

```
ui*x-um*(x+y-1)+uj*y

[1,  0,  0,  0,  -1,   0]
[0,  0,  0,  1,   0,  -1]
[0,  1,  1,  0,  -1,  -1]

[  1/2,     0,     0,     0,  -1/2,     0]
[    0,   1/4,   1/4,     0,  -1/4,  -1/4]
[    0,   1/4,   1/4,     0,  -1/4,  -1/4]
[    0,     0,     0,   1/2,     0,  -1/2]
[ -1/2,  -1/4,  -1/4,     0,   3/4,   1/4]
[    0,  -1/4,  -1/4,  -1/2,   1/4,   3/4]
```

例 4.4 计算图 4-6 所示的等效结点力。

1）集中力（F_x,F_y）作用在（0.5,0.5）；

2）集度为 q 的均布力沿法向作用在斜边；

3）集度为 γ 的向下重力均布在单元内。

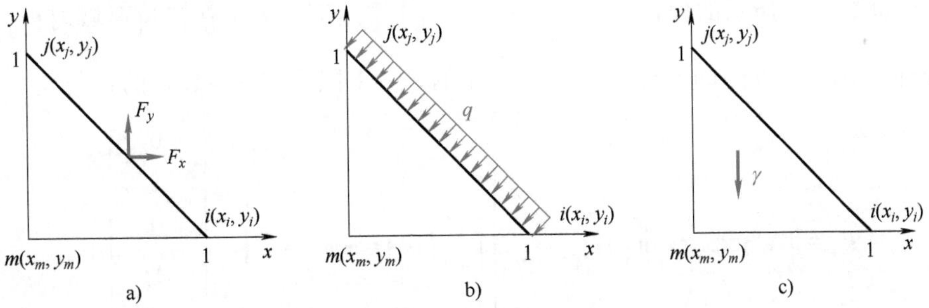

图 4-6 等效结点力

a）集中力 b）面力 c）体力

解： 分别计算三种荷载：

1）在如图 4-6a 所示的集中力 $\boldsymbol{p}=[F_x \quad F_y]^{\mathrm{T}}$ 作用下，形函数为

$$N_i(x,y)=x=0.5,\ N_j(x,y)=y=0.5,\ N_m(x,y)=1-x-y=0 \tag{4-55}$$

代入式（4-47）第三项得

$$\boldsymbol{F}_e^E=\sum_c \boldsymbol{N}_c^{\mathrm{T}}\boldsymbol{p}_c=\begin{bmatrix} N_i & 0 \\ 0 & N_i \\ N_j & 0 \\ 0 & N_j \\ N_m & 0 \\ 0 & N_m \end{bmatrix}_c \begin{bmatrix} F_x \\ F_y \end{bmatrix}=\frac{1}{2}\begin{bmatrix} 1 & 0 \\ 0 & 1 \\ 1 & 0 \\ 0 & 1 \\ 0 & 0 \\ 0 & 0 \end{bmatrix}\begin{bmatrix} F_x \\ F_y \end{bmatrix}=\frac{1}{2}\begin{bmatrix} F_x \\ F_y \\ F_x \\ F_y \\ 0 \\ 0 \end{bmatrix} \tag{4-56}$$

2）在图 4-6b 所示的分布面力 $\boldsymbol{q}=-\frac{\sqrt{2}}{2}q\begin{bmatrix}1\\1\end{bmatrix}$ 作用下，形函数为

$$N_i(x,y)=x,\ N_j(x,y)=y,\ N_m(x,\ y)\ =1-x-y \tag{4-57}$$

沿斜边积分，微元 $\mathrm{d}s=\sqrt{2}\,\mathrm{d}x$。斜边方程为 $1-x-y=0$ 或 $y=1-x$。以 x 为积分变量。将 $y=1-x$ 代入形函数式（4-57），再代入式（4-47）中间的第二项得

$$\begin{aligned}\boldsymbol{F}_e^E&=\int \boldsymbol{N}^{\mathrm{T}}\boldsymbol{q}t\mathrm{d}s=-\frac{\sqrt{2}}{2}qt\int\begin{bmatrix}N_i&0\\0&N_i\\N_j&0\\0&N_j\\N_m&0\\0&N_m\end{bmatrix}\begin{bmatrix}1\\1\end{bmatrix}\sqrt{2}\,\mathrm{d}x=-qt\int_0^1\begin{bmatrix}x\\x\\y\\y\\1-x-y\\1-x-y\end{bmatrix}\mathrm{d}x\\&=-qt\int_0^1\begin{bmatrix}x\\x\\1-x\\1-x\\0\\0\end{bmatrix}\mathrm{d}x=-\frac{1}{2}qt\begin{bmatrix}1\\1\\1\\1\\0\\0\end{bmatrix}\end{aligned}\tag{4-58}$$

3）在如图 4-6c 所示的分布体力自重 $\boldsymbol{\gamma}=\gamma\begin{bmatrix}0\\-1\end{bmatrix}$ 作用下，为了在三角形域内积分，需要确定积分上下限。由 ij 边的方程 $y=1-x$ 确定 y 的积分上限。式（4-47）的积分成为

$$\begin{aligned}\boldsymbol{F}_e^E&=\iint \boldsymbol{N}^{\mathrm{T}}\boldsymbol{\gamma}t\mathrm{d}A=\gamma\iint_{A_e}\begin{bmatrix}N_i&0\\0&N_i\\N_j&0\\0&N_j\\N_m&0\\0&N_m\end{bmatrix}\begin{bmatrix}0\\-1\end{bmatrix}t\mathrm{d}A=-\gamma t\int_0^1\mathrm{d}x\int_0^{1-x}\begin{bmatrix}0\\x\\0\\y\\0\\1-x-y\end{bmatrix}\mathrm{d}y\\&=-\gamma t\int_0^1\begin{bmatrix}0\\x(1-x)\\0\\(1-x)^2/2\\0\\(1-x)^2/2\end{bmatrix}\mathrm{d}x=-\frac{1}{6}\gamma t\begin{bmatrix}0\\1\\0\\1\\0\\1\end{bmatrix}=-\frac{1}{3}G\begin{bmatrix}0\\1\\0\\1\\0\\1\end{bmatrix}\end{aligned}\tag{4-59}$$

式中，$G=\gamma t/2$ 是自重。从上面的计算结果可以看到，其实常应变三角形单元的等效结点就是静力等效转换的结果，但是这个结论对于一般单元并不成立。

例 4.5 用常应变三角形有限元计算图 4-7 所示的对角受压方板的位移。设 $\mu=0$。

解： 由于有两个对称轴，可以取图 4-8 所示的 1/4 结构。为了演示这个求解过程，这里仅划分了 4 个单元，这对于实际问题是远远不够的。根据对称性施加支座位移约束。

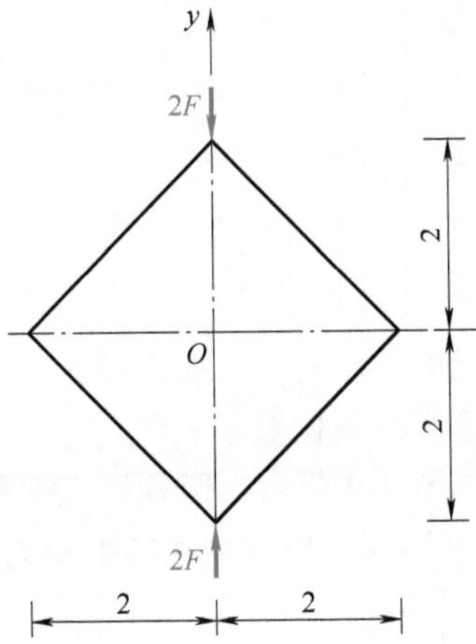

图 4-7 方板对角受压

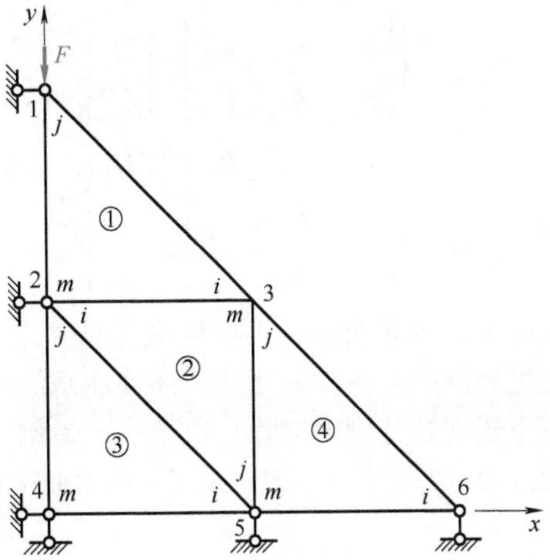

图 4-8 有限元划分

1）结点位移和结点力。

结点位移列向量和结点力列向量分别为

$$\boldsymbol{U}=[0 \quad v_1 \;\vdots\; 0 \quad v_2 \;\vdots\; u_3 \quad v_3 \;\vdots\; 0 \quad 0 \;\vdots\; u_5 \quad 0 \;\vdots\; u_6 \quad 0]^{\mathrm{T}} \tag{4-60}$$

和

$$\boldsymbol{F}=[F_{1x} \quad -F \;\vdots\; F_{2x} \quad 0 \;\vdots\; 0 \quad 0 \;\vdots\; F_{4x} \quad F_{4y} \;\vdots\; 0 \quad F_{5y} \;\vdots\; 0 \quad F_{6y}]^{\mathrm{T}} \tag{4-61}$$

2）形成单元刚度矩阵。

由式（4-53）可知单元刚度矩阵为

$$\boldsymbol{k}_{ij}=\frac{Et}{4A(1-\mu^2)}\begin{bmatrix} b_ib_j+\dfrac{1-\mu}{2}c_ic_j & \mu b_ic_j+\dfrac{1-\mu}{2}c_ib_j \\ \mu c_ib_j+\dfrac{1-\mu}{2}b_ic_j & c_ic_j+\dfrac{1-\mu}{2}b_ib_j \end{bmatrix}=\frac{Et}{4A}\begin{bmatrix} b_ib_j+\dfrac{1}{2}c_ic_j & \dfrac{1}{2}c_ib_j \\ \dfrac{1}{2}b_ic_j & c_ic_j+\dfrac{1}{2}b_ib_j \end{bmatrix} \tag{4-62}$$

可以借助例 4.1 求出的系数计算出各单元刚度子矩阵，即

$$\begin{cases} \boldsymbol{k}_{ii}=\dfrac{Et}{2}\begin{bmatrix}1 & 0\\ 0 & 0.5\end{bmatrix}, \boldsymbol{k}_{ij}=\dfrac{Et}{2}\begin{bmatrix}0 & 0\\ 0.5 & 0\end{bmatrix}=\boldsymbol{k}_{ji}^{\mathrm{T}}, \boldsymbol{k}_{jj}=\dfrac{Et}{2}\begin{bmatrix}0.5 & 0\\ 0 & 1\end{bmatrix} \\ \boldsymbol{k}_{jm}=\dfrac{Et}{2}\begin{bmatrix}-0.5 & -0.5\\ 0 & -1\end{bmatrix}=\boldsymbol{k}_{mj}^{\mathrm{T}}, \boldsymbol{k}_{mm}=\dfrac{Et}{2}\begin{bmatrix}1.5 & 0.5\\ 0.5 & 1.5\end{bmatrix}, \boldsymbol{k}_{mi}=\dfrac{Et}{2}\begin{bmatrix}-1 & -0.5\\ 0 & -0.5\end{bmatrix}=\boldsymbol{k}_{im}^{\mathrm{T}} \end{cases} \tag{4-63}$$

再形成单元刚度矩阵，即

$$\boldsymbol{k}=\begin{bmatrix}\boldsymbol{k}_{ii} & \boldsymbol{k}_{ij} & \boldsymbol{k}_{im}\\ \boldsymbol{k}_{ji} & \boldsymbol{k}_{jj} & \boldsymbol{k}_{jm}\\ \boldsymbol{k}_{mi} & \boldsymbol{k}_{mj} & \boldsymbol{k}_{mm}\end{bmatrix}=\frac{Et}{2}\left[\begin{array}{cc:cc:cc} 1 & 0 & 0 & 0 & -1 & 0\\ 0 & 0.5 & 0.5 & 0 & -0.5 & -0.5\\ \hdashline 0 & 0.5 & 0.5 & 0 & -0.5 & -0.5\\ 0 & 0 & 0 & 1 & 0 & -1\\ \hdashline -1 & -0.5 & -0.5 & 0 & 1.5 & 0.5\\ 0 & -0.5 & -0.5 & -1 & 0.5 & 1.5 \end{array}\right] \tag{4-64}$$

当然也可以直接利用例 4.4 的结果。由此可以写出每个单元的单元刚度方程

$$\begin{cases}\begin{bmatrix}\boldsymbol{k}_{33} & \boldsymbol{k}_{31} & \boldsymbol{k}_{32}\\ \boldsymbol{k}_{13} & \boldsymbol{k}_{11} & \boldsymbol{k}_{12}\\ \boldsymbol{k}_{23} & \boldsymbol{k}_{21} & \boldsymbol{k}_{22}\end{bmatrix}^{①}\begin{bmatrix}\boldsymbol{U}_3\\ \boldsymbol{U}_1\\ \boldsymbol{U}_2\end{bmatrix}=\begin{bmatrix}\boldsymbol{F}_3\\ \boldsymbol{F}_1\\ \boldsymbol{F}_2\end{bmatrix},\begin{bmatrix}\boldsymbol{k}_{22} & \boldsymbol{k}_{25} & \boldsymbol{k}_{23}\\ \boldsymbol{k}_{52} & \boldsymbol{k}_{55} & \boldsymbol{k}_{53}\\ \boldsymbol{k}_{32} & \boldsymbol{k}_{35} & \boldsymbol{k}_{33}\end{bmatrix}^{②}\begin{bmatrix}\boldsymbol{U}_2\\ \boldsymbol{U}_5\\ \boldsymbol{U}_3\end{bmatrix}=\begin{bmatrix}\boldsymbol{F}_2\\ \boldsymbol{F}_5\\ \boldsymbol{F}_3\end{bmatrix}\\ \begin{bmatrix}\boldsymbol{k}_{55} & \boldsymbol{k}_{52} & \boldsymbol{k}_{54}\\ \boldsymbol{k}_{25} & \boldsymbol{k}_{22} & \boldsymbol{k}_{24}\\ \boldsymbol{k}_{45} & \boldsymbol{k}_{42} & \boldsymbol{k}_{44}\end{bmatrix}^{③}\begin{bmatrix}\boldsymbol{U}_5\\ \boldsymbol{U}_2\\ \boldsymbol{U}_4\end{bmatrix}=\begin{bmatrix}\boldsymbol{F}_5\\ \boldsymbol{F}_2\\ \boldsymbol{F}_4\end{bmatrix},\begin{bmatrix}\boldsymbol{k}_{66} & \boldsymbol{k}_{63} & \boldsymbol{k}_{65}\\ \boldsymbol{k}_{36} & \boldsymbol{k}_{33} & \boldsymbol{k}_{35}\\ \boldsymbol{k}_{56} & \boldsymbol{k}_{53} & \boldsymbol{k}_{55}\end{bmatrix}^{④}\begin{bmatrix}\boldsymbol{U}_6\\ \boldsymbol{U}_3\\ \boldsymbol{U}_5\end{bmatrix}=\begin{bmatrix}\boldsymbol{F}_6\\ \boldsymbol{F}_3\\ \boldsymbol{F}_5\end{bmatrix}\end{cases} \tag{4-65}$$

实际上，单元的刚度矩阵与单元的位置无关，只与单元的形状有关。所以单元①、③和④的刚度矩阵完全一样。当然，还要注意结点编号一致，否则行列位置不一致。

以下建立结构刚度方程。以结点 3 为例，受力分析，如图 4-9 所示，可知结点 3 受到单元的结点力 $\boldsymbol{F}_3^{①}+\boldsymbol{F}_3^{②}+\boldsymbol{F}_3^{④}$ 和外力 $\boldsymbol{F}_3$ 作用而平衡。类似地，可以写出所有结点的平衡关系为

$$\begin{bmatrix}\boldsymbol{F}_1\\ \boldsymbol{F}_2\\ \boldsymbol{F}_3\\ \boldsymbol{F}_4\\ \boldsymbol{F}_5\\ \boldsymbol{F}_6\end{bmatrix}^{①}+\begin{bmatrix}\boldsymbol{F}_1\\ \boldsymbol{F}_2\\ \boldsymbol{F}_3\\ \boldsymbol{F}_4\\ \boldsymbol{F}_5\\ \boldsymbol{F}_6\end{bmatrix}^{②}+\begin{bmatrix}\boldsymbol{F}_1\\ \boldsymbol{F}_2\\ \boldsymbol{F}_3\\ \boldsymbol{F}_4\\ \boldsymbol{F}_5\\ \boldsymbol{F}_6\end{bmatrix}^{③}+\begin{bmatrix}\boldsymbol{F}_1\\ \boldsymbol{F}_2\\ \boldsymbol{F}_3\\ \boldsymbol{F}_4\\ \boldsymbol{F}_5\\ \boldsymbol{F}_6\end{bmatrix}^{④}=\begin{bmatrix}\boldsymbol{F}_1\\ \boldsymbol{F}_2\\ \boldsymbol{F}_3\\ \boldsymbol{F}_4\\ \boldsymbol{F}_5\\ \boldsymbol{F}_6\end{bmatrix} \tag{4-66}$$

将式（4-65）中各个单元的刚度方程扩充可得

$$\begin{bmatrix}\boldsymbol{k}_{11} & \boldsymbol{k}_{12} & \boldsymbol{k}_{13} & \\ \boldsymbol{k}_{21} & \boldsymbol{k}_{22} & \boldsymbol{k}_{23} & 0\\ \boldsymbol{k}_{31} & \boldsymbol{k}_{32} & \boldsymbol{k}_{33} & \\ & & & \\ & 0 & & 0\\ & & & \end{bmatrix}^{①}\begin{bmatrix}\boldsymbol{U}_1\\ \boldsymbol{U}_2\\ \boldsymbol{U}_3\\ \boldsymbol{U}_4\\ \boldsymbol{U}_5\\ \boldsymbol{U}_6\end{bmatrix}=\begin{bmatrix}\boldsymbol{F}_1\\ \boldsymbol{F}_2\\ \boldsymbol{F}_3\\ \boldsymbol{F}_4\\ \boldsymbol{F}_5\\ \boldsymbol{F}_6\end{bmatrix}^{①} \tag{4-67}$$

$$\begin{bmatrix}0 & 0 & 0 & 0 & 0 & 0\\ 0 & \boldsymbol{k}_{22} & \boldsymbol{k}_{23} & 0 & \boldsymbol{k}_{25} & 0\\ 0 & \boldsymbol{k}_{32} & \boldsymbol{k}_{33} & 0 & \boldsymbol{k}_{35} & 0\\ 0 & 0 & 0 & 0 & 0 & 0\\ 0 & \boldsymbol{k}_{52} & \boldsymbol{k}_{53} & 0 & \boldsymbol{k}_{55} & 0\\ 0 & 0 & 0 & 0 & 0 & 0\end{bmatrix}^{②}\begin{bmatrix}\boldsymbol{U}_1\\ \boldsymbol{U}_2\\ \boldsymbol{U}_3\\ \boldsymbol{U}_4\\ \boldsymbol{U}_5\\ \boldsymbol{U}_6\end{bmatrix}=\begin{bmatrix}\boldsymbol{F}_1\\ \boldsymbol{F}_2\\ \boldsymbol{F}_3\\ \boldsymbol{F}_4\\ \boldsymbol{F}_5\\ \boldsymbol{F}_6\end{bmatrix}^{②} \tag{4-68}$$

将这些单元刚度方程代入式（4-66）得结构刚度方程，即

$$\left[\begin{bmatrix}\boldsymbol{k}_{11} & \boldsymbol{k}_{12} & \boldsymbol{k}_{13} & \\ \boldsymbol{k}_{21} & \boldsymbol{k}_{22} & \boldsymbol{k}_{23} & 0\\ \boldsymbol{k}_{31} & \boldsymbol{k}_{32} & \boldsymbol{k}_{33} & \\ & & & \\ & 0 & & 0\\ & & & \end{bmatrix}^{①}+\begin{bmatrix}0 & 0 & 0 & 0 & 0 & 0\\ 0 & \boldsymbol{k}_{22} & \boldsymbol{k}_{23} & 0 & \boldsymbol{k}_{25} & 0\\ 0 & \boldsymbol{k}_{32} & \boldsymbol{k}_{33} & 0 & \boldsymbol{k}_{35} & 0\\ 0 & 0 & 0 & 0 & 0 & 0\\ 0 & \boldsymbol{k}_{52} & \boldsymbol{k}_{53} & 0 & \boldsymbol{k}_{55} & 0\\ 0 & 0 & 0 & 0 & 0 & 0\end{bmatrix}^{②}+\cdots\right]\begin{bmatrix}\boldsymbol{U}_1\\ \boldsymbol{U}_2\\ \boldsymbol{U}_3\\ \boldsymbol{U}_4\\ \boldsymbol{U}_5\\ \boldsymbol{U}_6\end{bmatrix}=\begin{bmatrix}\boldsymbol{F}_1\\ \boldsymbol{F}_2\\ \boldsymbol{F}_3\\ \boldsymbol{F}_4\\ \boldsymbol{F}_5\\ \boldsymbol{F}_6\end{bmatrix} \tag{4-69}$$

其中的刚度矩阵累加后为

$$
\boldsymbol{K}=\begin{bmatrix}
\boldsymbol{k}_{11}^{\textcircled{1}} & \boldsymbol{k}_{12}^{\textcircled{1}} & \boldsymbol{k}_{13}^{\textcircled{1}} & 0 & 0 & 0 \\
\boldsymbol{k}_{21}^{\textcircled{1}} & \boldsymbol{k}_{22}^{\textcircled{1}}+\boldsymbol{k}_{22}^{\textcircled{2}}+\boldsymbol{k}_{22}^{\textcircled{3}} & \boldsymbol{k}_{23}^{\textcircled{1}}+\boldsymbol{k}_{23}^{\textcircled{2}} & \boldsymbol{k}_{24}^{\textcircled{3}} & \boldsymbol{k}_{25}^{\textcircled{2}}+\boldsymbol{k}_{25}^{\textcircled{3}} & 0 \\
\boldsymbol{k}_{31}^{\textcircled{1}} & \boldsymbol{k}_{32}^{\textcircled{1}}+\boldsymbol{k}_{32}^{\textcircled{2}} & \boldsymbol{k}_{33}^{\textcircled{1}}+\boldsymbol{k}_{33}^{\textcircled{2}}+\boldsymbol{k}_{33}^{\textcircled{4}} & 0 & \boldsymbol{k}_{35}^{\textcircled{2}}+\boldsymbol{k}_{35}^{\textcircled{4}} & \boldsymbol{k}_{36}^{\textcircled{4}} \\
0 & \boldsymbol{k}_{42}^{\textcircled{3}} & 0 & \boldsymbol{k}_{44}^{\textcircled{3}} & \boldsymbol{k}_{45}^{\textcircled{3}} & 0 \\
0 & \boldsymbol{k}_{52}^{\textcircled{2}}+\boldsymbol{k}_{52}^{\textcircled{3}} & \boldsymbol{k}_{53}^{\textcircled{2}}+\boldsymbol{k}_{53}^{\textcircled{4}} & \boldsymbol{k}_{54}^{\textcircled{3}} & \boldsymbol{k}_{55}^{\textcircled{2}}+\boldsymbol{k}_{55}^{\textcircled{3}}+\boldsymbol{k}_{55}^{\textcircled{4}} & \boldsymbol{k}_{56}^{\textcircled{4}} \\
0 & 0 & \boldsymbol{k}_{63}^{\textcircled{4}} & 0 & \boldsymbol{k}_{65}^{\textcircled{4}} & \boldsymbol{k}_{66}^{\textcircled{4}}
\end{bmatrix} \tag{4-70}
$$

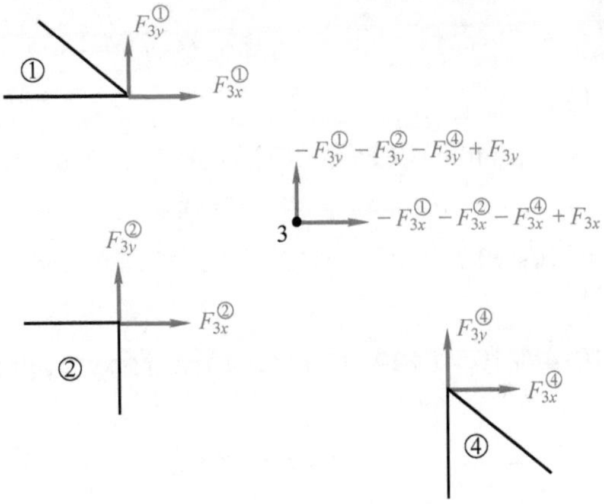

图 4-9 结点的平衡

4.1.6 程序设计

平面三角形单元程序讲解

采用例 4.1 算例，所有单位取 1，变量含义在程序内说明，与前面的一致。

（1）源程序（PlanTria. m）

```
%————————————————————定义结构————————————————————%
function PlanTria                                   % 平面三角形单元
Th=1e-2;                                            % 板厚*
Em=210e9;                                           % 弹性模量*
mu=0.3;                                             % 泊松比*
gxy=[0,2;0,1;1,1;0,0;1,0;2,0];                      % 结点坐标*
ndel=[3,1,2;2,5,3;5,2,4;6,3,5];                     % 单元信息*
nd=size(gxy,1);                                     % 结点数
ne=size(ndel,1);                                    % 单元数
F=zeros(2*nd,1);
F(2)=-1;                                            % 结点力*
dofix=[1,3,7,8,10,12];                              % 位移约束自由度
dofree=setdiff(1:2*nd,dofix);                       % 非位移约束自由度
```

```
D=Em/(1-mu^2)*[1,mu,0;mu,1,0;0,0,(1-mu)/2];                    % 弹性矩阵
 %——————————————————形成刚度矩阵——————————————————%
K=zeros(2*nd,2*nd);
for el=1:ne
 N(2:2:6)=2*ndel(el,:);N(1:2:5)=N(2:2:6)-1;                    % 单元自由度
 [B,A]=PlanTriaStrain(gxy(ndel(el,:),:));                    % 几何矩阵和单元面积
 K(N,N)=K(N,N)+B'*D*B*Th*A;                                  % 刚度矩阵
end
 %——————————————————求解位移——————————————————%
U=zeros(2*nd,1);
U(dofree)=K(dofree,dofree)\(F(dofree)-K(dofree,dofix)*U(dofix));
 %——————————————————输出位移——————————————————%
fprintf('%4s%8s%10s%12s%14s\n','Node','X','Y','u','v')         % 标题
for j=1:nd                                  % 输出结点号,结点坐标,结点位移
 fprintf('%4i%10.4f%10.4f%14.4g%14.4g\n',j,gxy(j,:),U(2*j+(-1:0)))
end
 %——————————————————输出应力——————————————————%
fprintf('%4s%4s%4s%4s%8s%12s%12s%12s%12s%9s\n','Elem','i','j','k',
'Sx','Sy','Sxy','S1','S2','An')
StressPrin=zeros(2,ne);
StressPrinDir=zeros(2,2,ne);
for el=1:ne
 N(2:2:6)=2*ndel(el,:);N(1:2:5)=N(2:2:6)-1;                    % 单元自由度
 B=PlanTriaStrain(gxy(ndel(el,:),:));                        % 几何矩阵和单元面积
 S=D*B*U(N);                                                 % 单元应力列向量
 [Dir,S1]=eig(S([1,3;3,2]));                  % 求特征值,计算主应力方向及大小
fprintf('%4i%4i%4i%4i%12.3e%12.3e%12.3e%12.3e%12.3e%7.2f\n',el,ndel
(el,:),S,diag(S1),acosd(Dir(1)));   % 输出单元号,单元信息,应力和主应力
 StressPrin(:,el)=diag(S1);
 StressPrinDir(:,:,el)=Dir;
end
%DrawPlanPrinStress(gxy,ndel,StressPrin,StressPrinDir);
%DrawPlanElem(gxy,ndel,dofix,U);
DrawPlanStress(gxy,ndel,[-1,1]*StressPrin/2,nd,ne)
 %——————————————————应变函数——————————————————%
function [StrainM,A]=PlanTriaStrain(xy)                      % 平面三角形单元应变矩阵
A=0.5*det([xy,ones(3,1)]);                                   % 单元面积
```

```
n=[1,2,3,1,2];
for i=1:3
 b=xy(n(i+1),2)-xy(n(i+2),2);
 c=xy(n(i+2),1)-xy(n(i+1),1);
 StrainM(:,2*i-1:2*i)=[b 0;0 c;c b]/A/2;                    % 几何矩阵
end
```

（2）输出结果

输出结果如下。其中 X 和 Y 表示结点坐标，u 和 v 表示结点位移。Sx，Sy 和 Sxy 分别是三个应力分量。S1，S2 和 An 分别是两个主应力和方向角（单位为度）。

Node	X	Y	u	v
1	0.0000	2.0000	0	-1.561e-009
2	0.0000	1.0000	0	-6.569e-010
3	1.0000	1.0000	1.261e-010	-1.717e-010
4	0.0000	0.0000	0	0
5	1.0000	0.0000	2.677e-010	0
6	2.0000	0.0000	3.192e-010	0

Elem	i	j	k	Sx	Sy	Sxy	S1	S2	An
1	3	1	2	-33.52	-200	39.19	-24.76	-208.8	25.21
2	2	5	3	17.21	-30.89	27.75	29.88	-43.56	49.09
3	5	2	4	16.31	-133.1	0	16.31	-133.1	0.00
4	6	3	5	0	-36.05	-11.44	3.324	-39.38	-32.40

4.2 矩形单元

三角形单元是最简单的一种单元，由于结点少，形函数阶数低，计算精度差，单元内部应变是均匀的。为了增加单元的计算精度就需要增加结点，增加结点的方式很多，本章先介绍一种非常典型的单元——矩形单元，为引入更复杂的单元做基础准备。

4.2.1 位移模式和形函数

如图 4-10a 所示为一个 $2a\times2b$ 矩形单元。为了研究方便起见，引入母单元的概念，如图 4-10b 局部坐标 $\xi=x/a$，$\eta=y/b$。单元结点位移可以写为列向量形式，即

$$\boldsymbol{U}_e=[\boldsymbol{U}_1^{\mathrm{T}}\quad \boldsymbol{U}_2^{\mathrm{T}}\quad \boldsymbol{U}_3^{\mathrm{T}}\quad \boldsymbol{U}_4^{\mathrm{T}}]^{\mathrm{T}},\boldsymbol{U}_i=[u_i\quad v_i]^{\mathrm{T}} \tag{4-71}$$

矩形单元有四个结点，可以确定四个待定常数，所以假设具有四个参数的位移模式，即

$$\begin{cases}u(\xi,\eta)=\alpha_1+\alpha_2\xi+\alpha_3\eta+\alpha_4\xi\eta\\ v(\xi,\eta)=\alpha_5+\alpha_6\xi+\alpha_7\eta+\alpha_8\xi\eta\end{cases} \tag{4-72}$$

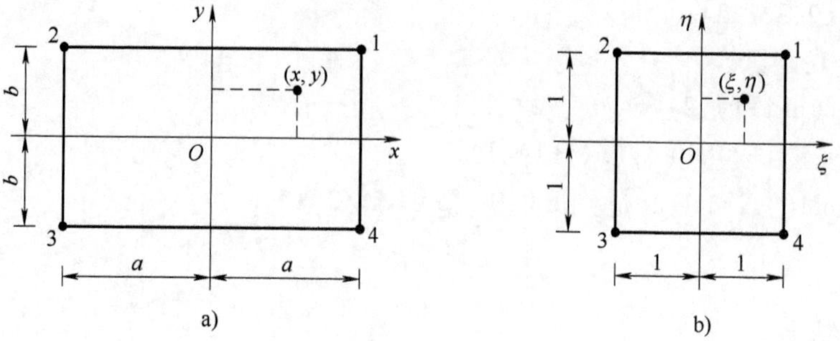

图 4-10 矩形单元

a）单元 b）母单元

这种形函数是不完全二次式，两个变量都是线性的，又称为双线性函数。由四个结点的位移可以求出这八个系数。再代回式（4-72）得到位移表达式，即

$$\begin{cases} u(\xi,\eta)=\sum_{i=1}^{4}N_i(\xi,\eta)u_i \\ v(\xi,\eta)=\sum_{i=1}^{4}N_i(\xi,\eta)v_i \end{cases} \tag{4-73}$$

式中，

$$\begin{cases} N_1(\xi,\eta)=(1+\xi)(1+\eta)/4 \\ N_2(\xi,\eta)=(1-\xi)(1+\eta)/4 \\ N_3(\xi,\eta)=(1-\xi)(1-\eta)/4 \\ N_4(\xi,\eta)=(1+\xi)(1-\eta)/4 \end{cases} \tag{4-74}$$

式（4-74）为形函数。形函数可以统一写为

$$N_i(\xi,\eta)=\frac{1}{4}(1+\xi_0)(1+\eta_0),\ \xi_0=\xi_i\xi,\ \eta_0=\eta_i\eta,\ i=1,2,3,4 \tag{4-75}$$

有了形函数就可以由结点位移通过形函数插值计算任意点位移。定义形函数矩阵为

$$\boldsymbol{N}(\xi,\eta)=\begin{bmatrix} N_1 & 0 & N_2 & 0 & N_3 & 0 & N_4 & 0 \\ 0 & N_1 & 0 & N_2 & 0 & N_3 & 0 & N_4 \end{bmatrix} \tag{4-76}$$

位移向量可以写为

$$\boldsymbol{u}(\xi,\eta)=[u\quad v]^{\mathrm{T}}=\boldsymbol{N}(\xi,\eta)\boldsymbol{U}_e \tag{4-77}$$

4.2.2 应变和几何矩阵

按照定义，位移关于坐标求导可以得到应变，即

$$\boldsymbol{\varepsilon}=\begin{bmatrix}\varepsilon_x \\ \varepsilon_y \\ \gamma_{xy}\end{bmatrix}=\begin{bmatrix}\dfrac{\partial u}{\partial x} \\ \dfrac{\partial v}{\partial y} \\ \dfrac{\partial u}{\partial y}+\dfrac{\partial v}{\partial x}\end{bmatrix}=\begin{bmatrix}\dfrac{\partial u}{a\partial\xi} \\ \dfrac{\partial v}{b\partial\eta} \\ \dfrac{\partial u}{b\partial\eta}+\dfrac{\partial v}{a\partial\xi}\end{bmatrix} \tag{4-78}$$

将位移表达式［式（4-73）］代入式（4-78）可得

$$\boldsymbol{\varepsilon}=\frac{1}{ab}\sum_{i=1}^{4}\begin{bmatrix} b\dfrac{\partial N_i}{\partial \xi}u_i \\ a\dfrac{\partial N_i}{\partial \eta}v_i \\ a\dfrac{\partial N_i}{\partial \eta}u_i+b\dfrac{\partial N_i}{\partial \xi}v_i \end{bmatrix}=\frac{1}{ab}\sum_{i=1}^{4}\begin{bmatrix} b\dfrac{\partial N_i}{\partial \xi} & 0 \\ 0 & a\dfrac{\partial N_i}{\partial \eta} \\ a\dfrac{\partial N_i}{\partial \eta} & b\dfrac{\partial N_i}{\partial \xi} \end{bmatrix}\begin{bmatrix} u_i \\ v_i \end{bmatrix} \tag{4-79}$$

定义几何矩阵为

$$\boldsymbol{B}_i=\frac{1}{ab}\begin{bmatrix} b\dfrac{\partial N_i}{\partial \xi} & 0 \\ 0 & a\dfrac{\partial N_i}{\partial \eta} \\ a\dfrac{\partial N_i}{\partial \eta} & b\dfrac{\partial N_i}{\partial \xi} \end{bmatrix},\ \boldsymbol{B}=[\boldsymbol{B}_i\quad \boldsymbol{B}_j\quad \boldsymbol{B}_m\quad \boldsymbol{B}_n] \tag{4-80}$$

应变式（4-79）可写为

$$\boldsymbol{\varepsilon}=\sum_{i=1}^{4}\boldsymbol{B}_i\boldsymbol{U}_i=\boldsymbol{B}\boldsymbol{U}_e \tag{4-81}$$

为具体写出几何矩阵，将形函数求导可得

$$\begin{aligned} \frac{\partial}{\partial \xi}N_i(\xi,\eta)&=\frac{1}{4}\xi_i(1+\eta_i\eta) \\ \frac{\partial}{\partial \eta}N_i(\xi,\eta)&=\frac{1}{4}\eta_i(1+\xi_i\xi) \end{aligned} \tag{4-82}$$

将式（4-82）代入式（4-80）可以计算出几何子矩阵的具体表达式为

$$\boldsymbol{B}_i=\frac{1}{4ab}\begin{bmatrix} b\xi_i(1+\eta_i\eta) & 0 \\ 0 & a\eta_i(1+\xi_i\xi) \\ a\eta_i(1+\xi_i\xi) & b\xi_i(1+\eta_i\eta) \end{bmatrix} \tag{4-83}$$

4.2.3 应力和应力矩阵

将式（4-81）代入胡克定律可得到应力，即

$$\boldsymbol{\sigma}=\boldsymbol{D}\boldsymbol{\varepsilon}=\boldsymbol{D}\boldsymbol{B}\boldsymbol{U}_e \tag{4-84}$$

定义应力矩阵为

$$\boldsymbol{S}=\boldsymbol{D}\boldsymbol{B} \tag{4-85}$$

应力可以写为

$$\boldsymbol{\sigma}=\boldsymbol{S}\boldsymbol{U}_e \tag{4-86}$$

4.2.4 单元刚度矩阵

由单元刚度矩阵的定义可得

$$\boldsymbol{k}_{ij}=\iint\boldsymbol{B}_i^{\mathrm{T}}\boldsymbol{D}\boldsymbol{B}_j t\mathrm{d}A=ab\int_{-1}^{1}\int_{-1}^{1}\boldsymbol{B}_i^{\mathrm{T}}\boldsymbol{D}\boldsymbol{B}_j t\mathrm{d}\xi\mathrm{d}\eta=\frac{Et}{4(1-\mu^2)}\begin{bmatrix} c_1+c_0c_2 & \mu c_3+c_0c_4 \\ \mu c_4+c_0c_3 & c_2+c_0c_1 \end{bmatrix} \tag{4-87}$$

式中，

$$\begin{cases} c_0=(1-\mu)/2 \\ c_1=b\xi_i\xi_j(1+\eta_i\eta_j/3)/a, c_3=\xi_i\eta_j \\ c_2=a\eta_i\eta_j(1+\xi_i\xi_j/3)/b, c_4=\xi_j\eta_i \end{cases} \tag{4-88}$$

以上推导可以用 MATLAB（Eq4_70. m）实现，即

```
syms r s a b mu real
x=[1,-1,-1,1];
y=[1,1,-1,-1];
H1=[1,r,s,r*s];Z=[0,0,0,0];
H=[H1,Z;Z,H1];
A=zeros(8);
for i=1:4
  A(2*i-1,1:4)=[1,x(i),y(i),x(i)*y(i)];
  A(2*i,5:8)=A(2*i-1,1:4);
end
N=simplify(A'\H')';                                          % 形函数
disp(N)
B=simplify([diff(N(1,:),r)/a;diff(N(2,:),s)/b;diff(N(1,:),s)/b+diff(N
(2,:),r)/a]);
disp(B)
D=[1,mu,0;mu,1,0;0,0,(1-mu)/2];
ke=simplify(int(int(a*b*B'*D*B,r,-1,1),s,-1,1));
disp(ke)
```

上述推导过程中忽略了一些很容易提取出来的常数，否则结果的显示就过于复杂了，不好整理。如果需要推导出刚度子矩阵也可以采用如下代码（Eq4_70b. m），即

```
syms xi xj yi yj x y a b E t mu real
Nx=xi*(1+yi*y)/a/4;
Ny=yi*(1+xi*x)/b/4;
Bi=[Nx,0;0,Ny;Ny,Nx];
Nx=xj*(1+yj*y)/a/4;
Ny=yj*(1+xj*x)/b/4;
Bj=[Nx,0;0,Ny;Ny,Nx];
D=E*t/(1-mu^2)*[1,mu,0;mu,1,0;0,0,(1-mu)/2];
kij=a*b*int(int(Bi'*D*Bj,x,-1,1),y,-1,1);
disp(simplify(kij))
```

此结果也需要后期人工整理。为了验证式（4-87）的正确性，可以在上面的代码后面增加如下代码（Eq4_70c. m），即

```
c0=(1-mu)/2;
c1=b*xi*xj*(1+yi*yj/3)/a;c3=xi*yj;
c2=a*yi*yj*(1+xi*xj/3)/b;c4=xj*yi;
k0=E*t/(1-mu^2)/4*[c1+c0*c2,mu*c3+c0*c4;mu*c4+c0*c3,c2+c0*c1];
disp(simplify(kij-k0))
```

验证其等价性。

4.2.5 程序设计

矩形单元适于分析规则区域。这里以图4-11a所示矩形区域纯弯曲为例。由于对称性，结构取1/4，如图4-11b示。根据对称性在对称面上施加位移约束。为了消除刚体位移，在结点1位置又增加了1个竖直方向的约束。

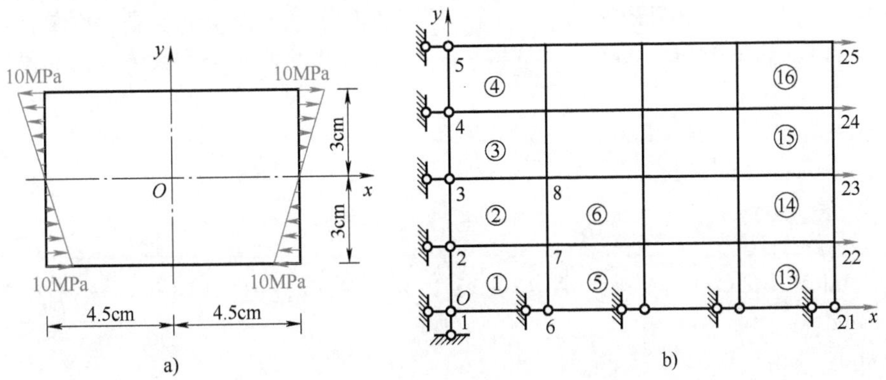

图4-11 结点和单元编号规则
a）力学模型 b）单元划分

如图4-11a所示，两侧的三角形分布力需要等效为结点力。下面以图4-11b右下角的单元⑬为例，如图4-12所示。图4-12中结点的编号是局部编号。单元半高为 $b=3/8$，积分变量微元长可以表示为 $ds=3d\eta/8$。按照线性分布的比例可以知道图4-12中结点1的位置的分布力集度为2.5MPa。分布荷载的分布函数为 $q(\eta)=1.25(1+\eta)$ MPa。形函数矩阵取式（4-76），分布荷载向量可以写为

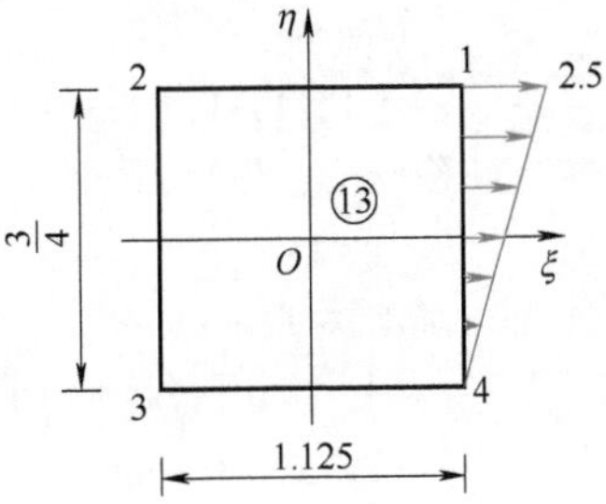

图4-12 等效结点力

$$\boldsymbol{q}(\eta)=\frac{5}{4}(1+\eta)\begin{bmatrix}1\\0\end{bmatrix}\text{MPa} \tag{4-89}$$

按照式（4-47）等号右侧第二项可以计算等效结点力，即

$$\boldsymbol{F}_e^E=\int \boldsymbol{N}^{\mathrm{T}}\boldsymbol{q}t\mathrm{d}s=t\int\begin{bmatrix}N_1&0\\0&N_1\\N_2&0\\0&N_2\\N_3&0\\0&N_3\\N_4&0\\0&N_4\end{bmatrix}\frac{5}{4}(1+\eta)\begin{bmatrix}1\\0\end{bmatrix}\frac{3}{8}\mathrm{d}\eta=\frac{15}{32}t\int\begin{bmatrix}N_1\\0\\N_2\\0\\N_3\\0\\N_4\\0\end{bmatrix}(1+\eta)\mathrm{d}\eta=\frac{5}{16}t\begin{bmatrix}2\\0\\0\\0\\0\\0\\1\\0\end{bmatrix}\tag{4-90}$$

也就是结点21和结点22在水平方向分别被分配了5*t*/8MPa（第一行）和5*t*/16MPa（第七行）。单元⑭~⑯也如此处理结点力，最后的等效结点力由每个单元计算的等效结点力叠加得到。

平面矩形单元程序讲解

（1）源程序（PlanRect. m）

使用矩形单元实现该算例的MATLAB如下：

```
%————————————————————定义结构————————————————%
function PlanRect                                              % 平面矩形单元
Em=210e9;mu=0.3;Th=1e-2;                        % 弹性模量，泊松比，板厚度
Nx=4;Lx=4.5;a=Lx/Nx/2;                  % 水平方向单元数量，长度和单元半长
Ny=4;Ly=3;b=Ly/Ny/2;                    % 竖直方向单元数量，长度和单元半长
ne=Nx*Ny;                                                          % 单元总数
nd=(Nx+1)*(Ny+1);                                                  % 结点总数
ndel=zeros(ne,4);
for i=1:Nx
 for j=1:Ny
  ndel(Ny*(i-1)+j,:)=(Ny+1)*(i-1)+j+[Ny+2,1,0,Ny+1];   % 形成单元信息
 end
end
F=zeros(2*nd,1);
F(2*(Ny+1)*Nx+1:2:2*nd)=[0,6,12,18,11]*3e3/94;              % 结点力列向量
dofix=[1:2:9,2,11:10:41];
dofree=setdiff(1:2*nd,dofix);
 %———————————————形成刚度矩阵————————————————%
x=[1,-1,-1,1];y=[1,1,-1,-1];                                  % 结点局部坐标
K=sparse(2*nd,2*nd);
for i=1:4
 for j=1:4
  c1=b/a*x(i)*x(j)*(1+y(i)*y(j)/3);c3=x(i)*y(j);
  c2=a/b*y(i)*y(j)*(1+x(i)*x(j)/3);c4=x(j)*y(i);c0=(1-mu)/2;
  ke(2*i-1:2*i,2*j-1:2*j)=[c1+c0*c2,mu*c3+c0*c4;mu*c4+c0*c3,c2+c0*
c1];
 end                                                      % 计算单元刚度矩阵
end
```

```
for el=1:ne
 N(2:2:8)=2*ndel(el,:);N(1:2:7)=N(2:2:8)-1;                    % 单元自由度
 K(N,N)=K(N,N)+Em*Th/4/(1-mu^2)*ke;                        % 安装总体刚度矩阵
end
%——————————————————求解位移——————————————————%
U=zeros(2*nd,1);                                              % 结点位移列向量
U(dofix)=0;              % 约束位移(如果固定略去此行, 否则填实际具体值)
U(dofree)=K(dofree,dofree)\(F(dofree)-K(dofree,dofix)*U(dofix));
%——————————————————输出位移和应力——————————————————%
fprintf('%4s%4s%4s%4s%4s%8s%12s%12s%12s%12s%9s\n','Elem','i','j','l',
'm','Sx','Sy','Sxy','S1','S2','An')                                  % 输出标题
D=Em/(1-mu^2)*[1,mu,0;mu,1,0;0,0,(1-mu)/2];                          % 弹性矩阵
StressPrin=zeros(2,ne);
StressPrinDir=zeros(2,2,ne);
for el=1:ne                    % 输出单元号, 单元信息, 应力列向量, 主应力
 for i=1:4
  B(:,2*i-1:2*i)=[x(i)/a,0;0,y(i)/b;y(i)/b,x(i)/a]/4;              % 几何矩阵
 end
 N(2:2:8)=2*ndel(el,:);N(1:2:7)=N(2:2:8)-1;                      % 单元自由度
 S=D*B*U(N);                                                     % 应力列向量
 [Dir,S1]=eig(S([1,3;3,2]));                  % 求特征值, 计算主应力方向及大小
 fprintf('%4i%4i%4i%4i%4i%12.3e%12.3e%12.3e%12.3e%12.3e%7.2f\n',el,
ndel(el,:),S,…
diag(S1),atan2d(Dir(2,1),Dir(1,1)));
 StressPrin(:,el)=diag(S1);
 StressPrinDir(:,:,el)=Dir;
end
gxy=2*[a*kron(0:Nx,ones(1,Ny+1));b*repmat(0:Ny,1,Nx+1)]';
%DrawPlanElem (gxy,ndel,dofix,U);
DrawPlanPrinStress(gxy,ndel,StressPrin,StressPrinDir)
%DrawPlanStress(gxy,ndel,[-1,1]*StressPrin/2,nd,ne)
```

(2) 输出结果

部分输出(为节省篇幅,略去了一些输出内容)结果如下:

```
Node          u              v
  ⋮
 21           0        -1.697e-006
 22    5.701e-007      -1.711e-006
 23    1.138e-006      -1.751e-006
 24    1.703e-006      -1.818e-006
 25    2.247e-006      -1.914e-006
```

```
Elem  i  j  l  m   Sx          Sy        Sxy       S1          S2       An
   1  7  2  1  6   1.258e+004  -15.96    6.1       1.258e+004  -15.98   0.15
   2  8  3  2  7   3.774e+004  -29.62    -0.09612  3.774e+004  -29.62   -0.00
   3  9  4  3  8   6.288e+004  -19.46    -10.36    6.288e+004  -19.46   -0.02
   4 10  5  4  9   8.803e+004  -4.462    -5.641    8.803e+004  -4.463   -0.01
   ⋮
```

4.3 有限元方法的一般讨论

4.3.1 位移模式

有限元的分析质量受位移模式的假设的影响，而位移模式取决于结点、结点位移基本变量和单元形状的选择，这些选择具有很大的任意性，于是产生各种各样的单元。为了提高计算精度，可以使用较高阶单元，当然同时也会增加计算量，而且这些选择也受到一定的限制，目的是在有限单元加密时结果趋近于精确解。限制条件如下：

（1）协调性　位移在单元内以及单元交界面上连续；

（2）完备性　位移函数能表示刚体位移和常应变状态。

以三角形常应变单元为例。由于形函数是连续函数，所以位移场在单元内部是连续的。由于形函数是线性的，单元每个边界上有两个点，两个点唯一确定一条直线，所以两个相邻单元的公共边界是唯一的，从而保证了单元之间的连续性，同时满足协调性。由于三角形常应变单元内部的应变是常数且可以为零，所以也满足了完备性的条件。

根据结点位移假设单元内的位移模式。位移模式的选择应该与坐标的方位无关，也就是几个变量应该对称地出现。可以按照表 4-1 顺序选择多项式。

表 4-1　位移模式多项式选择顺序

常数项	1
一次项	x　y
二次项	x^2　xy　y^2
三次项	x^3　x^2y　xy^2　y^3
四次项	x^4　x^3y　x^2y^2　xy^3　y^4

4.3.2 有限单元划分

单元的划分具有任意性，但遵守一些规则可以提高计算精度，具体如下：

（1）单元密度　增加单元密度一般会提高计算精度，但会增加计算量。为了两者兼顾，单元的密度一般不是均匀的。在应力梯度大的地方，单元的密度应该大一些。当然，在有限元分析前可能不知道什么位置应力梯度大，可以选几何尺寸变化剧烈的地方加大单元密度，如图 4-13 所示（MATLAB 的偏微分方程工具箱 PDEtool 提供自动划分单元的工具）。在得到初步结果后可以根据计算结果重新划分单元计算。

本书中的大多数算例中使用的单元数普遍过少，不能达到应有的计算精度。目的是为了讲解和学习方便。

（2）单元形状　单元各边和角的大小应尽量接近，如尽量接近正三角，正方形，如图 4-14 所示。

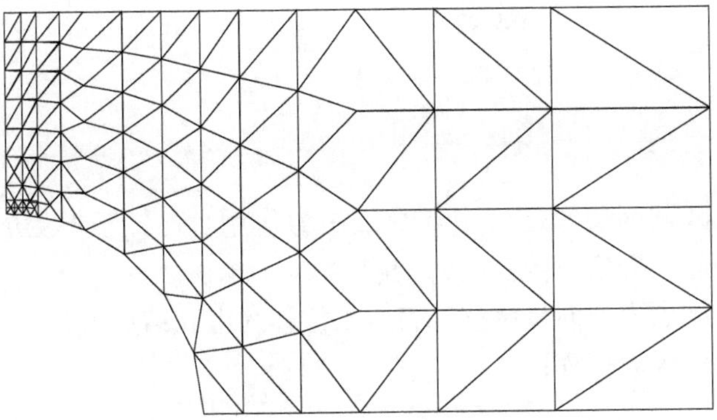

图 4-13　单元密度的变化

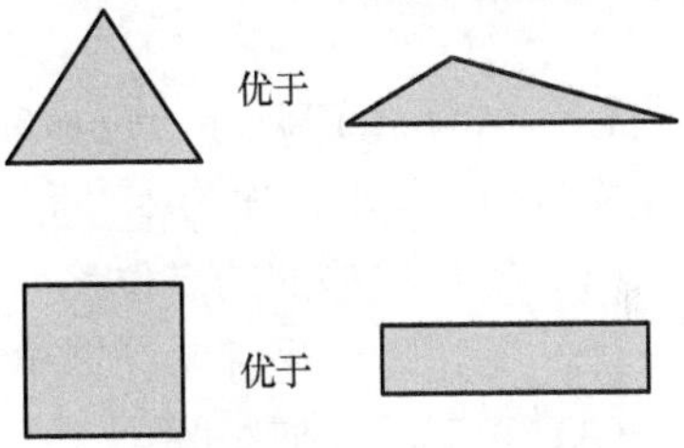

图 4-14　单元形状选择原则

（3）单元过渡　改变单元密度需要单元的过渡。对于三角形单元比较简单，如图 4-13 所示。对于矩形单元或四边形单元会困难一些。可以采用图 4-15a 所示三角形单元过渡；也可采用图 4-15b 所示四边形单元（后面要讲）过渡。但不能采用图 4-15c 所示形式的过渡，因为箭头所指的结点属于左边两个单元的，却不属于右边（箭头所在）单元的。这样就无法保证左右三个单元位移在该点连续。除非采用一种五结点单元（本书没有介绍）。

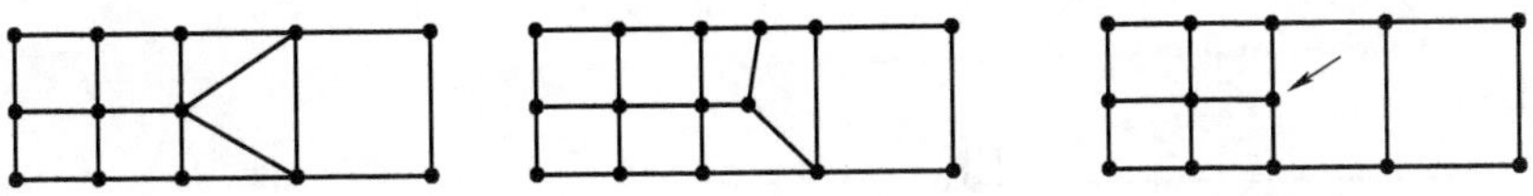

图 4-15　单元过渡

a）三角形单元过渡　b）四边形单元过渡　c）错误

单元的编号是任意的，对处理过程和计算结果都没有任何影响。结点编号是任意的，但是为了节省存储空间而采用半带宽存储时，编号沿短边方向会节省存储空间，也就是使每个单元的几个结点的标号之间相差尽量小。采用 MATLAB 稀疏矩阵时不需要考虑这个问题，因为它不是采用半带宽存储。实际上，许多大型商品化有限元软件自身具有带宽优化功能，因此不必考虑这个问题。另外，结点编号对计算结果也无影响。

4.3.3　有限单元分析的后处理

由于单元内部假设了位移模式，所以从概念上可以理解为增加位移约束，所以单元的刚度比实际大。这导致有限元计算的位移比实际位移要小，这就是常说的“过刚”。

有限元分析直接得到结点位移，任意点的应变需要求导计算。求导降低了计算精度，所以结点位移解的精度比应力和应变高；单元内部的应力精度比边界高。为了提高计算精度，结点的应力经常采用围绕结点的单元应力平均值，如图 4-16 所示，结点 1 的应力由单元 $a\sim f$

的单元应力平均值计算，即

$$f_1=\frac{1}{6}\sum_{i=a\to f}f_i \tag{4-91}$$

如图 4-16 所示，边界的应力由内部的应力外插可得到

$$f_0=\frac{(x-x_2)(x-x_3)}{(x_1-x_2)(x_1-x_2)}f_1+\frac{(x-x_1)(x-x_3)}{(x_2-x_1)(x_2-x_3)}f_2+\frac{(x-x_1)(x-x_2)}{(x_3-x_1)(x_3-x_2)}f_3 \tag{4-92}$$

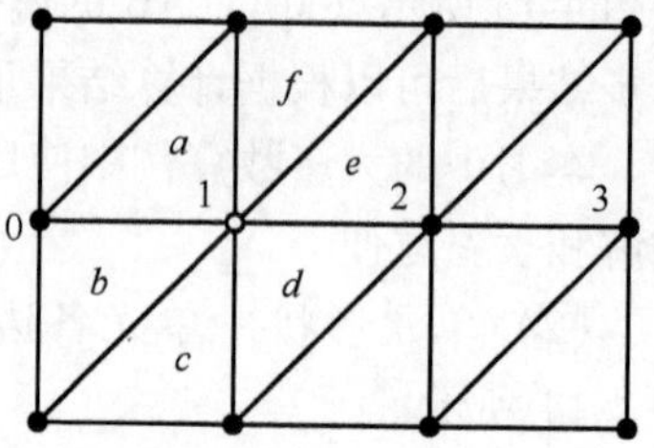

图 4-16　结点应力计算方法

习题

4-1　如图 4-17 所示，8m×6m 矩形区域两边固定，中点受集中力作用。已知板厚为 t，弹性模量为 E，泊松比为零。利用对称性，采用八个三结点三角形单元。求：

（1）写出结构的结点位移列向量和结点力列向量位移，表示出位移约束和结点力；

（2）采用图示坐标系计算单元①的形函数矩阵；

（3）单元①几何矩阵；

（4）单元①的刚度矩阵；

（5）结构刚度矩阵（假设两个单元刚度矩阵一样）；

（6）结构刚度方程；

（7）求出中面位移。

4-2　如图 4-18 所示，矩形单元边长 4×3，厚度为 t。单元 1-2 边受到线性分布荷载，集度从 q_1 到 q_2 变化。求结点 1 的结点力向量。

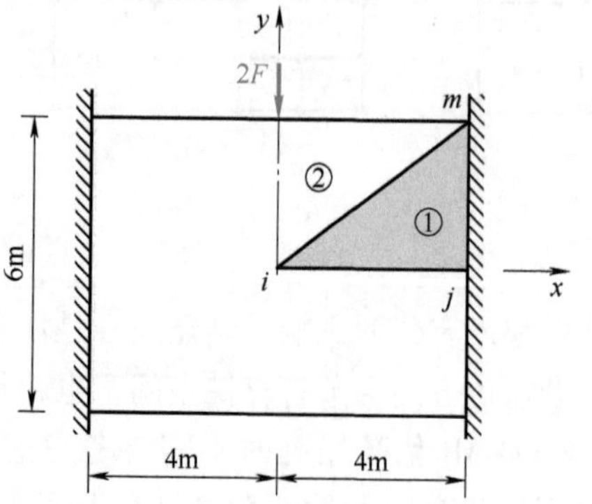

图 4-17　结构单元

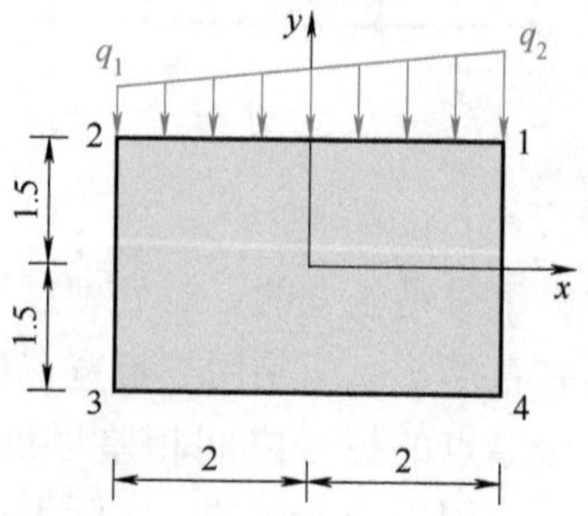

图 4-18　分布荷载

第 5 章 轴对称问题

如图 5-1a 所示，在 rOz 平面内的任意平面图形 $ABCD$ 绕 z 轴旋转扫过的空间成为图 5-1b 的旋转体，称为轴对称图形。如果在 $ABCD$ 区域内取 ijm 三角形，该单元就形成一个空间的轴对称三角形截面环单元。当一个物体的几何形状和荷载及约束都具有轴对称性质时称为轴对称问题。轴对称问题是空间问题，但是由于所有量都是轴对称，所以所有量与旋转角无关。综上，可以只研究图形在 rOz 平面内的性质，这样从形式上看就是平面问题了。

图 5-2 中 ijm 三角形截面环单元中的三个棱的结点位移写成列向量的形式为

$$\boldsymbol{U}_e=[\boldsymbol{U}_i^{\mathrm{T}} \quad \boldsymbol{U}_j^{\mathrm{T}} \quad \boldsymbol{U}_m^{\mathrm{T}}]^{\mathrm{T}},\ \boldsymbol{U}_i=[u_i \quad w_i]^{\mathrm{T}} \tag{5-1}$$

或展开得

$$\boldsymbol{U}_e=[u_i \quad w_i \quad u_j \quad w_j \quad u_m \quad w_m]^{\mathrm{T}} \tag{5-2}$$

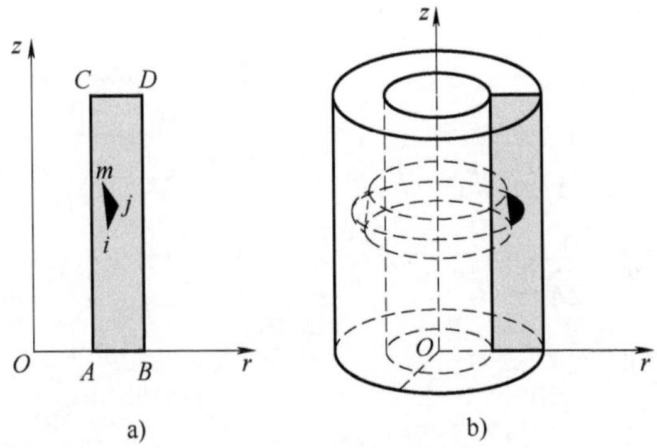

图 5-1 轴对称问题

a）平面封闭曲线 b）旋转体

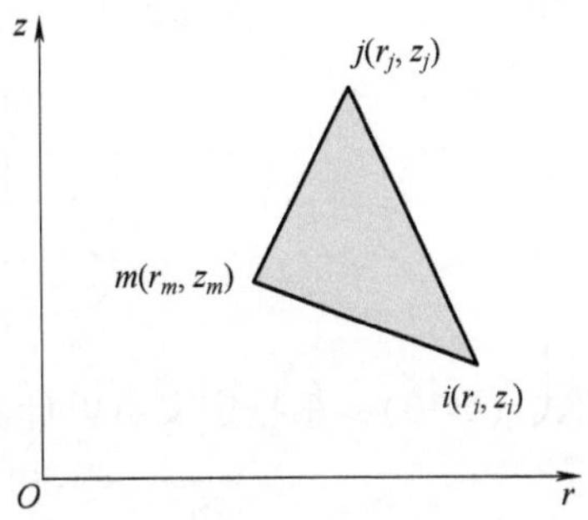

图 5-2 轴对称三角形单元

5.1 位移模式和形函数

与三角形单元类似地定义形函数，即

$$N_i(r,z)=\frac{1}{2A}\begin{vmatrix}1 & r & z\\ 1 & r_j & z_j\\ 1 & r_m & z_m\end{vmatrix} \quad (i,j,m) \tag{5-3}$$

式中，A 是三角形的面积，其表达式为

$$A=\frac{1}{2}\begin{vmatrix}1 & r_i & z_i\\1 & r_j & z_j\\1 & r_m & z_m\end{vmatrix} \tag{5-4}$$

形函数也可以展开写为

$$N_i(r,z)=\frac{1}{2A}(a_i+b_ir+c_iz),\ (i,j,m) \tag{5-5}$$

$$a_i=\begin{vmatrix}r_j & z_j\\r_m & z_m\end{vmatrix}=r_jz_m-r_mz_j,\ b_i=-\begin{vmatrix}1 & z_j\\1 & z_m\end{vmatrix}=z_j-z_m,\ c_i=\begin{vmatrix}1 & r_j\\1 & r_m\end{vmatrix}=r_m-r_j, \tag{5-6}$$

有了形函数就可以写出位移模式，即

$$\begin{cases}u=N_iu_i+N_ju_j+N_mu_m\\w=N_iw_i+N_jw_j+N_mw_m\end{cases} \tag{5-7}$$

定义形函数矩阵为

$$\boldsymbol{N}=\begin{bmatrix}N_i & 0 & N_j & 0 & N_m & 0\\0 & N_i & 0 & N_j & 0 & N_m\end{bmatrix} \tag{5-8}$$

位移向量可以写为

$$\boldsymbol{u}=\boldsymbol{N}\boldsymbol{U}_e \tag{5-9}$$

5.2 几何矩阵

为了计算应变，位移对坐标求导可得

$$\begin{cases}\dfrac{\partial u}{\partial r}=\sum\limits_i\dfrac{\partial N_i}{\partial r}u_i=\dfrac{1}{2A}\sum\limits_i b_iu_i\\[2mm]\dfrac{\partial w}{\partial z}=\sum\limits_i\dfrac{\partial N_i}{\partial z}w_i=\dfrac{1}{2A}\sum\limits_i c_iw_i\end{cases} \tag{5-10}$$

利用式（5-10），根据定义可以计算出应变，即

$$\boldsymbol{\varepsilon}=\begin{bmatrix}\varepsilon_r\\\varepsilon_\theta\\\varepsilon_z\\\gamma_{rz}\end{bmatrix}=\begin{bmatrix}\dfrac{\partial u}{\partial r}\\\dfrac{u}{r}\\\dfrac{\partial w}{\partial z}\\\dfrac{\partial w}{\partial r}+\dfrac{\partial u}{\partial z}\end{bmatrix}=\frac{1}{2A}\sum_i\begin{bmatrix}b_iu_i\\\left(\dfrac{a_i}{r}+b_i+\dfrac{c_iz}{r}\right)u_i\\c_iw_i\\b_iw_i+c_iu_i\end{bmatrix}=\frac{1}{2A}\sum_i\begin{bmatrix}b_i & 0\\f_i & 0\\0 & c_i\\c_i & b_i\end{bmatrix}\begin{bmatrix}u_i\\w_i\end{bmatrix} \tag{5-11}$$

式中，

$$f_i=\frac{a_i}{r}+b_i+\frac{c_iz}{r} \tag{5-12}$$

式（5-12）是位置的函数。定义几何矩阵为

$$\boldsymbol{B}=[\boldsymbol{B}_i \quad \boldsymbol{B}_j \quad \boldsymbol{B}_m],\ \boldsymbol{B}_i=\frac{1}{2A}\begin{bmatrix} b_i & 0 \\ f_i & 0 \\ 0 & c_i \\ c_i & b_i \end{bmatrix} \tag{5-13}$$

应变可以写为

$$\boldsymbol{\varepsilon}=\sum_i \boldsymbol{B}_i\boldsymbol{U}_i=\boldsymbol{B}\boldsymbol{U}_e \tag{5-14}$$

5.3 应力及应力矩阵

应力列向量写为

$$\boldsymbol{\sigma}=[\sigma_r \quad \sigma_\theta \quad \sigma_z \quad \tau_{rz}]^{\mathrm{T}} \tag{5-15}$$

由广义胡克定律得到应力为

$$\begin{bmatrix} \sigma_x \\ \sigma_y \\ \sigma_z \end{bmatrix}=\frac{E(1-\mu)}{(1+\mu)(1-2\mu)}\begin{bmatrix} 1 & \frac{\mu}{1-\mu} & \frac{\mu}{1-\mu} \\ \frac{\mu}{1-\mu} & 1 & \frac{\mu}{1-\mu} \\ \frac{\mu}{1-\mu} & \frac{\mu}{1-\mu} & 1 \end{bmatrix}\begin{bmatrix} \varepsilon_x \\ \varepsilon_y \\ \varepsilon_z \end{bmatrix} \tag{5-16}$$

由剪切胡克定律得到切应力为

$$\tau_{rz}=G\gamma_{rz}=\frac{E}{2(1+\mu)}\gamma_{rz} \tag{5-17}$$

得到轴对称问题的弹性方程为

$$\boldsymbol{\sigma}=\boldsymbol{D}\boldsymbol{\varepsilon} \tag{5-18}$$

弹性矩阵为

$$\boldsymbol{D}=\frac{E(1-\mu)}{(1+\mu)(1-2\mu)}\begin{bmatrix} 1 & \frac{\mu}{1-\mu} & \frac{\mu}{1-\mu} & 0 \\ \frac{\mu}{1-\mu} & 1 & \frac{\mu}{1-\mu} & 0 \\ \frac{\mu}{1-\mu} & \frac{\mu}{1-\mu} & 1 & 0 \\ 0 & 0 & 0 & \frac{1-2\mu}{2(1-\mu)} \end{bmatrix} \tag{5-19}$$

将式（5-14）代入式（5-18）得

$$\boldsymbol{\sigma}=\boldsymbol{D}\boldsymbol{B}\boldsymbol{U}_e \tag{5-20}$$

定义应力矩阵为

$$\boldsymbol{S}=\boldsymbol{D}\boldsymbol{B} \tag{5-21}$$

最后得到应力列阵表达式为

$$\boldsymbol{\sigma}=\boldsymbol{S}\boldsymbol{U}_e \tag{5-22}$$

为简化表达，定义参数，即

$$A_1=\frac{\mu}{1-\mu},\ A_2=\frac{1-2\mu}{2(1-\mu)},\ A_3=\frac{E(1-\mu)}{4(1+\mu)(1-2\mu)} \tag{5-23}$$

从而弹性矩阵式（5-19）可以进一步简化为

$$\boldsymbol{D}=4A_3\begin{bmatrix}1 & A_1 & A_1 & 0\\ A_1 & 1 & A_1 & 0\\ A_1 & A_1 & 1 & 0\\ 0 & 0 & 0 & A_2\end{bmatrix} \tag{5-24}$$

应力子矩阵可以写为

$$\boldsymbol{S}_i=\boldsymbol{D}\boldsymbol{B}_i=\frac{2A_3}{A}\begin{bmatrix}b_i+A_1f_i & A_1c_i\\ A_1b_i+f_i & A_1c_i\\ A_1(b_i+f_i) & c_i\\ A_2c_i & A_2b_i\end{bmatrix} \tag{5-25}$$

式中，f_i 是式（5-12）定义的位置的函数。为了简化计算，也可以避免 r 在轴心取零导致无法计算，将位置坐标 $\bar{r}$ 和 $\bar{z}$ 取作单元形心坐标常数，即

$$\begin{cases}f_i=\bar{f}_i=a_i/\bar{r}+b_i+c_i\bar{z}/\bar{r}\\ \bar{r}=(r_i+r_j+r_m)/3\\ \bar{z}=(z_i+z_j+z_m)/3\end{cases} \tag{5-26}$$

5.4 单元刚度矩阵

按照刚度矩阵的定义（注意积分函数的轴对称性），即

$$\boldsymbol{k}_{ij}=\int_{V_e}\boldsymbol{B}_i^{\mathrm{T}}\boldsymbol{D}\boldsymbol{B}_j\mathrm{d}V=2\pi\iint\boldsymbol{B}_i^{\mathrm{T}}\boldsymbol{D}\boldsymbol{B}_jr\mathrm{d}r\mathrm{d}z \tag{5-27}$$

将圆环的积分变换为三角形的积分。为简化表达，式（5-27）中的变量按照式（5-26）取近似值，式（5-27）中的被积分函数成为常数，不需要积分，可以直接得到

$$\boldsymbol{k}_{ij}=2\pi\boldsymbol{B}_i^{\mathrm{T}}\boldsymbol{D}\boldsymbol{B}_j\bar{r}A \tag{5-28}$$

展开式（5-28）可得

$$\boldsymbol{k}_{ij}=\frac{2\pi\bar{r}A_3}{A}\begin{bmatrix}b_i(b_j+A_1\bar{f}_j)+\bar{f}_i(\bar{f}_j+A_1b_j)+A_2c_ic_j & A_1c_j(b_i+\bar{f}_i)+A_2b_jc_i\\ A_1c_i(b_j+\bar{f}_j)+A_2b_ic_j & c_ic_j+A_2b_ib_j\end{bmatrix} \tag{5-29}$$

5.5 等效结点力

为了计算等效结点力，需要研究几个积分。由于问题的不同，积分域会不同。为了给出一个统一的表达式，将积分域由图 5-3a 所示的一般单元变换到由图 5-3b 所示的面积坐标，则表达式为

$$\int_{V_e}f(r,z)\,\mathrm{d}r\mathrm{d}z=2A\int_0^1\int_0^{1-N_1}f(r,z)\,\mathrm{d}N_2\mathrm{d}N_1 \tag{5-30}$$

注意：r 可以写为

$$r=N_ir_i+N_jr_j+N_mr_m \tag{5-31}$$

从而可以计算积分，即

$$\iint N_i r\mathrm{d}r\mathrm{d}z=\iint N_i\sum_j N_jr_j\mathrm{d}r\mathrm{d}z=\sum_j\iint N_iN_jr_j\mathrm{d}r\mathrm{d}z=2A\sum_j r_j\int_0^1\int_0^{1-N_1}N_iN_j\mathrm{d}N_2\mathrm{d}N_1 \tag{5-32}$$

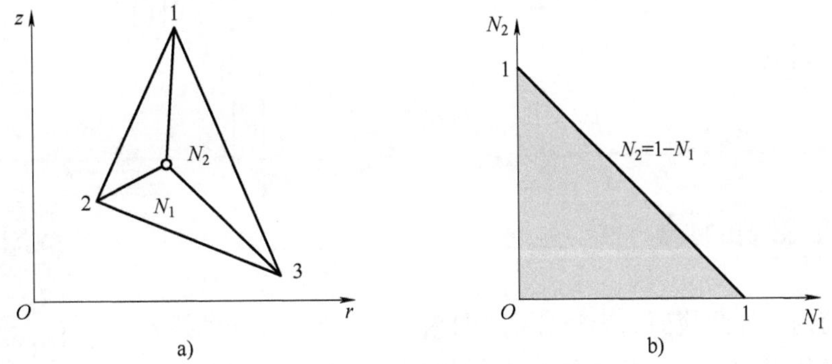

图 5-3 轴对称问题的积分域变换

a）柱坐标 b）面积坐标

计算几个特殊情况如下：

（1）当 $i=j=1$ 时，

$$\int_0^1\int_0^{1-N_1}N_1^2\mathrm{d}N_2\mathrm{d}N_1=\int_0^1 N_1^2N_2\mid_0^{1-N_1}\mathrm{d}N_1=\int_0^1 N_1^2(1-N_1)\mathrm{d}N_1=\frac{1}{12} \tag{5-33}$$

（2）当 $i=1,j=2$ 时，

$$\int_0^1\int_0^{1-N_1}N_1N_2\mathrm{d}N_2\mathrm{d}N_1=\frac{1}{2}\int_0^1 N_1N_2^2\mid_0^{1-N_1}\mathrm{d}N_1=\frac{1}{2}\int_0^1 N_1(1-N_1)^2\mathrm{d}N_1=\frac{1}{24} \tag{5-34}$$

可以验证

$$\int_0^1\int_0^{1-N_1}N_iN_j\mathrm{d}N_2\mathrm{d}N_1=\begin{cases}\dfrac{1}{24}, & i\neq j\\[2mm] \dfrac{1}{12}, & i=j\end{cases} \tag{5-35}$$

所以，

$$\iint N_i r\mathrm{d}r\mathrm{d}z=2A\sum_j r_j\int_0^1\int_0^{1-N_1}N_iN_j\mathrm{d}N_2\mathrm{d}N_1=\frac{A}{12}(3\bar{r}+r_i) \tag{5-36}$$

体积力：

（1）自重为

$$\boldsymbol{F}_i^E=\begin{bmatrix}F_{ir}\\F_{iz}\end{bmatrix}=2\pi\iint N_i\begin{bmatrix}0\\-\rho\end{bmatrix}r\mathrm{d}r\mathrm{d}z=2\pi\iint N_i r\mathrm{d}r\mathrm{d}z\begin{bmatrix}0\\-\rho\end{bmatrix}=\begin{bmatrix}0\\-\dfrac{\pi\rho A}{6}(3\bar{r}+r_i)\end{bmatrix} \tag{5-37}$$

（2）离心力

离心力列向量可以写为

$$\boldsymbol{F}_i^E=\begin{bmatrix}F_{ir}\\F_{iz}\end{bmatrix}=2\pi\iint N_i\begin{bmatrix}\rho\omega^2 r\\0\end{bmatrix}r\mathrm{d}r\mathrm{d}z \tag{5-38}$$

有限元方法与MATLAB程序设计

将式（5-31）代入式（5-38）可得

$$F_i^E = 2\pi\rho\omega^2 \iint N_i\Big(\sum_j N_j r_j\Big)^2 \mathrm{d}r\mathrm{d}z \begin{bmatrix}1\\0\end{bmatrix} = 2\pi\rho\omega^2 \sum_j\sum_m r_j r_m \iint N_i N_j N_m \mathrm{d}r\mathrm{d}z \begin{bmatrix}1\\0\end{bmatrix} \tag{5-39}$$

改用面积坐标积分为

$$F_i^E = 4\pi\rho\omega^2 A \sum_j\sum_m r_j r_m \int_0^1\int_0^{1-N_1} N_i N_j N_m \mathrm{d}N_2\mathrm{d}N_1 \begin{bmatrix}1\\0\end{bmatrix} \tag{5-40}$$

最后可以积分得到

$$F_i^E = \frac{\pi}{15}\rho\omega^2 A(9\bar{r}^2 + 2r_i^2 - r_j r_m)\begin{bmatrix}1\\0\end{bmatrix} \tag{5-41}$$

5.6 程序设计

轴对称问题程序讲解

厚壁圆筒内、外圆筒面的半径分别为 2 和 4，高为 4，绕轴线匀速旋转。为简化表达，密度和转速都取做单位 1。由于对称性，高度取一半。变量含义在程序内说明，与前面的一致。三角形单元自动均匀划分，在两个方向的划分数量可以设置。

源程序（AxiaSymm. m，AxiaSymmStrain. m）

```
%——————————————定义结构和约束及外力————————————%
function AxiaSymm
Em=1;mu=0.3;                                          % 弹性模量，泊松比*
ro=1;w=1;                                             % 密度，转速
R1=2;R2=4;H=4;
nx=4;ny=4;
nd=(nx+1)*(ny+1);                                     % 结点数
ne=2*nx*ny;                                           % 单元数
gxy=zeros(nd,2);ndel=zeros(ne,3);n=0;
for y=linspace(0,H/2,ny+1)
 for x=linspace(R1,R2,nx+1)
  n=n+1;gxy(n,:)=[x,y];
 end
end
for i=0:nx-1
 for j=0:ny-1
  ndel(2*nx*j+2*i+(1:2),:)=(nx+1)*j+i+[1,2,nx+2;nx+3,nx+2,2];
                                                      % 单元信息*
 end
end
dofix=2*(1:nx+1);                                     % 位移约束自由度
```

```
dofree=setdiff(1:2*nd,dofix);                              % 非位移约束自由度
n=[1,2,3,1,2];
F=zeros(2*nd,1);
for el=1:ne
 N=ndel(el,:);r=gxy(N,1);rc=sum(r)/3;
 A=abs(0.5*det([gxy(N,:),ones(3,1)]));                     % 单元面积
 for i=1:3
  F(2*N-1)=F(2*N-1)+A*(9*rc^2+2*r(1)^2-r(n(i+1))*r(n(i+2)));
                                                            % 结点力*
 end
end
F=pi*ro*w^2*F/15;
 %———————————————形成刚度矩阵———————————————%
a1=mu/(1-mu);a2=(1-2*mu)/(1-mu)/2;
D=Em/a2/2*[1,a1,a1,0;a1,1,a1,0;a1,a1,1,0;0,0,0,a2];        % 弹性矩阵
K=zeros(2*nd,2*nd);
for el=1:ne
 N(2:2:6)=2*ndel(el,:);N(1:2:5)=N(2:2:6)-1;                % 单元自由度
 xy=gxy(ndel(el,:),:);
 [B,A]=AxiaSymmStrain(xy);                                 % 几何矩阵和单元面积
K(N,N)=K(N,N)+2*pi*B'*D*B*sum(xy(:,1))*A;                  % 刚度矩阵
end
 %—————————————————求解位移—————————————————%
U=zeros(2*nd,1);                                           % 结点位移列向量
U(dofree)=K(dofree,dofree)\(F(dofree)-K(dofree,dofix)*U(dofix));
  %———————————————输出位移和应力———————————————%
fprintf('%4s%6s%8s%10s%12s\n','Node','r','z','ur','w')     % 标题
for j=1:nd                                  % 输出结点号,结点坐标,结点位移
 fprintf('%4i%8.2f%8.2f%12.3e%12.3e\n',j,gxy(j,:),U(2*j+(-1:0)))
end
fprintf('%4s%4s%4s%4s%8s%12s%12s%12s\n','Elem','i','j','k','Sr','Sc',
'Sz','Srz')                                                % 标题
for el=1:ne
 N(2:2:6)=2*ndel(el,:);N(1:2:5)=N(2:2:6)-1;                % 单元自由度
 B=AxiaSymmStrain(gxy(ndel(el,:),:));                      % 几何矩阵和单元面积
 S=D*B*U(N);                                               % 单元应力列向量
```

```
fprintf('%4i%4i%4i%4i%12.3e%12.3e%12.3e%12.3e\n',el,ndel(el,:),S);
                                                              % 输出结果
end
DrawPlanElem(gxy,ndel,dofix,U);                           % 结构和变形图形输出
  %——————————————几何矩阵子程序——————————————%
function [StrainM,A]=AxiaSymmStrain(xy)                 % 平面三角形单元应变矩阵
A=abs(0.5*det([xy,ones(3,1)]));                                % 单元面积
rz=sum(xy)/3;
n=[1,2,3,1,2];
for i=1:3
 a=xy(n(i+1),1)*xy(n(i+2),2)-xy(n(i+2),1)*xy(n(i+1),2);
 b=xy(n(i+1),2)-xy(n(i+2),2);
 c=xy(n(i+2),1)-xy(n(i+1),1);
 f=a/rz(1)+b+c*rz(2)/rz(1);
 StrainM(:,2*i-1:2*i)=[b,0;f,0;0,c;c,b]/A/2;                  % 几何矩阵
end
```

习题

如图 5-4a 所示，空心圆柱密度为ρ，高 $H=4$m，高内外半径分别为 $R_1=2$m，$R_2=4$m，弹性模量 E，$\mu=0$，绕轴线匀速转动的角速度为 ω。利用对称性取上部半个结构，采用图 5-4b 所示的两个三角形单元，求解位移和应力。

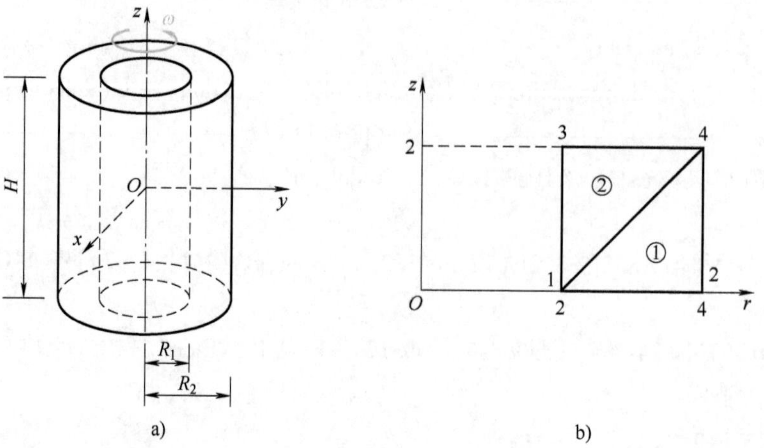

图 5-4　轴对称问题

a）结构尺寸　b）单元划分

第 6 章 空间问题

自然界的物体都是三维空间物体。平面问题只是在一定条件下为了处理问题方便起见而进行的一种近似简化。这种简化在一定条件下十分有效，但对于更多的问题则无法给出满意的简化模型，因此研究三维空间问题十分必要。其实，三维空间问题就是二维平面问题的推广，思路完全一样，并无太多实质性问题。

与平面问题相似，首先将计算域划分成单元网格。因为最简单的空间几何体是空间四面体，所以本章就从最简单的空间四面体单元开始。

6.1 空间四面体常应变单元

空间四结点四面体常应变单元是最简单的空间单元，如图 6-1 所示。它适用于各种几何边界形状的物体，每个单元有四个结点。作为空间问题，每个结点有三个位移分量，记作列向量，即

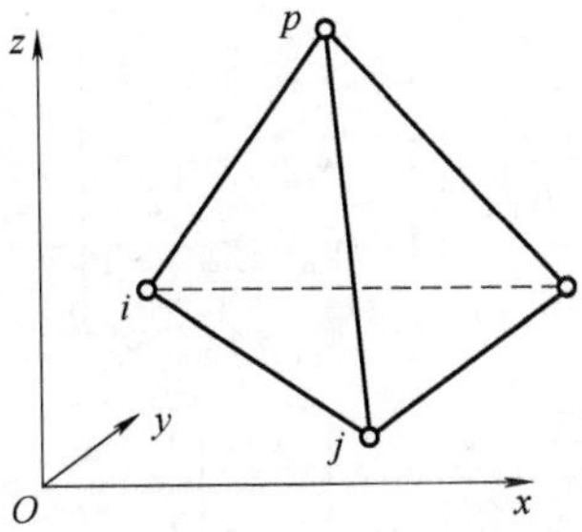

图 6-1　空间四面体单元

$$\boldsymbol{U}_e=[\boldsymbol{U}_i^{\mathrm{T}}\quad \boldsymbol{U}_j^{\mathrm{T}}\quad \boldsymbol{U}_m^{\mathrm{T}}\quad \boldsymbol{U}_p^{\mathrm{T}}]^{\mathrm{T}},\ \boldsymbol{U}_i=[u_i\quad v_i\quad w_i]^{\mathrm{T}} \tag{6-1}$$

结构中的所有结点位移就是待求的基本未知量。

以下首先建立结点位移与应变、应力等的关系，建立平衡方程，最后求解出结点位移。

6.1.1 位移模式和形函数

由于每个单元共有 12 个结点位移基本变量，则单元内的位移模式可以使用 12 个待定常数，假设

$$\begin{cases}u(x,y,z)=\alpha_1+\alpha_2x+\alpha_3y+\alpha_4z\\v(x,y,z)=\alpha_5+\alpha_6x+\alpha_7y+\alpha_8z\\w(x,y,z)=\alpha_9+\alpha_{10}x+\alpha_{11}y+\alpha_{12}z\end{cases}\tag{6-2}$$

将每个结点的坐标及位移分量代入式（6-2）可得

$$\begin{cases}u_i=u(x_i,y_i,z_i)=\alpha_1+\alpha_2x_i+\alpha_3y_i+\alpha_4z_i\\v_i=v(x_i,y_i,z_i)=\alpha_5+\alpha_6x_i+\alpha_7y_i+\alpha_8z_i\\w_i=w(x_i,y_i,z_i)=\alpha_9+\alpha_{10}x_i+\alpha_{11}y_i+\alpha_{12}z_i\end{cases},\quad(i,j,m,p)\tag{6-3}$$

共 12 个方程，可以解出 $\alpha_1\sim\alpha_{12}$ 共 12 个系数。将这些系数代入到式（6-2）就可以得到位移模式。位移模式是结点位移关于坐标的插值函数，一般可以写为

$$\begin{cases}u(x,y,z)=\sum\limits_i N_i(x,y,z)u_i\\v(x,y,z)=\sum\limits_i N_i(x,y,z)v_i\\w(x,y,z)=\sum\limits_i N_i(x,y,z)w_i\end{cases}\tag{6-4}$$

式中，N_i 是形函数，其表达式为

$$N_i(x,y,z)=\frac{1}{6V}\begin{vmatrix}1&x&y&z\\1&x_j&y_j&z_j\\1&x_m&y_m&z_m\\1&x_p&y_p&z_p\end{vmatrix}=\frac{1}{6V}(a_i+b_ix+c_iy+d_iz)\tag{6-5}$$

式中，V 是四面体的体积。其中，

$$6V=\begin{vmatrix}1&x_i&y_i&z_i\\1&x_j&y_j&z_j\\1&x_m&y_m&z_m\\1&x_p&y_p&z_p\end{vmatrix}\tag{6-6}$$

$$a_i=\begin{vmatrix}x_j&y_j&z_j\\x_m&y_m&z_m\\x_p&y_p&z_p\end{vmatrix},b_i=-\begin{vmatrix}1&y_j&z_j\\1&y_m&z_m\\1&y_p&z_p\end{vmatrix},c_i=\begin{vmatrix}1&x_j&z_j\\1&x_m&z_m\\1&x_p&z_p\end{vmatrix},d_i=-\begin{vmatrix}1&x_j&y_j\\1&x_m&y_m\\1&x_p&y_p\end{vmatrix}\tag{6-7}$$

与常应变三角形单元一样，这四个结点也要有顺序。在右手坐标系中，四指指向 $i\to j\to m$ 方向，大拇指指向 p 点，或者直接对体积取绝对值。

形函数 N_j 可以写为

$$N_j(x,y,z)=\frac{1}{6V}\begin{vmatrix}1&x_i&y_i&z_i\\1&x&y&z\\1&x_m&y_m&z_m\\1&x_p&y_p&z_p\end{vmatrix}=-\frac{1}{6V}(a_j+b_jx+c_jy+d_jz)\tag{6-8}$$

$$a_j=\begin{vmatrix}x_m & y_m & z_m\\ x_p & y_p & z_p\\ x_i & y_i & z_i\end{vmatrix},\ b_j=-\begin{vmatrix}1 & y_m & z_m\\ 1 & y_p & z_p\\ 1 & y_i & z_i\end{vmatrix},\ c_j=\begin{vmatrix}1 & x_m & z_m\\ 1 & x_p & z_p\\ 1 & x_i & z_i\end{vmatrix},\ d_j=-\begin{vmatrix}1 & x_m & y_m\\ 1 & x_p & y_p\\ 1 & x_i & y_i\end{vmatrix} \tag{6-9}$$

类似地，可以求得其他形函数，即

$$\begin{cases}N_m(x,y,z)=\dfrac{1}{6V}(a_m+b_mx+c_my+d_mz)\\ N_p(x,y,z)=-\dfrac{1}{6V}(a_p+b_px+c_py+d_pz)\end{cases} \tag{6-10}$$

位移可以写为列阵形式，即

$$\boldsymbol{u}=\begin{bmatrix}u\\ v\\ w\end{bmatrix}=\sum_i\begin{bmatrix}N_iu_i\\ N_iv_i\\ N_iw_i\end{bmatrix}=\sum_i\begin{bmatrix}N_i & 0 & 0\\ 0 & N_i & 0\\ 0 & 0 & N_i\end{bmatrix}\begin{bmatrix}u_i\\ v_i\\ w_i\end{bmatrix}=\sum_i[N_i\boldsymbol{I}]\boldsymbol{U}_i \tag{6-11}$$

式中，$\boldsymbol{I}$ 是单位矩阵。定义形函数矩阵为

$$\boldsymbol{N}=[N_i\boldsymbol{I}\quad N_j\boldsymbol{I}\quad N_m\boldsymbol{I}\quad N_p\boldsymbol{I}] \tag{6-12}$$

位移也可以写为标准形式，即

$$\boldsymbol{u}=\boldsymbol{N}\boldsymbol{U}_e \tag{6-13}$$

6.1.2 应变和几何矩阵

为了求应变，先计算形函数的导数，即

$$\frac{\partial}{\partial x}N_i(x,y,z)=\frac{b_i}{6V},\ \frac{\partial}{\partial y}N_i(x,y,z)=\frac{c_i}{6V},\ \frac{\partial}{\partial z}N_i(x,y,z)=\frac{d_i}{6V} \tag{6-14}$$

并定义几个符号常数为

$$s_i=s_m=1,\ s_j=s_p=-1 \tag{6-15}$$

应变可以由位移的导数计算，即

$$\boldsymbol{\varepsilon}=\begin{bmatrix}\varepsilon_x\\ \varepsilon_y\\ \varepsilon_z\\ \gamma_{yz}\\ \gamma_{xz}\\ \gamma_{xy}\end{bmatrix}=\begin{bmatrix}\dfrac{\partial u}{\partial x}\\ \dfrac{\partial v}{\partial y}\\ \dfrac{\partial w}{\partial z}\\ \dfrac{\partial v}{\partial z}+\dfrac{\partial w}{\partial y}\\ \dfrac{\partial w}{\partial x}+\dfrac{\partial u}{\partial z}\\ \dfrac{\partial u}{\partial y}+\dfrac{\partial v}{\partial x}\end{bmatrix}=\sum_{(i,j,m,p)}\begin{bmatrix}\dfrac{\partial N_i}{\partial x}u_i\\ \dfrac{\partial N_i}{\partial y}v_i\\ \dfrac{\partial N_i}{\partial z}w_i\\ \dfrac{\partial N_i}{\partial z}v_i+\dfrac{\partial N_i}{\partial y}w_i\\ \dfrac{\partial N_i}{\partial x}w_i+\dfrac{\partial N_i}{\partial z}u_i\\ \dfrac{\partial N_i}{\partial y}u_i+\dfrac{\partial N_i}{\partial x}v_i\end{bmatrix}=\frac{1}{6V}\sum_{(i,j,m,p)}s_i\begin{bmatrix}b_iu_i\\ c_iv_i\\ d_iw_i\\ d_iv_i+c_iw_i\\ b_iw_i+d_iu_i\\ c_iu_i+b_iv_i\end{bmatrix} \tag{6-16}$$

定义几何矩阵为

$$\boldsymbol{B}=[\boldsymbol{B}_i \quad -\boldsymbol{B}_j \quad \boldsymbol{B}_m \quad -\boldsymbol{B}_p],\ \boldsymbol{B}_i=\frac{1}{6V}\begin{bmatrix} b_i & 0 & 0 \\ 0 & c_i & 0 \\ 0 & 0 & d_i \\ 0 & d_i & c_i \\ d_i & 0 & b_i \\ c_i & b_i & 0 \end{bmatrix} \tag{6-17}$$

应变也可以写成标准形式，即

$$\boldsymbol{\varepsilon}=\sum_{(i,j,m,p)} s_i\boldsymbol{B}_i\boldsymbol{U}_i=\boldsymbol{B}\boldsymbol{U}_e \tag{6-18}$$

6.1.3 应力和应力矩阵

根据胡克定律，由应变计算应力为

$$\boldsymbol{\sigma}=\boldsymbol{D}\boldsymbol{\varepsilon}=\boldsymbol{D}\boldsymbol{B}\boldsymbol{U}_e=\boldsymbol{S}\boldsymbol{U}_e \tag{6-19}$$

式中，

$$\boldsymbol{S}=\boldsymbol{D}\boldsymbol{B} \tag{6-20}$$

式（6-20）为应力矩阵。

6.1.4 刚度矩阵

由刚度矩阵定义，注意由于应变在单元内是常数，不需要积分，刚度子矩阵为

$$\boldsymbol{k}_{ij}=\int_{V_e}\boldsymbol{B}_i^{\mathrm{T}}\boldsymbol{D}\boldsymbol{B}_j\mathrm{d}V=\boldsymbol{B}_i^{\mathrm{T}}\boldsymbol{D}\boldsymbol{B}_jV \tag{6-21}$$

四面体单元划分并不直观。为方便起见，一般先将计算域按六面体划分。然后再将六面体划分为四面体。六面体划分为四面体有两种方法，以下介绍其中一种。

如图 6-2a 所示，六面体先沿平面 $a_4a_2b_2b_4$ 将六面体一分为二得两个三棱柱，其中之一如图 6-2b 所示。再沿平面 $a_2b_3b_4$ 切下一个四面体 $a_2b_2b_3b_4$ 和图 6-2c 所示的四棱锥。沿图 6-2c 所示的四棱锥平面 $a_2b_3a_4$ 切割为两个四面体，如图 6-2（d）所示。

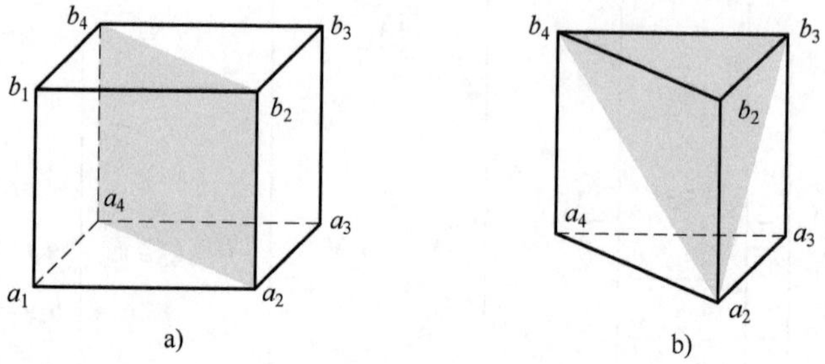

图 6-2 四面体单元的划分方法

a）对分 b）第二次剖分

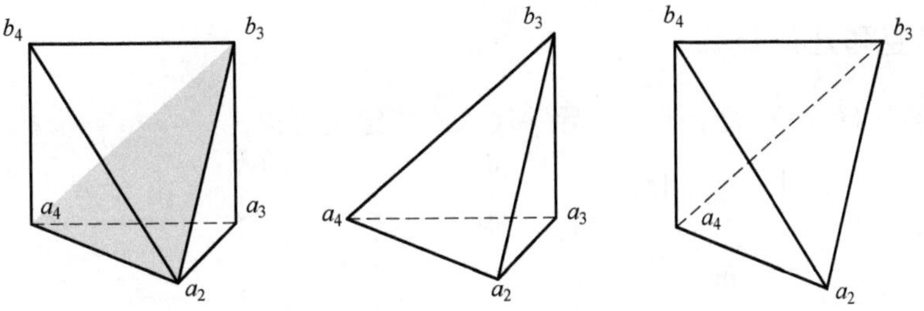

c)　　　　d)

图 6-2　四面体单元的划分方法（续）

c）第三次剖分　d）第三次剖分后的两部分

6.2　空间立方体单元

图 6-3 所示为八结点立方体单元。建立结点位移列向量，即

$$\boldsymbol{U}_e=[\boldsymbol{U}_1^{\mathrm{T}}\quad \boldsymbol{U}_2^{\mathrm{T}}\quad \cdots\quad \boldsymbol{U}_8^{\mathrm{T}}]^{\mathrm{T}},\ \boldsymbol{U}_i=[u_i\quad v_i\quad w_i]^{\mathrm{T}} \tag{6-22}$$

6.2.1　形函数和位移模式

如图 6-3 所示的八结点立方体单元形函数与矩形单元建立的方法相似。建立如图 6-4 所示的边长为 2 的正方体母单元，并建立局部坐标系

$$\xi=x/a,\ \eta=y/b,\ \zeta=z/c \tag{6-23}$$

形函数可以用局部坐标系建立，即

$$N_i(\xi,\eta,\zeta)=\frac{1}{8}(1+\xi_0)(1+\eta_0)(1+\zeta_0),\ i=1,2,\cdots,8 \tag{6-24}$$

$$\xi_0=\xi_i\xi,\ \eta_0=\eta_i\eta,\ \zeta_0=\zeta_i\zeta \tag{6-25}$$

式中，ξ_i,η_i,ζ_i 是结点 i 的坐标。

有了形函数就可以假设位移模式为

$$\begin{cases} u(x,y,z)=\sum\limits_{i=1}^{8}N_i(x,y,z)u_i \\ v(x,y,z)=\sum\limits_{i=1}^{8}N_i(x,y,z)v_i \\ w(x,y,z)=\sum\limits_{i=1}^{8}N_i(x,y,z)w_i \end{cases} \tag{6-26}$$

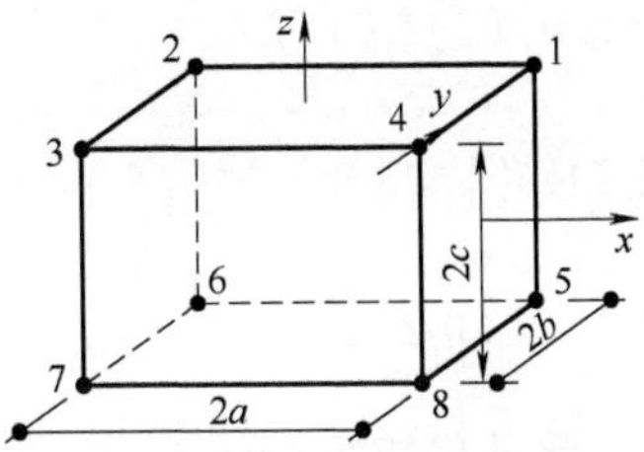

图 6-3　立方体单元

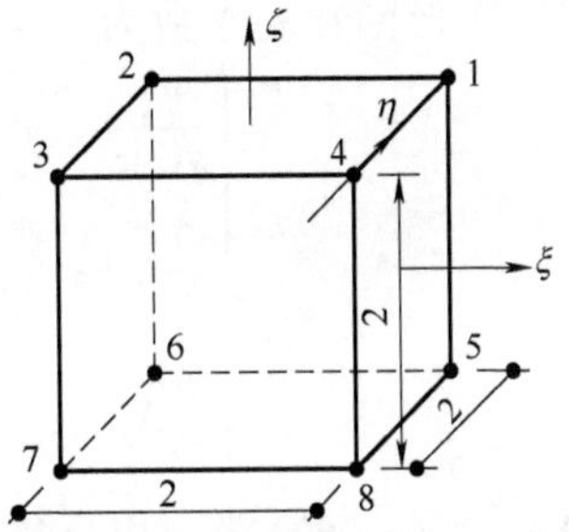

图 6-4　正方体母单元

6.2.2 应变和几何矩阵

将位移模式（6-26）关于坐标求导并代入应变定义可得

$$\boldsymbol{\varepsilon}=\begin{bmatrix}\varepsilon_x\\ \varepsilon_y\\ \varepsilon_z\\ \gamma_{yz}\\ \gamma_{xz}\\ \gamma_{xy}\end{bmatrix}=\begin{bmatrix}\dfrac{\partial u}{\partial x}\\ \dfrac{\partial v}{\partial y}\\ \dfrac{\partial w}{\partial z}\\ \dfrac{\partial v}{\partial z}+\dfrac{\partial w}{\partial y}\\ \dfrac{\partial w}{\partial x}+\dfrac{\partial u}{\partial z}\\ \dfrac{\partial u}{\partial y}+\dfrac{\partial v}{\partial x}\end{bmatrix}=\sum_{i=1}^{8}\begin{bmatrix}\dfrac{\partial N_i}{\partial x}u_i\\ \dfrac{\partial N_i}{\partial y}v_i\\ \dfrac{\partial N_i}{\partial z}w_i\\ \dfrac{\partial N_i}{\partial z}v_i+\dfrac{\partial N_i}{\partial y}w_i\\ \dfrac{\partial N_i}{\partial x}w_i+\dfrac{\partial N_i}{\partial z}u_i\\ \dfrac{\partial N_i}{\partial y}u_i+\dfrac{\partial N_i}{\partial x}v_i\end{bmatrix}=\sum_{i=1}^{8}\begin{bmatrix}\dfrac{\partial N_i}{\partial x} & 0 & 0\\ 0 & \dfrac{\partial N_i}{\partial y} & 0\\ 0 & 0 & \dfrac{\partial N_i}{\partial z}\\ 0 & \dfrac{\partial N_i}{\partial z} & \dfrac{\partial N_i}{\partial y}\\ \dfrac{\partial N_i}{\partial z} & 0 & \dfrac{\partial N_i}{\partial x}\\ \dfrac{\partial N_i}{\partial y} & \dfrac{\partial N_i}{\partial x} & 0\end{bmatrix}\begin{bmatrix}u_i\\ v_i\\ w_i\end{bmatrix} \tag{6-27}$$

定义几何矩阵为

$$\boldsymbol{B}=[\boldsymbol{B}_1\quad \boldsymbol{B}_2\quad \cdots\quad \boldsymbol{B}_8],\boldsymbol{B}_i=\begin{bmatrix}\dfrac{\partial N_i}{\partial x} & 0 & 0\\ 0 & \dfrac{\partial N_i}{\partial y} & 0\\ 0 & 0 & \dfrac{\partial N_i}{\partial z}\\ 0 & \dfrac{\partial N_i}{\partial z} & \dfrac{\partial N_i}{\partial y}\\ \dfrac{\partial N_i}{\partial z} & 0 & \dfrac{\partial N_i}{\partial x}\\ \dfrac{\partial N_i}{\partial y} & \dfrac{\partial N_i}{\partial x} & 0\end{bmatrix} \tag{6-28}$$

应变可以写为

$$\boldsymbol{\varepsilon}=\sum_{i=1}^{8}\boldsymbol{B}_i\boldsymbol{U}_i=\boldsymbol{B}\boldsymbol{U}_e \tag{6-29}$$

式（6-28）中形函数的导数为

$$\begin{cases}\dfrac{\partial}{\partial x}N_i(x,y,z)=\dfrac{1}{8a}\xi_i(1+\eta_i\eta)(1+\zeta_i\zeta)\\ \dfrac{\partial}{\partial y}N_i(x,y,z)=\dfrac{1}{8b}(1+\xi_i\xi)\eta_i(1+\zeta_i\zeta)\\ \dfrac{\partial}{\partial z}N_i(x,y,z)=\dfrac{1}{8c}(1+\xi_i\xi)(1+\eta_i\eta)\zeta_i\end{cases} \tag{6-30}$$

式（6-30）代入式（6-28）就可以计算出几何矩阵，将几何矩阵再代入式（6-29）就可以计算出应变。

6.2.3 单元刚度矩阵

可以根据胡克定律得到应力为

$$\boldsymbol{\sigma}=[\sigma_x \quad \sigma_y \quad \sigma_z \quad \tau_{yz} \quad \tau_{zx} \quad \tau_{xy}]^{\mathrm{T}}=\boldsymbol{D\varepsilon}=\boldsymbol{DBU}_e=\boldsymbol{SU}_e \tag{6-31}$$

式中，$\boldsymbol{S}$ 是应力矩阵，其表达式为

$$\boldsymbol{S}=\boldsymbol{DB}$$

将几何矩阵式（6-28）代入单元刚度定义，并积分得单元刚度矩阵为

$$\boldsymbol{k}_{ij}=\int_{V_e}\boldsymbol{B}_i^{\mathrm{T}}\boldsymbol{DB}_j\mathrm{d}V=abc\int_{-1}^{1}\int_{-1}^{1}\int_{-1}^{1}\boldsymbol{B}_i^{\mathrm{T}}\boldsymbol{DB}_j\mathrm{d}\xi\mathrm{d}\eta\mathrm{d}\zeta \tag{6-32}$$

一般采用数值积分计算，也可以采用 MATLAB 的符号积分直接得到解析结果。形函数矩阵、几何矩阵和刚度矩阵都可以用如下 MATLAB（Eq6_33. m）推导：

```
syms x y z a b c E mu real
syms D [6,6]
xn=[1,-1,-1,1,1,-1,-1,1];
yn=[1,1,-1,-1,1,1,-1,-1];
zn=[1,1,1,1,-1,-1,-1,-1];
H1=[1,x,y,z,x*y,y*z,z*x,x*y*z];Z=zeros(1,8);
H=[H1,Z,Z;Z,H1,Z;Z,Z,H1];
A=zeros(24);
for i=1:8
A(3*i-2:3*i,:)=kron(eye(3),[1,xn(i),yn(i),zn(i),xn(i)*yn(i),yn(i)*zn(i),zn(i)*xn(i),xn(i)*yn(i)*zn(i)]);
end
N=simplify(A'\H')';
disp(N)                                                    % 形函数矩阵
Nx=diff(N,x)/a;
Ny=diff(N,y)/b;
Nz=diff(N,z)/c;
B=simplify([Nx(1,:);Ny(2,:);Nz(3,:);Nz(2,:)+Ny(3,:);Nx(3,:)+Nz(1,:);Ny(1,:)+Nx(2,:)]);
disp(B)                                                    % 几何矩阵
D(:,:)=0;
c=mu/(1-mu);
D(1:3,1:3)=[1,c,c;c,1,c;c,c,1];
D(4:6,4:6)=(1-2*mu)/2/(1-mu)*eye(3);
D=E/(1+mu)/(1-2*mu)*D;
ke=simplify(int(int(int(a*b*B'*D*B,x,-1,1),y,-1,1),z,-1,1));
disp(ke)                                                   % 单元刚度矩阵
```

但是，推导过程过于复杂并不实用。如果确实需要这样推导，建议把一些系数提取出来，使显示的结果更容易解读，推导完成后再手工加上这些系数。

6.2.4 程序设计

例 6.1 以图 6-5 所示的立方体为例，上表面中心受集中力，下面四角受固定铰支座支撑。结点编号和单元划分，如图 6-6 所示。

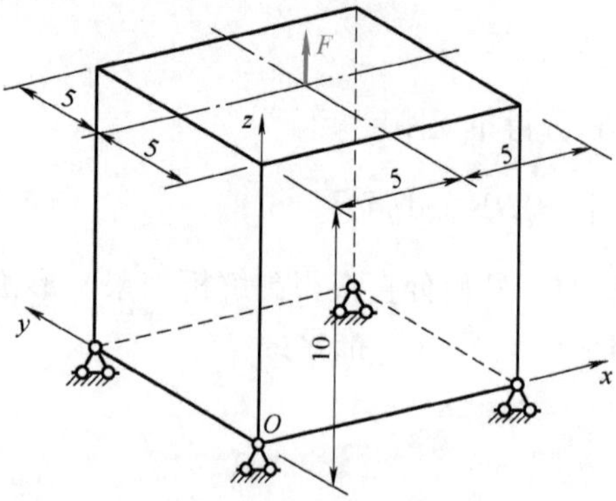

图 6-5 上表面中心受集中力

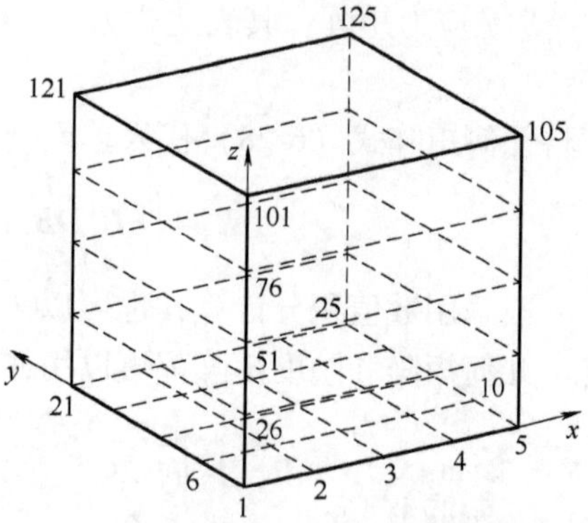

图 6-6 单元划分和结点编号

（1）源程序（SpacCube. m）

空间立方体单元程序讲解

```
%——————————————定义结构——————————————%
function SpacCube                                        % 空间立方体单元
nx=4;Lx=10;ex=Lx/nx/2;                                   % x 轴方向单元数，长度和单元半长
ny=4;Ly=10;ey=Ly/ny/2;                                   % y 轴方向单元数，长度和单元半长
nz=4;Lz=10;ez=Lz/nz/2;                                   % z 轴方向单元数，长度和单元半长
Em=210e9;mu=0.3;                                         % 弹性模量和泊松比
nd0=(nx+1)*(ny+1);
nd=nd0*(nz+1);                                           % 结点总数
ne=nx*ny*nz;                                             % 单元总数
ndel=zeros(ne,8);
for n=1:nz
 for j=1:ny
  for i=1:nx
   el=nx*ny*(n-1)+nx*(j-1)+i;                            % 单元号
   i0=nd0*(n-1)+(nx+1)*(j-1)+i+[nx+2,nx+1,0,1];          % 图 6-6 下层结点号
   ndel(el,:)=[nd0+i0,i0];                               % 单元信息
  end
 end
end
```

```
n0=3*[1,nx+1,(nx+1)*ny+1,nd0];dofix=[n0-2,n0-1,n0];  % 位移约束自由度
dofree=setdiff(1:3*nd,dofix);                         % 无约束自由度
F=zeros(3*nd,1);
F(3*(nd0*nz+(nx+1)*ny/2+ny/2+1))=4e6;                 % 结点力向量
  %——————————————计算单元刚度矩阵——————————————%
r1=mu/(1-mu);r2=(1-2*mu)/2/(1-mu);Z0=zeros(3,3);
D=Em/2/(1+mu)/r2*[[1,r1,r1;r1,1,r1;r1,r1,1],Z0;Z0,r2*eye(3,3)];  % 弹性矩阵
xn=[1,-1,-1,1,1,-1,-1,1];                             % 结点局部坐标值
yn=[1,1,-1,-1,1,1,-1,-1];                             % 结点局部坐标值
zn=[1,1,1,1,-1,-1,-1,-1];                             % 结点局部坐标值
K=sparse(3*nd,3*nd);ke=zeros(24,24);
syms x y z real                                       % 定义符号变量
for i=1:8                                             % 单元刚度矩阵
 xi=xn(i);yi=yn(i);zi=zn(i);
 Nx=xi*(1+yi*y)*(1+zi*z)/ex;                          % 形函数导数 dN/dxi
 Ny=(1+xi*x)*yi*(1+zi*z)/ey;
 Nz=(1+xi*x)*(1+yi*y)*zi/ez;
 Bi=[Nx,0,0;0,Ny,0;0,0,Nz;0,Nz,Ny;Nz,0,Nx;Ny,Nx,0]/8;  % 几何矩阵
 for j=1:8
  xj=xn(j);yj=yn(j);zj=zn(j);
  Nx=xj*(1+yj*y)*(1+zj*z)/ex;                         % 形函数导数 dN/dxj
  Ny=(1+xj*x)*yj*(1+zj*z)/ey;
  Nz=(1+xj*x)*(1+yj*y)*zj/ez;
  Bj=[Nx,0,0;0,Ny,0;0,0,Nz;0,Nz,Ny;Nz,0,Nx;Ny,Nx,0]/8;  % 几何矩阵
  ke(3*i+(-2:0),3*j+(-2:0))=ex*ey*ez*double(int(int(int(Bi'*D*Bj,x,-1,1),
y,-1,1),z,-1,1));
 end
end
  %——————————————组装结构刚度矩阵——————————————%
for el=1:ne
 N=kron(3*ndel(el,:),[1,1,1])+repmat(-2:0,1,8);       % 单元自由度
 K(N,N)=K(N,N)+ke;                                    % 组装结构总刚度矩阵
end
  %——————————————求解结点位移向量——————————————%
U=zeros(3*nd,1);                                      % 结点位移列向量
U(dofree)=K(dofree,dofree)\F(dofree);
```

```
%————————输出结点位移,单元应力及结构变形————————%
disp('Node      u      v   w')                                    % 标题
for i=1:nd                                         % 输出结点号，结点位移
 fprintf('%4i%12.4g%12.4g%12.4g\n',i,U(3*i+(-2:0)))
end
disp('Elem  1  2  3  4  5  6  7  8  Sx  Sy  Sz  Syz  Szx  Sxy  S1  S2  S3')
                                                                   % 标题
for el=1:ne                                % 输出单元号，应力分量和主应力大小
 for i=1:8
  N(3*i-2:3*i)=3*ndel(el,i)+(-2:0);                           % 结点自由度
  Nx=xn(i)/ex;Ny=yn(i)/ey;Nz=zn(i)/ez;
  B(:,3*i-2:3*i)=[Nx,0,0;0,Ny,0;0,0,Nz;0,Nz,Ny;Nz,0,Nx;Ny,Nx,0]/8;
                                                                % 几何矩阵
 end
 St=D*B*U(N);                                                 % 应力列向量
 [Dir,D0]=eig(St([1,6,5;6,2,4;5,4,3]));
                                          % 求特征值，计算主应力方向及大小
 fprintf('%3d%4d%4d%4d%4d%4d%4d%4d%4d%12.3g%12.3g%12.3g%12.3g%
12.3g%12.3g%12.3g%12.3g%12.3g\n',el,ndel(el,:),St,diag(D0));
end
gxy=[repmat(2*ex*(0:nx),1,nd0);
        repmat(2*ey*kron((0:ny),ones(1,nx+1)),1,nz+1);
           kron(2*ez*(0:nz),ones(1,nd0))]';
DarwSpacElem (ne,gxy,ndel,n0/3,U)
```

（2）程序说明

这个程序中求主应力用到了特征值（Eigenvalue）函数 eig。语法为

```
[V,D]=eig(A)
```

其中 A 是待求特征值的方阵。V 的每一列为 A 的一个特征向量，D 是对角阵，每个对角元为对应的特征值，具有关系式为

$$\boldsymbol{AV}=\boldsymbol{VD} \tag{6-33}$$

按照弹性理论，将应力分量记作应力矩阵形式，即

$$\tilde{\boldsymbol{\sigma}}=\begin{bmatrix}\sigma_x & \tau_{xy} & \tau_{xz}\\ \tau_{yx} & \sigma_y & \tau_{yz}\\ \tau_{zx} & \tau_{zy} & \sigma_z\end{bmatrix} \tag{6-34}$$

满足式

$$\tilde{\boldsymbol{\sigma}}\boldsymbol{v}_i=\sigma_i\boldsymbol{v}_i \quad \text{或} \quad [\tilde{\boldsymbol{\sigma}}-\sigma_i\boldsymbol{I}]\boldsymbol{v}_i=0,\ i=1,2,3 \tag{6-35}$$

式中，σ_i 和向量 $\boldsymbol{v}_i$ 就是应力矩阵 $\tilde{\boldsymbol{\sigma}}$ 描述的应力状态的主应力大小和方向。式（6-35）可以统一写为

$$\tilde{\boldsymbol{\sigma}}[\boldsymbol{v}_1 \quad \boldsymbol{v}_2 \quad \boldsymbol{v}_3]=[\boldsymbol{v}_1 \quad \boldsymbol{v}_2 \quad \boldsymbol{v}_3]\begin{bmatrix}\sigma_1 & & \\ & \sigma_2 & \\ & & \sigma_3\end{bmatrix} \tag{6-36}$$

比较式（6-33）与式（6-36）可知，应力矩阵式（6-34）表示的应力状态的主应力的大小和方向可以用 MATLAB 的函数 eig 计算。具体应用详见程序本节 SpacCube. m。

实际上，平面问题也有这样的关系式，只是平面问题的主应力计算非常简单，没有用到特征值理论。

第7章 等参单元

矩形单元的划分比较简单，比三角形单元的阶数高，因此分析精度也会高一些。但是，当分析边界比较复杂的图形时，矩形单元不能很好地反应边界形状，所以引入四结点四边形单元，进而引入等参单元的概念。

7.1 平面四结点四边形单元

四结点四边形单元，如图7-1所示。单元的四个结点的位移作为基本变量，建立单元结点位移列向量为

$$\boldsymbol{U}_e = [\boldsymbol{U}_1^{\mathrm{T}} \quad \boldsymbol{U}_2^{\mathrm{T}} \quad \boldsymbol{U}_3^{\mathrm{T}} \quad \boldsymbol{U}_4^{\mathrm{T}}]^{\mathrm{T}},\ \boldsymbol{U}_i = [u_i \quad v_i]^{\mathrm{T}},\ i=1,2,3,4 \tag{7-1}$$

7.1.1 位移模式和形函数

四结点四边形单元具有一定的任意性，为了研究问题方便，同时建立图7-2所示正方形母单元。

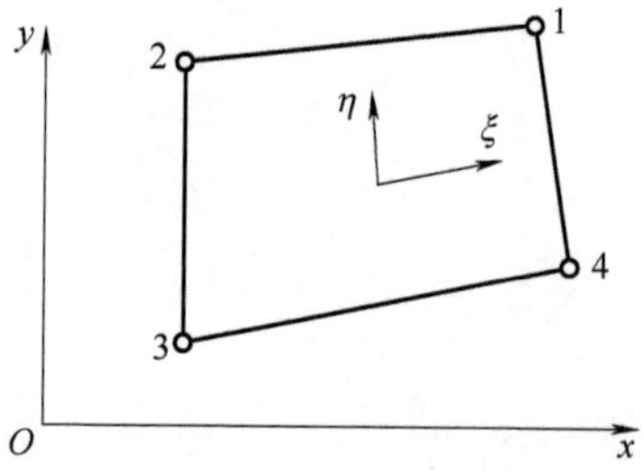

图7-1 四边形单元

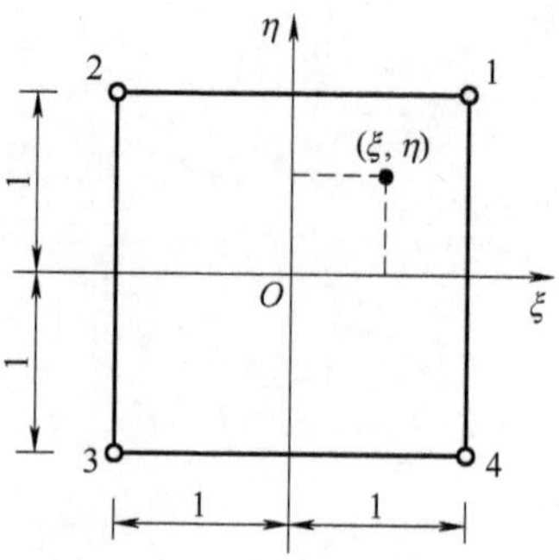

图7-2 正方形母单元

假设位移模式为不完全二次多项式，即

$$\begin{cases} u(\xi,\eta)=\alpha_1+\alpha_2\xi+\alpha_3\eta+\alpha_4\xi\eta \\ v(\xi,\eta)=\alpha_5+\alpha_6\xi+\alpha_7\eta+\alpha_8\xi\eta \end{cases} \tag{7-2}$$

将四个结点位移和坐标代入可得

$$\begin{cases} u_i=u(\xi_i,\eta_i)=\alpha_1+\alpha_2\xi_i+\alpha_3\eta_i+\alpha_4\xi_i\eta_i \\ v_i=v(\xi_i,\eta_i)=\alpha_5+\alpha_6\xi_i+\alpha_7\eta_i+\alpha_8\xi_i\eta_i,\ i=1,2,3,4 \end{cases} \tag{7-3}$$

可得到八个线性方程组，由此可以求解出多项式的八个系数。将这些系数代入式（7-2），并整理得到位移模式为结点位移的插值函数，即

$$u(\xi,\eta)=\sum_{i=1}^{4}N_i(\xi,\eta)u_i,\quad v(\xi,\eta)=\sum_{i=1}^{4}N_i(\xi,\eta)v_i \tag{7-4}$$

式中，N_i 为形函数，其表达式为

$$\begin{cases}N_1(\xi,\eta)=(1+\xi)(1+\eta)/4\\N_2(\xi,\eta)=(1-\xi)(1+\eta)/4\\N_3(\xi,\eta)=(1-\xi)(1-\eta)/4\\N_4(\xi,\eta)=(1+\xi)(1-\eta)/4\end{cases} \tag{7-5}$$

这些形函数与矩形单元的形函数完全一致，可以统一记为

$$N_i(\xi,\eta)=(1+\xi_0)(1+\eta_0)/4,\quad \xi_0=\xi_i\xi,\quad \eta_0=\eta_i\eta,\quad i=1,2,3,4 \tag{7-6}$$

仿照式（7-4）的方法，四边形单元与正方形母单元的坐标之间也可以建立类似的映射关系

$$x(\xi,\eta)=\sum_{i=1}^{4}N_i(\xi,\eta)x_i,\quad y(\xi,\eta)=\sum_{i=1}^{4}N_i(\xi,\eta)y_i \tag{7-7}$$

由于位移和坐标采用了相同的映射关系，所以这种单元又称为等参单元。

7.1.2 应变和雅可比矩阵

1. 应变

按照应变定义，位移对坐标求导可以得到应变

$$\boldsymbol{\varepsilon}=\begin{bmatrix}\varepsilon_x\\\varepsilon_y\\\gamma_{xy}\end{bmatrix}=\begin{bmatrix}\dfrac{\partial u}{\partial x}\\\dfrac{\partial v}{\partial y}\\\dfrac{\partial u}{\partial y}+\dfrac{\partial v}{\partial x}\end{bmatrix}=\sum_{i=1}^{4}\begin{bmatrix}\dfrac{\partial N_i}{\partial x}u_i\\\dfrac{\partial N_i}{\partial y}v_i\\\dfrac{\partial N_i}{\partial y}u_i+\dfrac{\partial N_i}{\partial x}v_i\end{bmatrix}=\sum_{i=1}^{4}\begin{bmatrix}\dfrac{\partial N_i}{\partial x}&0\\0&\dfrac{\partial N_i}{\partial y}\\\dfrac{\partial N_i}{\partial y}&\dfrac{\partial N_i}{\partial x}\end{bmatrix}\begin{bmatrix}u_i\\v_i\end{bmatrix} \tag{7-8}$$

定义几何矩阵为

$$\boldsymbol{B}=[\boldsymbol{B}_1\quad \boldsymbol{B}_2\quad \boldsymbol{B}_3\quad \boldsymbol{B}_4],\quad \boldsymbol{B}_i=\begin{bmatrix}\dfrac{\partial N_i}{\partial x}&0\\0&\dfrac{\partial N_i}{\partial y}\\\dfrac{\partial N_i}{\partial y}&\dfrac{\partial N_i}{\partial x}\end{bmatrix} \tag{7-9}$$

由式（7-8），应变可以写为

$$\boldsymbol{\varepsilon}=\sum_{i=1}^{4}\boldsymbol{B}_i\boldsymbol{U}_i=\boldsymbol{B}\boldsymbol{U}_e \tag{7-10}$$

2. 雅可比矩阵

为了计算应变，需要计算形函数的导数。由于形函数直接用局部坐标表示，所以先求形

函数关于局部坐标的导数。按照复合函数求导法则，即

$$\frac{\partial N_i}{\partial \xi}=\frac{\partial N_i}{\partial x}\frac{\partial x}{\partial \xi}+\frac{\partial N_i}{\partial y}\frac{\partial y}{\partial \xi}$$
$$\frac{\partial N_i}{\partial \eta}=\frac{\partial N_i}{\partial x}\frac{\partial x}{\partial \eta}+\frac{\partial N_i}{\partial y}\frac{\partial y}{\partial \eta} \tag{7-11}$$

将式（7-11）改写成矩阵形式，即

$$\begin{bmatrix}\dfrac{\partial N_i}{\partial \xi}\\ \dfrac{\partial N_i}{\partial \eta}\end{bmatrix}=\begin{bmatrix}\dfrac{\partial x}{\partial \xi} & \dfrac{\partial y}{\partial \xi}\\ \dfrac{\partial x}{\partial \eta} & \dfrac{\partial y}{\partial \eta}\end{bmatrix}\begin{bmatrix}\dfrac{\partial N_i}{\partial x}\\ \dfrac{\partial N_i}{\partial y}\end{bmatrix} \tag{7-12}$$

定义雅可比矩阵为

$$\boldsymbol{J}=\begin{bmatrix}\dfrac{\partial x}{\partial \xi} & \dfrac{\partial y}{\partial \xi}\\ \dfrac{\partial x}{\partial \eta} & \dfrac{\partial y}{\partial \eta}\end{bmatrix} \tag{7-13}$$

形函数关于坐标的导数为

$$\begin{bmatrix}\dfrac{\partial N_i}{\partial x}\\ \dfrac{\partial N_i}{\partial y}\end{bmatrix}=\boldsymbol{J}^{-1}\begin{bmatrix}\dfrac{\partial N_i}{\partial \xi}\\ \dfrac{\partial N_i}{\partial \eta}\end{bmatrix} \tag{7-14}$$

由式（7-6）直接求导可得

$$\frac{\partial N_i}{\partial \xi}=\frac{1}{4}\xi_i(1+\eta_0),\quad \frac{\partial N_i}{\partial \eta}=\frac{1}{4}\eta_i(1+\xi_0) \tag{7-15}$$

而雅可比矩阵的逆矩阵也可以由式（7-13）容易求得

$$\boldsymbol{J}^{-1}=\frac{1}{|\boldsymbol{J}|}\begin{bmatrix}\dfrac{\partial y}{\partial \eta} & -\dfrac{\partial y}{\partial \xi}\\ -\dfrac{\partial x}{\partial \eta} & \dfrac{\partial x}{\partial \xi}\end{bmatrix} \tag{7-16}$$

由式（7-7）可知

$$\frac{\partial x}{\partial \xi}=\sum_{i=1}^{4}\frac{\partial N_i}{\partial \xi}x_i,\quad \frac{\partial y}{\partial \xi}=\sum_{i=1}^{4}\frac{\partial N_i}{\partial \xi}y_i$$
$$\frac{\partial x}{\partial \eta}=\sum_{i=1}^{4}\frac{\partial N_i}{\partial \eta}x_i,\quad \frac{\partial y}{\partial \eta}=\sum_{i=1}^{4}\frac{\partial N_i}{\partial \eta}y_i \tag{7-17}$$

于是，将式（7-17）代入式（7-13）得到雅可比矩阵，即

$$\boldsymbol{J}=\sum_{i=1}^{4}\begin{bmatrix}\dfrac{\partial N_i}{\partial \xi}x_i & \dfrac{\partial N_i}{\partial \xi}y_i\\ \dfrac{\partial N_i}{\partial \eta}x_i & \dfrac{\partial N_i}{\partial \eta}y_i\end{bmatrix}=\sum_{i=1}^{4}\begin{bmatrix}\dfrac{\partial N_i}{\partial \xi}\\ \dfrac{\partial N_i}{\partial \eta}\end{bmatrix}[x_i \quad y_i] \tag{7-18}$$

有了形函数的导数和雅可比矩阵就可以求式（7-9）中的几何矩阵和式（7-10）中的应变了。

7.1.3 应力和应力矩阵

应力由胡克定律计算得

$$\boldsymbol{\sigma}=\boldsymbol{D\varepsilon}=\boldsymbol{DBU}_e \tag{7-19}$$

定义应力矩阵为

$$\boldsymbol{S}=\boldsymbol{DB} \tag{7-20}$$

应力可以写为

$$\boldsymbol{\sigma}=\boldsymbol{SU}_e \tag{7-21}$$

7.1.4 单元刚度矩阵

按照单元刚度矩阵的定义得

$$\boldsymbol{k}_{ij}=\iint \boldsymbol{B}_i^{\mathrm{T}}\boldsymbol{DB}_j t\mathrm{d}A=\int_{-1}^{1}\int_{-1}^{1}\boldsymbol{B}_i^{\mathrm{T}}\boldsymbol{DB}_j t\,|\boldsymbol{J}|\,\mathrm{d}\xi\mathrm{d}\eta \tag{7-22}$$

此处用到了从整体坐标到局部坐标的变换，即

$$|\mathrm{d}A|=|\boldsymbol{J}|\,\mathrm{d}\xi\mathrm{d}\eta \tag{7-23}$$

这个变换并不是总能成立，需要满足坐标系变换的条件。因为，

$$|\mathrm{d}A|=|\mathrm{d}\boldsymbol{\xi}\times\mathrm{d}\boldsymbol{\eta}|=|\mathrm{d}\boldsymbol{\xi}|\,|\mathrm{d}\boldsymbol{\eta}|\,|\sin<\boldsymbol{\xi},\boldsymbol{\eta}>| \tag{7-24}$$

所以，雅可比矩阵的行列式值为

$$|\boldsymbol{J}|=\frac{|\mathrm{d}\boldsymbol{\xi}|\,|\mathrm{d}\boldsymbol{\eta}|\,|\sin<\boldsymbol{\xi},\boldsymbol{\eta}>|}{\mathrm{d}\xi\mathrm{d}\eta} \tag{7-25}$$

在

$$\mathrm{d}\xi=0,\ \mathrm{d}\eta=0,\ \sin(\boldsymbol{\xi},\boldsymbol{\eta})=0 \tag{7-26}$$

条件下，这个变换就不成立。所以应该按照图 7-3a 的方式划分单元，避免出现图 7-3b 中的两点重合或出现大于 180°的内角等不正常的单元情况。

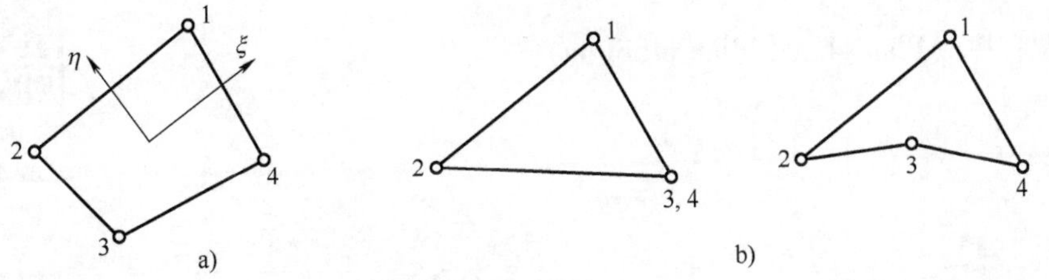

图 7-3 单元划分

a）正常单元 b）不正常单元

式（7-22）的积分很难直接计算，一般采用高斯数值积分方法计算，如下：

$$\int_{-1}^{1}f(x)\,\mathrm{d}x=\sum_i H_i f(x_i) \tag{7-27}$$

此处的 x_i 是高斯积分点，H_i 是高斯积分系数。常用的几个高斯积分参数在表 7-1 中给出。

表 7-1　高斯积分点和积分系数

阶数	高斯积分点 ξ_i	高斯积分系数 H_i
1	0	2
2	$\pm\sqrt{3}/3$	1
3	0，$\pm\sqrt{0.6}$	8/9，5/9

对于式（7-22）的积分，采用二重高斯积分计算，如下：

$$\int_{-1}^{1}\int_{-1}^{1} f(\xi,\eta)\,\mathrm{d}\xi\mathrm{d}\eta = \sum_{i}\sum_{j} H_i H_j f(\xi_i,\eta_j) \tag{7-28}$$

7.1.5　程序设计

例 7.1　该例中程序计算了一个半径为 $R=4\mathrm{m}$，厚度 $t=1\mathrm{cm}$，沿直径方向受一对集中力 $F=100\mathrm{kN}$ 挤压的圆盘，如图 7-4a 所示。取 $E=200\mathrm{GPa}$，$\mu=0.3$。由于对称性取 1/4 圆，单元划分及结点编号，如图 7-4b 所示。

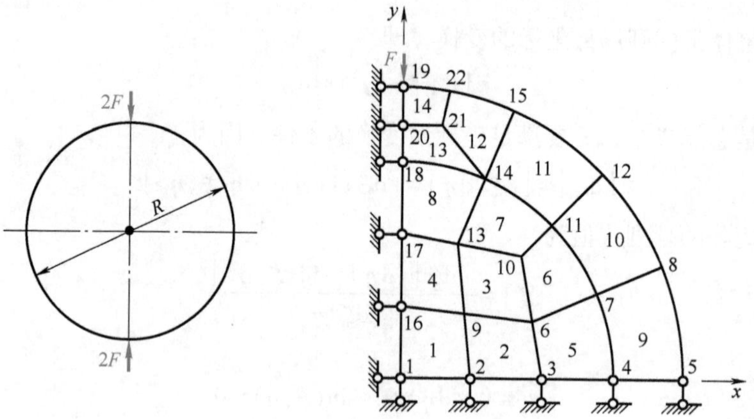

a)　　b)

图 7-4　沿直径方向受压的圆

a）力学模型　b）有限元模型

（1）源程序（PlanN4. m，PlanN4Stif. m）

平面四结点四边形等参单元程序讲解

```
%————————————————定义结构————————————————%
function PlanN4                                   % 平面四结点四边形等参单元
Em=2e11;mu=0.3;Th=1e-2;                            % 弹性模量，泊松比和板厚
D=Th*Em/(1-mu^2)*[1,mu,0;mu,1,0;0,0,(1-mu)/2];     % 弹性矩阵
gxy=[0:4,[2.1,3,4]*cos(pi/8),[1.3,2.4,3.2,4]*cos(pi/4),(2:4)*cos(3*pi/
8),zeros(1,4),0,0.6,0.69;
zeros(1,5),[2.1,3,4]*sin(pi/8),[1.3,2.4,3.2,4]*sin(pi/4),(2:4)*sin(3*pi/
8),1:4,3.5,3.5,3.94]';
ndel=[9,16,1,2;6,9,2,3;10,13,9,6;13,17,16,9;7,6,3,4;11,10,6,7;14,13,10,11;
```

```
18,17,13,14;8,7,4,5;12,11,7,8;15,14,11,12;22,21,14,15;20,18,14,21;19,
20,21,22];
nd=size(gxy,1);ne=size(ndel,1);                              % 结点总数,单元总数
F=zeros(2*nd,1);F(38)=-1e6;                                      % 置结点力
dofix=[1,2:2:10,2*(16:20)-1];                                % 位移约束自由度
dofree=setdiff(1:2*nd,dofix);                                  % 无约束自由度
    %——————————————组装结构刚度矩阵——————————————%
K=zeros(2*nd,2*nd);                                            % 结构刚度矩阵
for el=1:ne
 N=reshape([2*ndel(el,:)-1;2*ndel(el,:)],1,8);                 % 单元自由度
 ke=PlanN4Stif(gxy(ndel(el,:),:),D);                           % 单元刚度矩阵
 K(N,N)=K(N,N)+ke;                                            % 组装结构刚度矩阵
end
    %———————————————求解刚度方程———————————————%
U=zeros(2*nd,1);                                               % 结点位移列向量
U(dofree)=K(dofree,dofree)\F(dofree);
    %———————————————输出计算结果———————————————%
ResList(gxy,ndel,U,D)
DrawPlanElem(gxy,ndel,dofix,U)
   %——————————————单元刚度矩阵子程序——————————————%
function ke=PlanN4Stif(xy,D)
ke=zeros(8,8);
p=sqrt(0.6)*[-1,0,1];w=[5,8,5]/9;                           % 高斯积分点坐标和权重
for r=1:3
 for s=1:3
   [B,J]=PlanN4Strain(p(r),p(s),xy);                           % 几何矩阵高斯点值
   ke=ke+w(r)* w(s)*B'*D*B*J;                                 % 计算单元刚度矩阵
 end
end
    %——————————————几何矩阵子程序——————————————%
function [B,detJ]=PlanN4Strain(x,y,xy)
B=zeros(3,8);
[~,dSp]=PlanIsN4ShapeFun(x,y);                                  % 形函数及其导数
J=dSp*xy;detJ=det(J);                                      % 雅可比矩阵及其行列式值
dx=J\dSp;                                                          % 形函数导数
for i=1:4
 B(:,2*i-1:2*i)=[dx(1,i),0;0,dx(2,i);dx(2,i),dx(1,i)];          % 几何子矩阵
```

```
end
  %———————————————形函数子程序———————————————%
function [Sp,dSp]=PlanIsN4ShapeFun(x,y)
xn=[1,-1,-1,1];
yn=[1,1,-1,-1];
Sp=zeros(1,4);dSp=zeros(2,4);
for i=1:4
 xi=xn(i);x0=xi*x;
 yi=yn(i);y0=yi*y;
 Sp(i)=(1+x0)*(1+y0)/4;
 dSp(:,i)=[xi*(1+y0);(1+x0)*yi]/4;
end
  %————————————结点位移和应力计算结果输出————————————%
function ResList(gxy,ndel,U,D)
ne=size(ndel,1);
nd=size(gxy,1);
StressPrin=zeros(2,ne);
StressPrinDir=zeros(2,2,ne);
fprintf('%4s%8s%10s%12s%14s\n','Node','X','Y','u','v')
for j=1:nd                                    % 输出结点号,结点坐标,结点位移
 fprintf('%4i%10.4f%10.4f%12.4e%12.4e\n',j,gxy(j,:),U(2*j-1:2*j));
end
fprintf('%3s 1 2 3 4%8s%11s%11s%11s%11s%9s\n','Elem','Sx','Sy',
'Sxy','S1','S2','Angle')
for el=1:ne
 B0=PlanN4Strain(0,0,gxy(ndel(el,:),:));                          % 应变矩阵形心值
 N=reshape([2*ndel(el,:)-1;2*ndel(el,:)],1,8);                   % 单元自由度
 S=D*B0*U(N);                                                    % 应力列向量
 [Dir,S1]=eig(S([1,3;3,2]));                 % 求特征值,计算主应力方向及大小
 fprintf('%3i%3i%3i%3i%3i%11.3e%11.3e%11.3e%11.3e%11.3e%7.2f\n',…
 el,ndel(el,:),S,diag(S1),atan2d(Dir(2,1),Dir(1,1)));
 StressPrin(:,el)=diag(S1);
 StressPrinDir(:,:,el)=Dir;
end                                         % 输出单元号,单元信息,应力,主应力
 %DrawPlanPrinStress(gxy,ndel,StressPrin,StressPrinDir)             % 主应力
 DrawPlanStress(gxy,ndel,[-1,1]*StressPrin/2,nd,ne)                % 应力云图
```

(2) 计算结果

1) 结点坐标和位移。

Node	X	Y	u	v
1	0.0000	0.0000	0.0000e+00	0.0000e+00
2	1.0000	0.0000	1.4051e-04	0.0000e+00
3	2.0000	0.0000	2.4092e-04	0.0000e+00
4	3.0000	0.0000	2.8269e-04	0.0000e+00
5	4.0000	0.0000	2.9605e-04	0.0000e+00
6	1.9401	0.8036	2.3302e-04	-1.1256e-04
7	2.7716	1.1481	2.5595e-04	-7.1283e-05
8	3.6955	1.5307	2.4500e-04	-8.2348e-06
9	0.9192	0.9192	1.3143e-04	-2.1556e-04
10	1.6971	1.6971	1.9649e-04	-2.6776e-04
11	2.2627	2.2627	1.7859e-04	-2.0148e-04
12	2.8284	2.8284	1.0489e-04	-9.3492e-05
13	0.7654	1.8478	1.2462e-04	-4.6760e-04
14	1.1481	2.7716	1.5189e-04	-5.5622e-04
15	1.5307	3.6955	-9.0478e-05	-4.5412e-04
16	0.0000	1.0000	0.0000e+00	-2.6961e-04
17	0.0000	2.0000	0.0000e+00	-5.8380e-04
18	0.0000	3.0000	0.0000e+00	-1.0847e-03
19	0.0000	4.0000	0.0000e+00	-2.2670e-03
20	0.0000	3.5000	0.0000e+00	-1.4861e-03
21	0.6000	3.5000	7.0763e-05	-1.0302e-03
22	0.6900	3.9400	-2.3855e-04	-8.1832e-04

2）单元信息和应力输出。

Elem	1	2	3	4	Sx	Sy	Sxy	S1	S2	Angle
1	9	16	1	2	1.453e+05	−4.605e+05	1.445e+04	1.457e+05	−4.608e+05	2.73
2	6	9	2	3	9.606e+04	−3.455e+05	2.966e+04	9.804e+04	−3.475e+05	7.65
3	10	13	9	6	6.494e+04	−3.716e+05	9.527e+04	8.482e+04	−3.915e+05	23.58
4	13	17	16	9	1.463e+05	−5.336e+05	5.370e+04	1.505e+05	−5.378e+05	8.98
5	7	6	3	4	2.439e+04	−1.695e+05	2.075e+04	2.658e+04	−1.717e+05	12.08
6	11	10	6	7	1.158e+04	−1.787e+05	7.061e+04	3.492e+04	−2.020e+05	36.58
7	14	13	10	11	−1.107e+04	−3.145e+05	1.543e+05	5.362e+04	−3.792e+05	45.49
8	18	17	13	14	7.463e+04	−6.960e+05	1.934e+05	1.205e+05	−7.418e+05	26.65
9	8	7	4	5	1.692e+02	−4.452e+04	7.318e+03	1.337e+03	−4.569e+04	18.13
10	12	11	7	8	−1.059e+04	−3.812e+04	2.772e+04	6.593e+03	−5.531e+04	63.59
11	15	14	11	12	−6.982e+04	−9.101e+04	5.993e+04	−1.956e+04	−1.413e+05	79.97
12	22	21	14	15	−1.981e+05	−2.556e+04	1.876e+05	9.466e+04	−3.183e+05	114.69
13	20	18	14	21	−4.593e+04	−9.937e+05	3.764e+05	8.536e+04	−1.125e+06	38.46
14	19	20	21	22	−8.082e+05	−1.729e+06	8.666e+05	−2.873e+05	−2.250e+06	62.02

7.2 平面八结点四边形单元

平面四结点四边形单元的边界是直线，位移插值函数为双线性函数。为了提高计算精度，可以提高插值阶数，将单元的结点数增加到八个，此时单元边界成为曲线，因而适用于更复杂的边界几何形状。因为待定参数增加、位移多项式阶数增加，有望获得更高的精度。

将单元的八个结点的位移作为基本变量，建立单元结点位移列向量为

$$\boldsymbol{U}_e=[\boldsymbol{U}_1^{\mathrm{T}} \quad \boldsymbol{U}_2^{\mathrm{T}} \quad \cdots \quad \boldsymbol{U}_8^{\mathrm{T}}]^{\mathrm{T}},\ \boldsymbol{U}_i=[u_i \quad v_i]^{\mathrm{T}},\ i=1,2,\cdots,8 \tag{7-29}$$

7.2.1 位移模式和形函数

八结点曲边四边形单元，如图 7-5 所示。为了研究问题方便起见，同时建立图 7-6 所示正方形母单元。

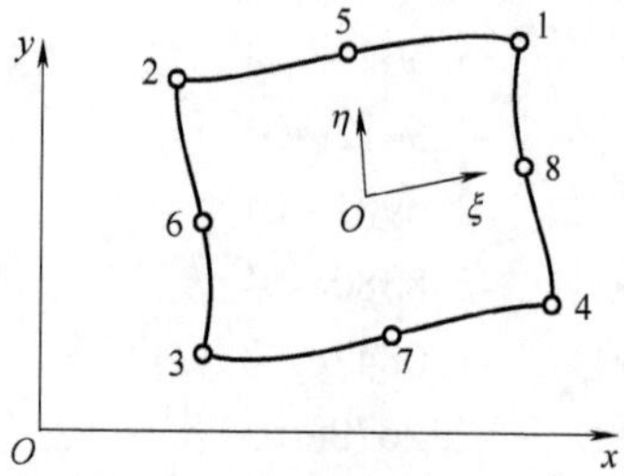

图 7-5 四边形单元

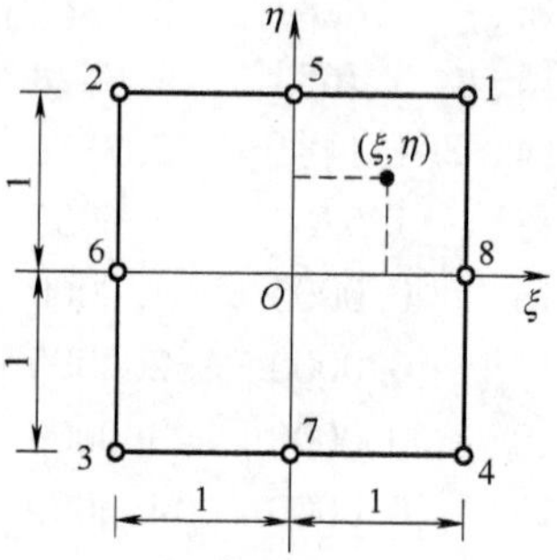

图 7-6 正方形母单元

假设位移模式为不完全三次多项式，即

$$\begin{cases}u(\xi,\eta)=\alpha_1+\alpha_2\xi+\alpha_3\eta+\alpha_4\xi^2+\alpha_5\xi\eta+\alpha_6\eta^2+\alpha_7\xi^2\eta+\alpha_8\xi\eta^2\\ v(\xi,\eta)=\alpha_9+\alpha_{10}\xi+\alpha_{11}\eta+\alpha_{12}\xi^2+\alpha_{13}\xi\eta+\alpha_{14}\eta^2+\alpha_{15}\xi^2\eta+\alpha_{16}\xi\eta^2\end{cases} \tag{7-30}$$

将八个结点位移和坐标代入式（7-30）得

$$\begin{cases}u(\xi_i,\eta_i)=\alpha_1+\alpha_2\xi_i+\alpha_3\eta_i+\alpha_4\xi_i^2+\alpha_5\xi_i\eta_i+\alpha_6\eta_i^2+\alpha_7\xi_i^2\eta_i+\alpha_8\xi_i\eta_i^2=u_i\\ v(\xi_i,\eta_i)=\alpha_9+\alpha_{10}\xi_i+\alpha_{11}\eta_i+\alpha_{12}\xi_i^2+\alpha_{13}\xi_i\eta_i+\alpha_{14}\eta_i^2+\alpha_{15}\xi_i^2\eta_i+\alpha_{16}\xi_i\eta_i^2=v_i\end{cases}\quad (i=1,2,\cdots,8) \tag{7-31}$$

共 16 个线性方程组，由此可以求解出多项式的 16 个系数。将这些系数代入式（7-30），并整理可得结点位移插值形式的位移模式为

$$u(\xi,\eta)=\sum_{i=1}^{8}N_i(\xi,\eta)u_i,\ v(\xi,\eta)=\sum_{i=1}^{8}N_i(\xi,\eta)v_i \tag{7-32}$$

式中，N_i 为形函数，其表达式为

$$\begin{cases}N_1(\xi,\eta)=(1+\xi)(1+\eta)(\xi+\eta-1)/4\\ N_2(\xi,\eta)=(1-\xi)(1+\eta)(-\xi+\eta-1)/4\\ N_3(\xi,\eta)=(1-\xi)(1-\eta)(-\xi-\eta-1)/4\\ N_4(\xi,\eta)=(1+\xi)(1-\eta)(\xi-\eta-1)/4\\ N_5(\xi,\eta)=(1-\xi^2)(1+\eta)/2,N_6(\xi,\eta)=(1-\eta^2)(1-\xi)/2\\ N_7(\xi,\eta)=(1-\xi^2)(1-\eta)/2,N_8(\xi,\eta)=(1-\eta^2)(1+\xi)/2\end{cases} \tag{7-33}$$

形函数可以统一记为

$$
\begin{aligned}
N_i(\xi,\eta)=&(1+\xi_0)(1+\eta_0)(\xi_0+\eta_0-1)\xi_i^2\eta_i^2/4+\\
&(1-\xi^2)(1+\eta_0)(1-\xi_i^2)\eta_i^2/2+(1-\eta^2)(1+\xi_0)(1-\eta_i^2)\xi_i^2/2
\end{aligned}
\tag{7-34}
$$

式中，$\xi_0=\xi_i\xi,\eta_0=\eta_i\eta$，仿照式（7-32）的方法，四边形单元与正方形母单元的坐标之间也可以建立类似的映射关系，即

$$
x(\xi,\eta)=\sum_{i=1}^{8}N_i(\xi,\eta)x_i,\quad y(\xi,\eta)=\sum_{i=1}^{8}N_i(\xi,\eta)y_i \tag{7-35}
$$

由于位移和坐标采用了相同的映射关系，所以这种单元也是等参单元。

7.2.2 应变和雅可比矩阵

1. 应变

按照应变定义，位移对坐标求导可以得到应变为

$$
\boldsymbol{\varepsilon}=\begin{bmatrix}\varepsilon_x\\ \varepsilon_y\\ \gamma_{xy}\end{bmatrix}=\begin{bmatrix}\dfrac{\partial u}{\partial x}\\ \dfrac{\partial v}{\partial y}\\ \dfrac{\partial u}{\partial y}+\dfrac{\partial v}{\partial x}\end{bmatrix}=\sum_{i=1}^{8}\begin{bmatrix}\dfrac{\partial N_i}{\partial x}u_i\\ \dfrac{\partial N_i}{\partial y}v_i\\ \dfrac{\partial N_i}{\partial y}u_i+\dfrac{\partial N_i}{\partial x}v_i\end{bmatrix}=\sum_{i=1}^{8}\begin{bmatrix}\dfrac{\partial N_i}{\partial x} & 0\\ 0 & \dfrac{\partial N_i}{\partial y}\\ \dfrac{\partial N_i}{\partial y} & \dfrac{\partial N_i}{\partial x}\end{bmatrix}\begin{bmatrix}u_i\\ v_i\end{bmatrix} \tag{7-36}
$$

定义几何矩阵为

$$
\boldsymbol{B}=[\boldsymbol{B}_1\quad \boldsymbol{B}_2\quad \cdots\quad \boldsymbol{B}_8],\ \boldsymbol{B}_i=\begin{bmatrix}\dfrac{\partial N_i}{\partial x} & 0\\ 0 & \dfrac{\partial N_i}{\partial y}\\ \dfrac{\partial N_i}{\partial y} & \dfrac{\partial N_i}{\partial x}\end{bmatrix} \tag{7-37}
$$

应变式（7-36）可以进一步写为

$$
\boldsymbol{\varepsilon}=\sum_{i=1}^{8}\boldsymbol{B}_i\boldsymbol{U}_i=\boldsymbol{B}\boldsymbol{U}_e \tag{7-38}
$$

2. 雅可比矩阵

为了计算应变，需要计算形函数的导数。由于形函数直接用局部坐标表示，因此，先求形函数关于局部坐标的导数。按照复合函数求导法则，即

$$
\begin{aligned}
\frac{\partial N_i}{\partial \xi}&=\frac{\partial N_i}{\partial x}\frac{\partial x}{\partial \xi}+\frac{\partial N_i}{\partial y}\frac{\partial y}{\partial \xi}\\
\frac{\partial N_i}{\partial \eta}&=\frac{\partial N_i}{\partial x}\frac{\partial x}{\partial \eta}+\frac{\partial N_i}{\partial y}\frac{\partial y}{\partial \eta}
\end{aligned}
\tag{7-39}
$$

将式（7-39）改写为矩阵形式，即

$$\begin{bmatrix}\dfrac{\partial N_i}{\partial \xi}\\ \dfrac{\partial N_i}{\partial \eta}\end{bmatrix}=\boldsymbol{J}\begin{bmatrix}\dfrac{\partial N_i}{\partial x}\\ \dfrac{\partial N_i}{\partial y}\end{bmatrix} \tag{7-40}$$

式中，$\boldsymbol{J}$ 为雅可比矩阵，其表达式为

$$\boldsymbol{J}=\begin{bmatrix}\dfrac{\partial x}{\partial \xi} & \dfrac{\partial y}{\partial \xi}\\ \dfrac{\partial x}{\partial \eta} & \dfrac{\partial y}{\partial \eta}\end{bmatrix} \tag{7-41}$$

式中，

$$\begin{aligned}\frac{\partial x}{\partial \xi}=\sum_{i=1}^{8}\frac{\partial N_i}{\partial \xi}x_i,\quad \frac{\partial y}{\partial \xi}=\sum_{i=1}^{8}\frac{\partial N_i}{\partial \xi}y_i\\ \frac{\partial x}{\partial \eta}=\sum_{i=1}^{8}\frac{\partial N_i}{\partial \eta}x_i,\quad \frac{\partial y}{\partial \eta}=\sum_{i=1}^{8}\frac{\partial N_i}{\partial \eta}y_i\end{aligned} \tag{7-42}$$

于是，雅可比矩阵计算如下：

$$\boldsymbol{J}=\sum_{i=1}^{8}\begin{bmatrix}\dfrac{\partial N_i}{\partial \xi}x_i & \dfrac{\partial N_i}{\partial \xi}y_i\\ \dfrac{\partial N_i}{\partial \eta}x_i & \dfrac{\partial N_i}{\partial \eta}y_i\end{bmatrix}=\sum_{i=1}^{8}\begin{bmatrix}\dfrac{\partial N_i}{\partial \xi}\\ \dfrac{\partial N_i}{\partial \eta}\end{bmatrix}[x_i \quad y_i] \tag{7-43}$$

由式（7-34）可以直接求导得到式（7-43）中的导数

$$\begin{aligned}\frac{\partial N_i}{\partial \xi}&=(1+\eta_0)(2\xi_0+\eta_0)\xi_i^3\eta_i^2/4+(1-\eta^2)(1-\eta_i^2)\xi_i^3/2-\xi(1+\eta_0)(1-\xi_i^2)\eta_i^2\\ \frac{\partial N_i}{\partial \eta}&=(1+\xi_0)(2\eta_0+\xi_0)\xi_i^2\eta_i^3/4+(1-\xi^2)(1-\xi_i^2)\eta_i^3/2-\eta(1+\xi_0)(1-\eta_i^2)\xi_i^2\end{aligned} \tag{7-44}$$

由式（7-44）可以计算出雅可比矩阵式（7-43）。也容易求得雅可比矩阵的逆矩阵

$$\boldsymbol{J}^{-1}=\frac{1}{|\boldsymbol{J}|}\begin{bmatrix}\dfrac{\partial y}{\partial \eta} & -\dfrac{\partial y}{\partial \xi}\\ -\dfrac{\partial x}{\partial \eta} & \dfrac{\partial x}{\partial \xi}\end{bmatrix} \tag{7-45}$$

进而得到形函数关于坐标的导数为

$$\begin{bmatrix}\dfrac{\partial N_i}{\partial x}\\ \dfrac{\partial N_i}{\partial y}\end{bmatrix}=\boldsymbol{J}^{-1}\begin{bmatrix}\dfrac{\partial N_i}{\partial \xi}\\ \dfrac{\partial N_i}{\partial \eta}\end{bmatrix} \tag{7-46}$$

有了形函数的导数就可以由式（7-37）中的几何矩阵求应变了。

7.2.3 应力和应力矩阵

根据胡克定律和应变计算应力为

$$\boldsymbol{\sigma}=\boldsymbol{D}\boldsymbol{\varepsilon}=\boldsymbol{D}\boldsymbol{B}\boldsymbol{U}_e \tag{7-47}$$

定义应力矩阵为

$$S = DB \tag{7-48}$$

应力可以写为

$$\boldsymbol{\sigma} = SU_e \tag{7-49}$$

7.2.4 单元刚度矩阵

按照单元刚度矩阵的计算公式

$$k_{ij} = \iint B_i^{\mathrm{T}} D B_j t \mathrm{d}A = \int_{-1}^{1}\int_{-1}^{1} B_i^{\mathrm{T}} D B_j t \,|\, J \,|\, \mathrm{d}\xi \mathrm{d}\eta \tag{7-50}$$

式中，积分一般采用高斯数值积分方法计算。

7.2.5 程序设计

例 7.2 分析图 7-7 所示受剪力作用的半圆环的应力分布。内、外半径分别为 $a=2\mathrm{m}$，$b=4\mathrm{m}$。由于对称性取一半，单元划分，如图 7-8 所示。取 $E=200\mathrm{GPa}$，$\mu=0.3$。图 7-9 和表 7-2给出了固定端面无量纲化应力与解析解的比较。源程序也是本例的计算数据。

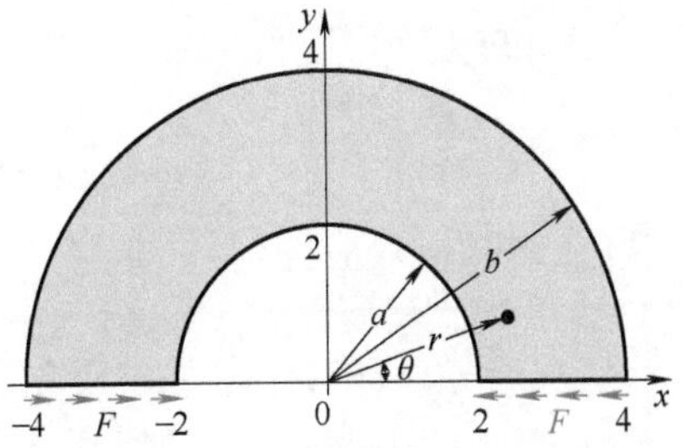

图 7-7 半圆环分析

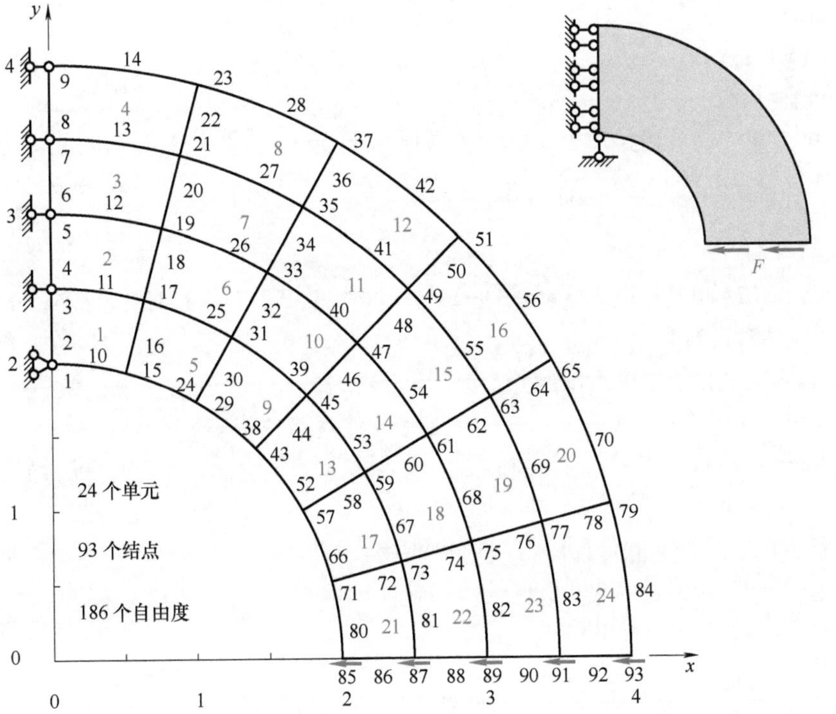

图 7-8 有限元模型

有限元方法与MATLAB程序设计

(1) 源程序 (PlanN8. m)

平面八结点四边形等参单元程序讲解

```
%———————————————定义结构———————————————%
function PlanN8
Em=2e11;mu=0.3;Th=1;                                    % 弹性模量，泊松比和板厚
D=Th*Em/(1-mu^2)*[1,mu,0;mu,1,0;0,0,(1-mu)/2];          % 弹性矩阵
nd=93;ne=24;gxy=zeros(nd,2);ndel=zeros(ne,8);           % 结点总数，单元总数
nx=6;ny=4;
for i=0:nx                                              % 计算结点坐标
 a=i*pi/12;
 for j=0:2*ny
  gxy((3*ny+2)*i+j+1,:)=(2+0.25*j)*[sin(a),cos(a)];
 end
end
for i=0:5
 a=(2*i+1)*pi/24;
 for j=0:4
  gxy((3*ny+2)*i+j+10,:)=(2+0.5*j)*[sin(a),cos(a)];
 end
end
for i=1:nx                                              % 计算单元信息
 for j=1:ny
  ndel(ny*(i-1)+j,:)=(3*ny+2)*(i-1)+(j-1)*[2,2,2,2,1,2,1,2]+[17,3,1,
15,11,2,10,16];
 end
end
F=zeros(2*nd,1);F(2*(85:93)-1)=-1e6*[1,4,2,4,2,4,2,4,1]/24; % 置结点力
dofix=[2,1:2:4*ny+3];                                   % 位移约束自由度
dofree=setdiff(1:2*nd,dofix);                           % 无约束自由度
 %———————————————组装结构刚度矩阵———————————————%
K=zeros(2*nd,2*nd);                                     % 结构刚度矩阵
for el=1:ne
 N=repelem(2*ndel(el,:),2)+repmat(-1:0,1,8);            % 单元自由度
 ke=PlanN8Stif(gxy(ndel(el,:),:),D);                    % 单元刚度矩阵
 K(N,N)=K(N,N)+ke;                                      % 组装结构刚度矩阵
end
 %———————————————求解并输出位移———————————————%
U=zeros(2*nd,1);                                        % 结点位移列向量
```

```
U(dofree)=K(dofree,dofree)\F(dofree);
ResList(gxy,ndel,U,D)
DrawPlanElem(gxy,ndel,dofix,U)
 % ————————————————几何矩阵函数————————————————%
function [B,detJ]=PlanN8Strain(x,y,xy)
B=zeros(3,16);
[~,dSp]=PlanIsN8ShapeFun(x,y);                          % 形函数及其导数
J=dSp*xy;detJ=det(J);                                  % 雅可比矩阵及其行列式值
dx=J\dSp;                                                      % 形函数导数
for i=1:8
 B(:,2*i-1:2*i)=[dx(1,i),0;0,dx(2,i);dx(2,i),dx(1,i)];     % 几何子矩阵
end
 % ————————————————单元刚度矩阵函数————————————————%
function ke=PlanN8Stif(xy,D)
ke=zeros(16,16);
p=sqrt(0.6)*[-1,0,1];w=[5,8,5]/9;                        % 高斯积分点坐标和权重
for r=1:3
 for s=1:3
  [B,J]=PlanN8Strain(p(r),p(s),xy);                      % 几何矩阵高斯点值
  ke=ke+w(r)*w(s)*B'*D*B*J;                              % 计算单元刚度矩阵
 end
end
  % ————————————————————形函数————————————————————%
function [Sp,dSp]=PlanIsN8ShapeFun(x,y)
r=[1,-1,-1,1,0,-1,0,1];
s=[1,1,-1,-1,1,0,-1,0];
Sp=zeros(1,8);dSp=zeros(2,8);
for i=1:8
 xi=r(i);x0=xi*x;
 yi=s(i);y0=yi*y;
 Sp(i)=(1+x0)*(1+y0)*(x0+y0-1)*xi^2*yi^2/4 ...
  +(1+y0)*(1-x^2)*(1-xi^2)*yi^2/2 ...
  +(1+x0)*(1-y^2)*(1-yi^2)*xi^2/2;
 dSp(:,i)=[...
  xi^3*(y^2-1)*(yi^2-1)/2+yi^2*x*(xi^2-1)*(y0+1)+xi^3*yi^2*(y0+1)*(2*x0+
y0)/4;
  yi^3*(x^2-1)*(xi^2-1)/2+xi^2*y*(yi^2-1)*(x0+1)+xi^2*yi^3*(x0+1)*(x0+2*
y0)/4];
```

```
end
% ——————————————输出结点位移及应力——————————————%
function ResList(gxy,ndel,U,D)
ne=size(ndel,1);
StressPrin=zeros(2,ne);
StressPrinDir=zeros(2,2,ne);
fprintf('%4s%8s%8s%9s%9s\n','Node','X','Y','u','v')
for j=1:size(gxy,1)                          % 输出结点号,结点坐标,结点位移
 fprintf('%4i%9.2f%9.2f%11.3g%11.3g\n',j,gxy(j,:),U(2*j-1:2*j));
end
fprintf('%3s 1   2   3   4   5   6   7   8...
%8s%11s%11s%11s%11s%11s\n','Elem','Sx','Sy','Sxy','S1','S2','Angle')
for el=1:ne
 B0=PlanN8Strain(0,0,gxy(ndel(el,:),:));                    % 应变矩阵形心值
 N=repelem(2*ndel(el,:),2)+repmat(-1:0,1,8);                 % 单元自由度
 S=D*B0*U(N);                                                % 应力列向量
 [Dir,S1]=eig(S([1,3;3,2]));                % 求特征值,计算主应力方向及大小
 fprintf([repmat('%3d',1,9),repmat('% 11.3e',1,6),'\n]',el,ndel(el,:),S,
diag(S1),...)
atan2d(Dir(2,1),Dir(1,1)));
 StressPrin(:,el)=diag(S1);
 StressPrinDir(:,:,el)=Dir;
end
```

(2)输出结果(仅列出前几行)

```
Node      X        Y            u           v
   1   0.0000   2.00            0           0
   2   0.0000   2.25            0    1.58e-06
   3   0.0000   2.50            0    1.96e-06
   ⋮      ⋮        ⋮            ⋮           ⋮
  93   4.0000   0.00   -0.000171   -0.000177

Elem 1  2  3  4  5  6  7  8      Sx          Sy         Sxy          S1          S2     Angle
  1  17  3  1 15 11  2 10 16 -4.13e+06 -5.18e+05  4.16e+05 -4.70e+05 -4.16e+06   167
  2  19  5  3 17 12  4 11 18 -1.21e+06 -7.48e+05 -3.83e+04 -7.44e+05 -1.22e+06  -170
  3  21  7  5 19 13  6 12 20  7.91e+05 -5.26e+05 -2.48e+05  8.36e+05 -5.72e+05   -20
  ⋮
 24  93 79 77 91 84 78 83 92 -9.54e+04  3.86e+05  1.33e+05  4.20e+05 -1.30e+05   151
```

(3) 结果分析

表 7-2 给出了固定端截面的无量纲化应力，并与解析解

$$\sigma_\theta = F\sin\theta \frac{3r - \dfrac{a^2+b^2}{r} - \dfrac{a^2b^2}{r^3}}{(a^2+b^2)\ln\dfrac{b}{a} + a^2 - b^2} \tag{7-51}$$

进行了比较。

表 7-2 固定端截面无量纲化应力比较

位置/m	有限元	解析解	绝对误差	相对误差（%）
2.0	-6.3481	-6.4412	0.0931	1.45
2.25	-3.9782	-4.164	0.1858	4.46
2.5	-2.3327	-2.467	0.1343	5.44
2.75	-0.9434	-1.1273	0.1839	—
3.0	0.1433	-0.0199	0.1632	—
3.25	1.1119	0.9296	0.1823	—
3.5	1.9396	1.7676	0.1720	9.73
3.75	2.7039	2.5244	0.1795	7.11
4.0	3.3995	3.2206	0.1789	5.55

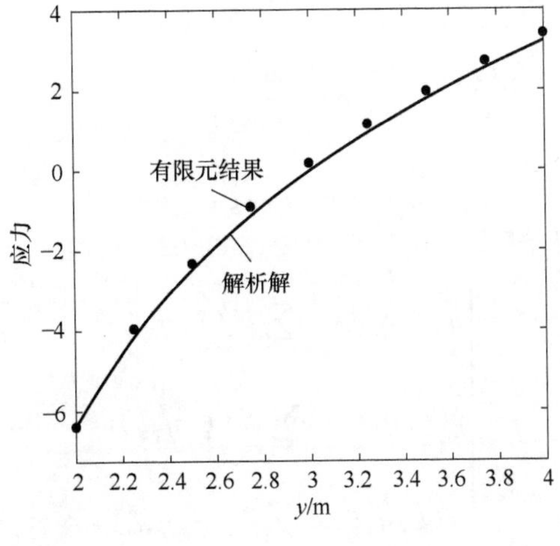

图 7-9 固定端面无量纲化应力比较

由于在 3.0m 位置的解析解接近 0，所以与解析解的相对误差没有给出。

7.3 空间八结点六面体单元

空间四结点四面体单元划分灵活，适用于各种边界几何形状，但是空间四结点四面体单元的阶数低，精度差，单元内的应变是常数。为了提高精度，可以采用立方体单元，但是立方体单元描述复杂边界几何形状比较困难，所以引入空间六面体单元。

最简单的空间六面体单元是图 7-10 所示的八结点六面体单元。为了研究这个单元，建立了图 7-11 所示的边长为 2 的八结点正方体母单元。

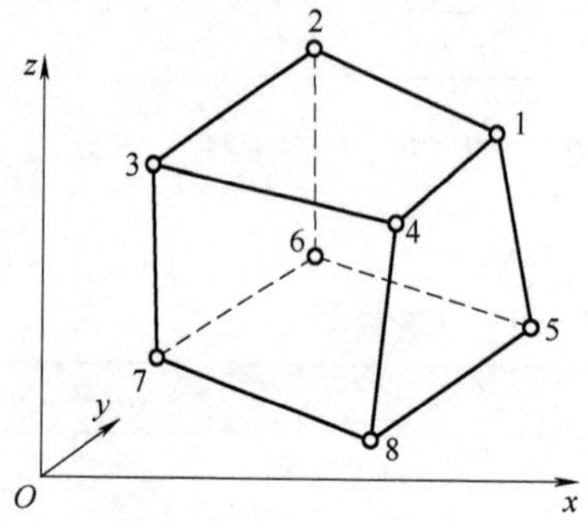

图 7-10　八结点六面体单元

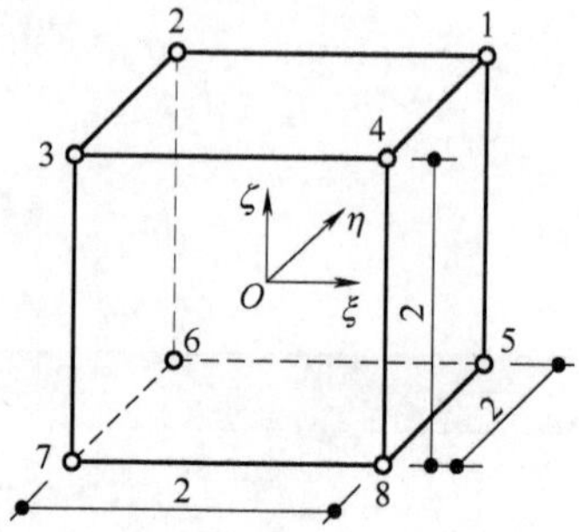

图 7-11　母单元

7.3.1　单元结点位移

单元的八个结点的位移作为基本变量，建立单元结点位移列向量为

$$\boldsymbol{U}_e=[\boldsymbol{U}_1^{\mathrm{T}}\quad \boldsymbol{U}_2^{\mathrm{T}}\quad \cdots\quad \boldsymbol{U}_8^{\mathrm{T}}]^{\mathrm{T}},\ \boldsymbol{U}_i=[u_i\quad v_i\quad w_i]^{\mathrm{T}},\ i=1,2,\cdots,8 \tag{7-52}$$

7.3.2　形函数和位移模式

形函数假设为

$$N_i(\xi,\eta,\zeta)=\frac{1}{8}(1+\xi_0)(1+\eta_0)(1+\zeta_0) \tag{7-53}$$

式中，

$$\xi_0=\xi_i\xi,\ \eta_0=\eta_i\eta,\ \zeta_0=\zeta_i\zeta,\ i=1,2,\cdots,8 \tag{7-54}$$

有了形函数就可以建立位移模式为

$$\begin{cases} u(\xi,\eta,\zeta)=\sum\limits_{i=1}^{8}N_i(\xi,\eta,\zeta)u_i \\ v(\xi,\eta,\zeta)=\sum\limits_{i=1}^{8}N_i(\xi,\eta,\zeta)v_i \\ w(\xi,\eta,\zeta)=\sum\limits_{i=1}^{8}N_i(\xi,\eta,\zeta)w_i \end{cases} \tag{7-55}$$

坐标映射关系采用同样的方法可得

$$\begin{cases} x(\xi,\eta,\zeta)=\sum\limits_{i=1}^{8}N_i(\xi,\eta,\zeta)x_i \\ y(\xi,\eta,\zeta)=\sum\limits_{i=1}^{8}N_i(\xi,\eta,\zeta)y_i \\ z(\xi,\eta,\zeta)=\sum\limits_{i=1}^{8}N_i(\xi,\eta,\zeta)z_i \end{cases} \tag{7-56}$$

7.3.3 应变和几何矩阵

1. 应变

根据位移模式，由应变的定义可以得到应变为

$$\boldsymbol{\varepsilon}=\begin{bmatrix}\varepsilon_x\\ \varepsilon_y\\ \varepsilon_z\\ \gamma_{yz}\\ \gamma_{xz}\\ \gamma_{xy}\end{bmatrix}=\begin{bmatrix}\dfrac{\partial u}{\partial x}\\ \dfrac{\partial v}{\partial y}\\ \dfrac{\partial w}{\partial z}\\ \dfrac{\partial v}{\partial z}+\dfrac{\partial w}{\partial y}\\ \dfrac{\partial w}{\partial x}+\dfrac{\partial u}{\partial z}\\ \dfrac{\partial u}{\partial y}+\dfrac{\partial v}{\partial x}\end{bmatrix}=\sum_{i=1}^{8}\begin{bmatrix}\dfrac{\partial N_i}{\partial x}u_i\\ \dfrac{\partial N_i}{\partial y}v_i\\ \dfrac{\partial N_i}{\partial z}w_i\\ \dfrac{\partial N_i}{\partial z}v_i+\dfrac{\partial N_i}{\partial y}w_i\\ \dfrac{\partial N_i}{\partial x}w_i+\dfrac{\partial N_i}{\partial z}u_i\\ \dfrac{\partial N_i}{\partial y}u_i+\dfrac{\partial N_i}{\partial x}v_i\end{bmatrix}=\sum_{i=1}^{8}\begin{bmatrix}\dfrac{\partial N_i}{\partial x} & 0 & 0\\ 0 & \dfrac{\partial N_i}{\partial y} & 0\\ 0 & 0 & \dfrac{\partial N_i}{\partial z}\\ 0 & \dfrac{\partial N_i}{\partial z} & \dfrac{\partial N_i}{\partial y}\\ \dfrac{\partial N_i}{\partial z} & 0 & \dfrac{\partial N_i}{\partial x}\\ \dfrac{\partial N_i}{\partial y} & \dfrac{\partial N_i}{\partial x} & 0\end{bmatrix}\begin{bmatrix}u_i\\ v_i\\ w_i\end{bmatrix}\tag{7-57}$$

定义几何矩阵为

$$\boldsymbol{B}=[\boldsymbol{B}_1\quad \boldsymbol{B}_2\quad \cdots\quad \boldsymbol{B}_8],\boldsymbol{B}_i=\begin{bmatrix}\dfrac{\partial N_i}{\partial x} & 0 & 0\\ 0 & \dfrac{\partial N_i}{\partial y} & 0\\ 0 & 0 & \dfrac{\partial N_i}{\partial z}\\ 0 & \dfrac{\partial N_i}{\partial z} & \dfrac{\partial N_i}{\partial y}\\ \dfrac{\partial N_i}{\partial z} & 0 & \dfrac{\partial N_i}{\partial x}\\ \dfrac{\partial N_i}{\partial y} & \dfrac{\partial N_i}{\partial x} & 0\end{bmatrix}\tag{7-58}$$

应变式（7-57）可以进一步写为

$$\boldsymbol{\varepsilon}=\sum_{i=1}^{8}\boldsymbol{B}_i\boldsymbol{U}_i=\boldsymbol{B}\boldsymbol{U}_e\tag{7-59}$$

2. 雅可比矩阵

为了计算应变，需要计算形函数的导数。由于形函数直接用局部坐标表示，而不是用整体坐标表示，因此先求形函数关于局部坐标的导数。按照复合函数的求导法则，即

$$\begin{cases}\dfrac{\partial N_i}{\partial \xi}=\dfrac{\partial N_i}{\partial x}\dfrac{\partial x}{\partial \xi}+\dfrac{\partial N_i}{\partial y}\dfrac{\partial y}{\partial \xi}+\dfrac{\partial N_i}{\partial z}\dfrac{\partial z}{\partial \xi}\\ \dfrac{\partial N_i}{\partial \eta}=\dfrac{\partial N_i}{\partial x}\dfrac{\partial x}{\partial \eta}+\dfrac{\partial N_i}{\partial y}\dfrac{\partial y}{\partial \eta}+\dfrac{\partial N_i}{\partial z}\dfrac{\partial z}{\partial \eta}\\ \dfrac{\partial N_i}{\partial \zeta}=\dfrac{\partial N_i}{\partial x}\dfrac{\partial x}{\partial \zeta}+\dfrac{\partial N_i}{\partial y}\dfrac{\partial y}{\partial \zeta}+\dfrac{\partial N_i}{\partial z}\dfrac{\partial z}{\partial \zeta}\end{cases}\tag{7-60}$$

将式（7-60）改写为矩阵形式，即

$$\begin{bmatrix}\dfrac{\partial N_i}{\partial \xi}\\ \dfrac{\partial N_i}{\partial \eta}\\ \dfrac{\partial N_i}{\partial \zeta}\end{bmatrix}=\begin{bmatrix}\dfrac{\partial x}{\partial \xi} & \dfrac{\partial y}{\partial \xi} & \dfrac{\partial z}{\partial \xi}\\ \dfrac{\partial x}{\partial \eta} & \dfrac{\partial y}{\partial \eta} & \dfrac{\partial z}{\partial \eta}\\ \dfrac{\partial x}{\partial \zeta} & \dfrac{\partial y}{\partial \zeta} & \dfrac{\partial z}{\partial \zeta}\end{bmatrix}\begin{bmatrix}\dfrac{\partial N_i}{\partial x}\\ \dfrac{\partial N_i}{\partial y}\\ \dfrac{\partial N_i}{\partial z}\end{bmatrix} \tag{7-61}$$

定义雅可比矩阵为

$$\boldsymbol{J}=\begin{bmatrix}\dfrac{\partial x}{\partial \xi} & \dfrac{\partial y}{\partial \xi} & \dfrac{\partial z}{\partial \xi}\\ \dfrac{\partial x}{\partial \eta} & \dfrac{\partial y}{\partial \eta} & \dfrac{\partial z}{\partial \eta}\\ \dfrac{\partial x}{\partial \zeta} & \dfrac{\partial y}{\partial \zeta} & \dfrac{\partial z}{\partial \zeta}\end{bmatrix} \tag{7-62}$$

式（7-61）可成为

$$\begin{bmatrix}\dfrac{\partial N_i}{\partial \xi}\\ \dfrac{\partial N_i}{\partial \eta}\\ \dfrac{\partial N_i}{\partial \zeta}\end{bmatrix}=\boldsymbol{J}\begin{bmatrix}\dfrac{\partial N_i}{\partial x}\\ \dfrac{\partial N_i}{\partial y}\\ \dfrac{\partial N_i}{\partial z}\end{bmatrix} \text{或} \begin{bmatrix}\dfrac{\partial N_i}{\partial x}\\ \dfrac{\partial N_i}{\partial y}\\ \dfrac{\partial N_i}{\partial z}\end{bmatrix}=\boldsymbol{J}^{-1}\begin{bmatrix}\dfrac{\partial N_i}{\partial \xi}\\ \dfrac{\partial N_i}{\partial \eta}\\ \dfrac{\partial N_i}{\partial \zeta}\end{bmatrix} \tag{7-63}$$

至于形函数关于局部坐标的导数，很容易计算得

$$\begin{cases}\dfrac{\partial}{\partial \xi}N_i(\xi,\eta,\zeta)=\dfrac{1}{8}\xi_i(1+\eta_0)(1+\zeta_0)\\ \dfrac{\partial}{\partial \eta}N_i(\xi,\eta,\zeta)=\dfrac{1}{8}(1+\xi_0)\eta_i(1+\zeta_0)\\ \dfrac{\partial}{\partial \zeta}N_i(\xi,\eta,\zeta)=\dfrac{1}{8}(1+\xi_0)(1+\eta_0)\zeta_i\end{cases} \tag{7-64}$$

7.3.4 应力和应力矩阵

根据胡克定律，应力可以由应变计算得

$$\boldsymbol{\sigma}=[\sigma_x \quad \sigma_y \quad \sigma_z \quad \tau_{yz} \quad \tau_{zx} \quad \tau_{xy}]^{\mathrm{T}}=\boldsymbol{D\varepsilon}=\boldsymbol{DBU}_e \tag{7-65}$$

式中，弹性矩阵 $\boldsymbol{D}$ 由式（1-21）给出。定义应力矩阵为

$$\boldsymbol{S}=\boldsymbol{DB} \tag{7-66}$$

应力可以写为

$$\boldsymbol{\sigma}=\boldsymbol{SU}_e \tag{7-67}$$

7.3.5 单元刚度矩阵

根据刚度矩阵的计算公式为

$$\boldsymbol{k}_{ij}=\iiint \boldsymbol{B}_i^{\mathrm{T}}\boldsymbol{D}\boldsymbol{B}_j\,\mathrm{d}x\mathrm{d}y\mathrm{d}z=\int_{-1}^{1}\int_{-1}^{1}\int_{-1}^{1}\boldsymbol{B}_i^{\mathrm{T}}\boldsymbol{D}\boldsymbol{B}_j\,|\,\boldsymbol{J}\,|\,\mathrm{d}\xi\mathrm{d}\eta\mathrm{d}\zeta \tag{7-68}$$

式中，积分一般采用高斯数值积分方法计算，即

$$\int_{-1}^{1}\int_{-1}^{1}\int_{-1}^{1}f(\xi,\eta,\zeta)\,\mathrm{d}\xi\mathrm{d}\eta\mathrm{d}\zeta=\sum_i\sum_j\sum_k H_iH_jH_kf(\xi_i,\eta_j,\zeta_k) \tag{7-69}$$

式中，ξ_i,η_j,ζ_k和 H_i,H_j,H_k分别是高斯积分点坐标和高斯积分系数。

7.3.6 程序设计

例 7.3 圆截面短悬臂梁，横截面直径为 $D=1\text{m}$，长度为 5m，在自由端受到 $F=4000\text{kN}$ 横向力作用，如图 7-12a 所示。取 $E=210\text{GPa}$，$\mu=0.3$，分析结构变形和内力。由于对称性取第一卦限的 1/4 结构，单元划分，如图 7-12b 所示。$z=0$ 坐标面固定，约束所有方向位移；$x=0$ 坐标面为对称面，约束 x 轴方向位移；$y=0$ 坐标面为反对称面，约束 z 方向位移。在 $z=0$ 平面的结点编号及首层单元编号，如图 7-12b 所示。增加每层的结点数或单元数就可以得到其他层的单元号和结点号。

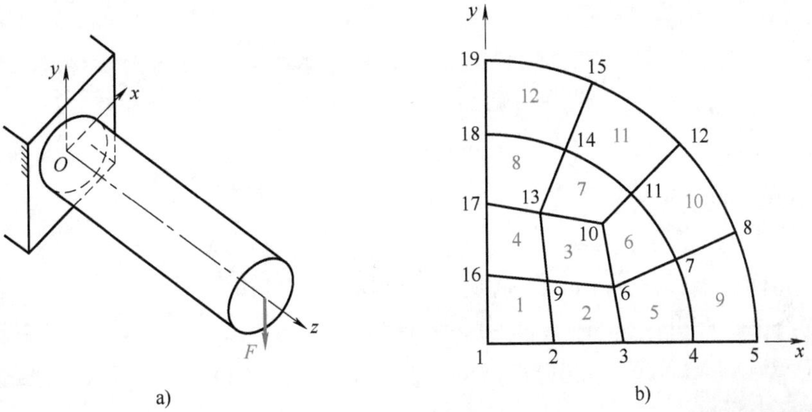

图 7-12 圆截面悬臂梁

a）力学模型 b）有限元模型（固定端截面）

源程序（SpacN8. m）

空间八结点六面体等参单元程序讲解

```
%——————————————————定义结构——————————————————%
function SpacN8                                   % 空间八结点六面体等参单元
Em=210e9;mu=0.3;                                  % 弹性模量，泊松比
r1=mu/(1-mu);r2=(1-2*mu)/2/(1-mu);Z0=zeros(3,3);
D=Em/2/(1+mu)/r2*[[1,r1,r1;r1,1,r1;r1,r1,1],Z0;Z0,r2*eye(3)];
                                                  % 弹性矩阵
g0=[0:4,[2.1,3,4]*cos(pi/8),[1.3,2.4,3.2,4]*cos(pi/4),(2:4)*cos(3*pi/
8),zeros(1,4);
zeros(1,5),[2.1,3,4]*sin(pi/8),[1.3,2.4,3.2,4]*sin(pi/4),(2:4)*sin(3*pi/
8),1:4]'/4;
```

```
nde=[9,16,1,2;6,9,2,3;10,13,9,6;13,17,16,9;7,6,3,4;11,10,6,7;14,13,10,11;
  18,17,13,14;8,7,4,5;12,11,7,8;15,14,11,12;19,18,14,15];
                                                      % 单元在底层的结点号
nd0=size(g0,1);ne0=size(nde,1);nz=10;           % 一层的结点数，单元数和层数
gxy=[repmat(g0,nz+1,1),kron((0:nz)',0.5*ones(nd0,1))];              % 结点坐标
nde=repmat(nde,nz+1,1)+kron((0:nz)',nd0*ones(ne0,4));
                                                      % 单元在各层的结点号
ndel=[nde(ne0+1:end,:),nde(1:end-ne0,:)];
nd3=3*size(gxy,1);                                              % 结点总数
ne=size(ndel,1);                                                % 单元总数
F=zeros(nd3,1);F(3*nz*nd0+2)=-1e6;                              % 置结点力
nc1=1:3*19;                                                     % 固定端
nc2=repmat(      1:5,   1,11)+kron(nd0*(0:nz),ones(1,5));
                                                      % oxz 坐标面反对称
nc3=repmat([1,16:19],1,11)+kron(nd0*(0:nz),ones(1,5)); % oyz 坐标面对称
dofree=setdiff(1:nd3,[nc1,3*nc2,3*nc3-2]);                      % 无约束自由度
  %——————————————组装结构刚度矩阵——————————————%
K=zeros(nd3,nd3);                                               % 结构刚度矩阵
for el=1:ne
 N=kron(3*ndel(el,:),[1,1,1])+repmat(-2:0,1,8);                 % 单元自由度
 ke=SpacN8Stif(gxy(ndel(el,:),:),D);                            % 单元刚度矩阵
 K(N,N)=K(N,N)+ke;                                              % 组装结构刚度矩阵
end
  %————————————————求解位移————————————————%
U=zeros(nd3,1);                                                 % 结点位移列向量
U(dofree)=K(dofree,dofree)\F(dofree);
  %———————————图形显示单元和输出位移———————————%
DarwSpacElem (ne,gxy,ndel,[fix((nc1+2)/3),nc2,nc3],U)
ResList(gxy,ndel,U,D)
   %——————————————结构刚度矩阵函数——————————————%
function ke=SpacN8Stif(xy,D)
ke=zeros(24,24);
p=sqrt(0.6)*[-1,0,1];w=[5,8,5]/9;                               % 高斯积分点坐标和权重
for r=1:3
 for s=1:3
  for t=1:3
   [B,J]=SpacN8Strain(p(r),p(s),p(t),xy);                       % 几何矩阵高斯点值
```

```
    ke=ke+w(r)*w(s)*w(t)*B'*D*B*J;                              % 计算单元刚度矩阵
   end
  end
end
  %——————————————————几何矩阵函数——————————————————%
function [B,detJ]=SpacN8Strain(x,y,z,xy)
B=zeros(6,24);
[~,dSp]=SpacN8ShapeFun(x,y,z);                                  % 形函数及其导数
J=dSp*xy;detJ=det(J);                                           % 雅可比矩阵及其行列式值
dx=J\dSp;                                                       % 形函数导数
for i=1:8
 B(:,3*i-2:3*i)=[dx(1,i),0,0;0,dx(2,i),0;0,0,dx(3,i);
  0,dx(3,i),dx(2,i);dx(3,i),0,dx(1,i);dx(2,i),dx(1,i),0];       % 几何子矩阵
end
    %——————————————————形函数——————————————————%
function [Sp,dSp]=SpacN8ShapeFun(x,y,z)
xn=[1,-1,-1,1,1,-1,-1,1];
yn=[1,1,-1,-1,1,1,-1,-1];
zn=[1,1,1,1,-1,-1,-1,-1];
Sp=zeros(1,8);dSp=zeros(3,8);
for i=1:8
 xi=xn(i);x0=xi*x;
 yi=yn(i);y0=yi*y;
 zi=zn(i);z0=zi*z;
 Sp(i)=(1+x0)*(1+y0)*(1+z0)/8;
 dSp(:,i)=[xi*(1+y0)*(1+z0);(1+x0)*yi*(1+z0);(1+x0)*(1+y0)*zi]/8;
 end
    %————————————结点位移单元应力输出函数————————————%
function ResList(gxy,ndel,U,D)
disp('Node   X   Y   Z   u   v w')
for j=1:size(gxy,1)                                  % 输出结点号，结点坐标，结点位移
 fprintf('%4i%10.4f%10.4f%10.4f%12.4e%12.4e%12.4e\n',j,gxy(j,:),U(3*j-
2:3*j));
end
disp('1  2  3  4 5 6 7 8  Elem Sx  Sy  Sz  Syz  Szx  Sxy S1  S2  s3')
for el=1:size(ndel,1)
 B0=SpacN8Strain(0,0,0,gxy(ndel(el,:),:));                      % 应变矩阵形心值
```

```
N=kron(3*ndel(el,:),[1,1,1])+repmat(-2:0,1,8);                 % 单元自由度
St=D*B0*U(N);                                                  % 应力列向量
[Dir,D0]=eig(St([1,6,5;6,2,4;5,4,3]));
                                              % 求特征值，计算主应力方向及大小
fprintf('%3d%4d%4d%4d%4d%4d%4d%4d%4d%12.3g%12.3g%12.3g%
12.3g%12.3g
%12.3g%12.3g%12.3g%12.3g\n',el,ndel(el,:),St,diag(D0));
end                                          % 输出单元号，单元信息，应力，主应力
```

该算例的结构变形曲线，可以参见附录 A 中的图 A-6。

第8章

8 板的弯曲

板结构是指图 8-1 所示的结构，在一个方向的尺寸 h 远小于另外两个方向的尺寸 L_x 和 L_y，较小的尺寸称为厚度。板单元承受厚度方向的荷载。结构坐标面 xOy 建立在板的中面。板中面在面内不变形，各点的变形完全是由于中面的挠曲变形产生的。

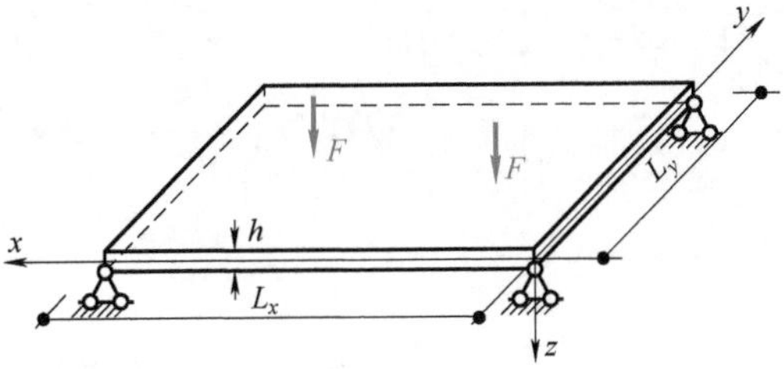

图 8-1　薄板

8.1 四结点矩形薄板单元

本章先介绍一种四结点矩形薄板单元。采用图 8-2a 所示的四结点矩形薄板单元，其中图 8-2b 所示是其母单元。

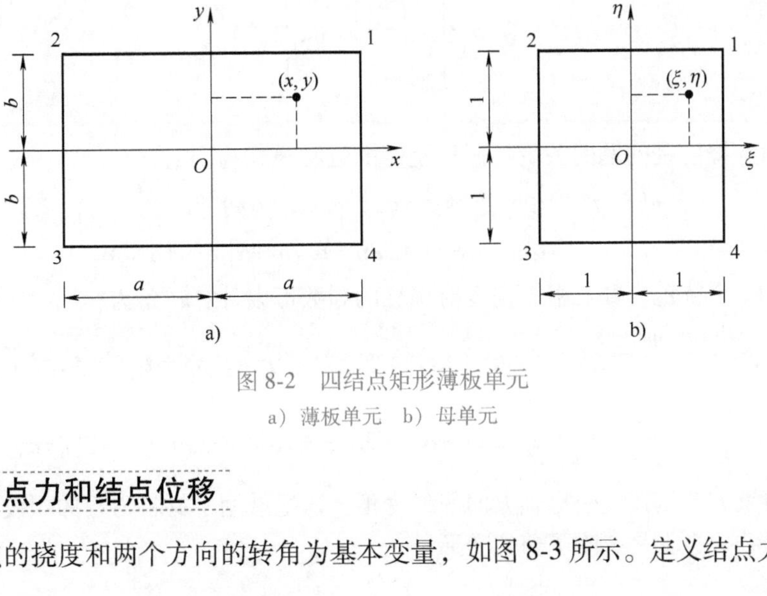

图 8-2　四结点矩形薄板单元

a）薄板单元　b）母单元

8.1.1　结点力和结点位移

每个结点的挠度和两个方向的转角为基本变量，如图 8-3 所示。定义结点力列向量为

$$\boldsymbol{F}_e=[\boldsymbol{F}_1^{\mathrm{T}}\quad \boldsymbol{F}_2^{\mathrm{T}}\quad \boldsymbol{F}_3^{\mathrm{T}}\quad \boldsymbol{F}_4^{\mathrm{T}}]^{\mathrm{T}},\ \boldsymbol{F}_i=[W_i\quad M_{xi}\quad M_{yi}]^{\mathrm{T}} \tag{8-1}$$

结点位移列向量为

$$\boldsymbol{U}_e=[\boldsymbol{U}_1^{\mathrm{T}}\quad \boldsymbol{U}_2^{\mathrm{T}}\quad \boldsymbol{U}_3^{\mathrm{T}}\quad \boldsymbol{U}_4^{\mathrm{T}}]^{\mathrm{T}},\ \boldsymbol{U}_i=[w_i\quad \theta_{xi}\quad \theta_{yi}]^{\mathrm{T}} \tag{8-2}$$

式中，

$$w_i=w(\xi_i,\eta_i),\ \theta_{xi}=\theta_x(\xi_i,\eta_i),\ \theta_{yi}=\theta_y(\xi_i,\eta_i) \tag{8-3}$$

式中，θ_{xi},θ_{yi}分别是绕坐标轴 x，y 的转角，如图 8-4 所示。以右手四指指向转角方向，大拇指与坐标轴正向一致则为正。两个坐标系的对应关系为

$$x=a\xi,\ y=b\eta \tag{8-4}$$

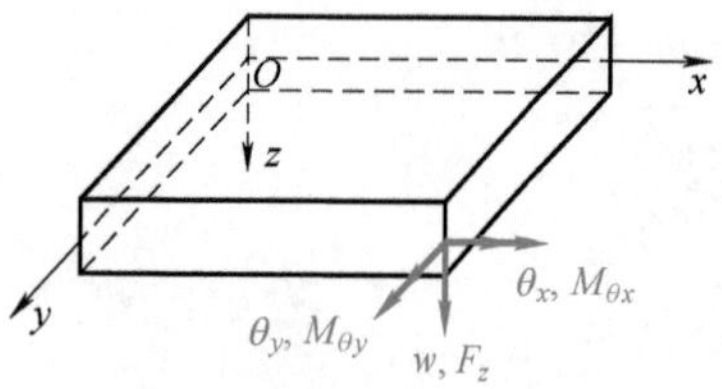

图 8-3　结点力和结点位移

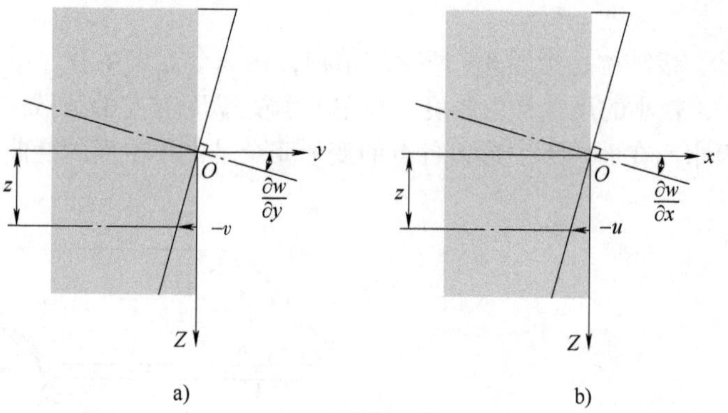

图 8-4　薄板变形时横截面转动

a）绕 x 轴转动　b）绕 y 轴转动

8.1.2　位移模式和形函数

按照薄板理论，板内任意点的位移向量（图 8-3）为

$$\boldsymbol{u}=\begin{bmatrix}u\\v\\w\end{bmatrix}=-\begin{bmatrix}z\dfrac{\partial w}{\partial x}\\ z\dfrac{\partial w}{\partial y}\\ w\end{bmatrix}. \tag{8-5}$$

因此，确定挠度是问题的关键。假设挠度的位移模式为

$$\begin{aligned}w(\xi,\eta)=&\alpha_1+\alpha_2\xi+\alpha_3\eta+\alpha_4\xi^2+\alpha_5\xi\eta+\alpha_6\eta^2+\\&\alpha_7\xi^3+\alpha_8\xi^2\eta+\alpha_9\xi\eta^2+\alpha_{10}\eta^3+\alpha_{11}\xi^3\eta+\alpha_{12}\xi\eta^3\end{aligned} \tag{8-6}$$

式（8-6）共 12 个待定参数。根据挠度对坐标的导数可以计算转角为

$$\theta_x=\frac{\partial w}{\partial y}=\frac{\partial w}{b\partial\eta}=\frac{1}{b}(\alpha_3+\alpha_5\xi+2\alpha_6\eta+\alpha_8\xi^2+2\alpha_9\xi\eta+3\alpha_{10}\eta^2+\alpha_{11}\xi^3+3\alpha_{12}\xi\eta^2) \tag{8-7}$$

$$\theta_y=-\frac{\partial w}{\partial x}=-\frac{\partial w}{a\partial\xi}=-\frac{1}{a}(\alpha_2+2\alpha_4\xi+\alpha_5\eta+3\alpha_7\xi^2+2\alpha_8\xi\eta+\alpha_9\eta^2+3\alpha_{11}\xi^2\eta+\alpha_{12}\eta^3) \tag{8-8}$$

这里的转角向量方向是按与坐标轴方向一致为正。这里沿用了材料力学的假设：中面转角与横截面转角一致，也就是忽略了剪切变形。

根据每个结点有一个挠度和两个转角，共 12 个结点位移就可以建立 12 个方程，即

$$w(\xi_i,\eta_i)=w_i,\quad \theta_x(\xi_i,\eta_i)=\theta_{xi},\quad \theta_y(\xi_i,\eta_i)=\theta_{yi},\quad i=1,2,3,4 \tag{8-9}$$

求解式（8-9）12 个方程就可以求解出 $\alpha_1\sim\alpha_{12}$12 个系数。将这 12 个系数代入式（8-6）得到位移模式。定义形函数为

$$\begin{cases}N_i(\xi,\eta)=(1+\xi_0)(1+\eta_0)(2+\xi_0+\eta_0-\xi^2-\eta^2)/8\\ N_{xi}(\xi,\eta)=-b\eta_i(1+\xi_0)(1+\eta_0)(1-\eta^2)/8\\ N_{yi}(\xi,\eta)=a\xi_i(1+\xi_0)(1+\eta_0)(1-\xi^2)/8\end{cases} \tag{8-10}$$

位移模式可以写为

$$w(\xi,\eta)=\sum_{i=1}^{4}(N_iw_i+N_{xi}\theta_{xi}+N_{yi}\theta_{yi}) \tag{8-11}$$

定义形函数矩阵为

$$\boldsymbol{N}=[\boldsymbol{N}_1\quad \boldsymbol{N}_2\quad \boldsymbol{N}_3\quad \boldsymbol{N}_4],\boldsymbol{N}_i=[N_i\quad N_{xi}\quad N_{yi}] \tag{8-12}$$

位移模式可以写为矩阵形式，即

$$w(\xi,\eta)=\boldsymbol{N}\boldsymbol{U}_e \tag{8-13}$$

薄板单元的形函数与其他单元的形函数有重要的区别。在薄板单元中，每个结点的一个挠度和两个转角作为基本变量是独立的。但是在单元内部，位移模式只假设挠度，两个转角是导出的，不独立，因此具有一些特殊性质。例如：在结点 i 处有

$$N_i(\xi_i,\eta_i)=1,\quad \frac{\partial}{\partial y}N_{xi}(\xi_i,\eta_i)=1,\quad \frac{\partial}{\partial x}N_{yi}(\xi_i,\eta_i)=-1 \tag{8-14}$$

其他形函数及其导数都为零。因此在每一点，不仅形函数值是指定的，而且它的两个导数值也是指定的。所以它的阶数越高，构造越复杂。注意到

$$\frac{\partial}{\partial\eta}N_{yi}(\xi,\eta)=a\xi_i\eta_i(1+\xi_i\xi)(1-\xi^2)/8 \tag{8-15}$$

虽然在所有的结点上 $\xi=\pm1$，式（8-15）等于零，但在 $\eta=1$ 的边上并不为零，四个结点的 θ_{yi} 都参与了 $\eta=1$ 的边上沿 η 方向的导数计算。这就导致这个边沿法向的导数并不是由这个边两端结点的转角确定，所以相邻单元的导数可能不一致，也就是该单元不协调。

8.1.3 应变和几何矩阵

将式（8-5）中的位移代入应变的定义可得

$$\boldsymbol{\varepsilon}=\begin{bmatrix}\varepsilon_x\\ \varepsilon_y\\ \gamma_{xy}\end{bmatrix}=\begin{bmatrix}\dfrac{\partial u}{\partial x}\\ \dfrac{\partial v}{\partial y}\\ \dfrac{\partial u}{\partial y}+\dfrac{\partial v}{\partial x}\end{bmatrix}=-z\begin{bmatrix}\dfrac{\partial^2 w}{\partial x^2}\\ \dfrac{\partial^2 w}{\partial y^2}\\ 2\dfrac{\partial^2 w}{\partial x\partial y}\end{bmatrix}=-z\boldsymbol{\kappa} \tag{8-16}$$

式中，

$$\boldsymbol{\kappa}=\begin{bmatrix}\dfrac{\partial^2 w}{\partial x^2} & \dfrac{\partial^2 w}{\partial y^2} & 2\dfrac{\partial^2 w}{\partial x\partial y}\end{bmatrix}^{\mathrm{T}} \tag{8-17}$$

式（8-17）为曲率向量。将式（8-11）代入式（8-17）可得

$$\boldsymbol{\kappa}=-z\sum_{i=1}^{4}\begin{bmatrix}\dfrac{\partial^2 \boldsymbol{N}_i}{\partial x^2}\\ \dfrac{\partial^2 \boldsymbol{N}_i}{\partial y^2}\\ 2\dfrac{\partial^2 \boldsymbol{N}_i}{\partial x\partial y}\end{bmatrix}\boldsymbol{U}_i \tag{8-18}$$

定义几何矩阵为

$$\boldsymbol{B}=[\boldsymbol{B}_1\quad \boldsymbol{B}_2\quad \boldsymbol{B}_3\quad \boldsymbol{B}_4],\ \boldsymbol{B}_i=-z\begin{bmatrix}\dfrac{\partial^2 \boldsymbol{N}_i}{\partial x^2}\\ \dfrac{\partial^2 \boldsymbol{N}_i}{\partial y^2}\\ 2\dfrac{\partial^2 \boldsymbol{N}_i}{\partial x\partial y}\end{bmatrix},\ i=1,2,3,4 \tag{8-19}$$

应变可以写为

$$\boldsymbol{\varepsilon}=\sum_{i=1}^{4}\boldsymbol{B}_i\boldsymbol{U}_i=\boldsymbol{B}\boldsymbol{U}_e \tag{8-20}$$

以下计算几何矩阵。利用式（8-4），式（8-19）写为

$$\boldsymbol{B}_i=-\frac{z}{ab}\begin{bmatrix}\dfrac{b}{a}\dfrac{\partial^2 \boldsymbol{N}_i}{\partial \xi^2}\\ \dfrac{a}{b}\dfrac{\partial^2 \boldsymbol{N}_i}{\partial \eta^2}\\ 2\dfrac{\partial^2 \boldsymbol{N}_i}{\partial \xi\ \partial \eta}\end{bmatrix} \tag{8-21}$$

将形函数式（8-10）求导，可以计算得

$$\begin{cases}\dfrac{b}{a}\dfrac{\partial^2 \boldsymbol{N}_i}{\partial \xi^2}=\dfrac{1}{4}\left[3\dfrac{b}{a}\xi_0(1+\eta_0)\quad 0\quad b\xi_i(1+3\xi_0)(1+\eta_0)\right]\\ \dfrac{a}{b}\dfrac{\partial^2 \boldsymbol{N}_i}{\partial \eta^2}=\dfrac{1}{4}\left[3\dfrac{a}{b}\eta_0(1+\xi_0)\quad -a\eta_i(1+\xi_0)(1+3\eta_0)\quad 0\right]\\ 2\dfrac{\partial^2 \boldsymbol{N}_i}{\partial \xi\ \partial \eta}=\dfrac{1}{4}[\xi_i\eta_i(3\xi^2+3\eta^2-4)\quad -b\xi_i(3\eta^2+2\eta_0-1)\quad a\eta_i(3\xi^2+2\xi_0-1)]\end{cases} \tag{8-22}$$

将式（8-22）代入式（8-21），得到几何子矩阵的具体表达式为

$$\boldsymbol{B}_i=-\frac{z}{4ab}\begin{bmatrix}3\dfrac{b}{a}\xi_0(1+\eta_0) & 0 & b\xi_i(1+3\xi_0)(1+\eta_0)\\ 3\dfrac{a}{b}\eta_0(1+\xi_0) & -a\eta_i(1+\xi_0)(1+3\eta_0) & 0\\ \xi_i\eta_i(3\xi^2+3\eta^2-4) & -b\xi_i(3\eta^2+2\eta_0-1) & a\eta_i(3\xi^2+2\xi_0-1)\end{bmatrix} \tag{8-23}$$

8.1.4 应力、内力和刚度矩阵

根据胡克定律，应力可以直接由应变计算得

$$\boldsymbol{\sigma}=\begin{bmatrix}\sigma_x\\ \sigma_y\\ \tau_{xy}\end{bmatrix}=\boldsymbol{D\varepsilon}=-z\boldsymbol{D}\begin{bmatrix}\dfrac{\partial^2 w}{\partial x^2}\\ \dfrac{\partial^2 w}{\partial y^2}\\ 2\dfrac{\partial^2 w}{\partial x\partial y}\end{bmatrix} \tag{8-24}$$

内力，如图 8-5 所示，可以积分计算得到

$$\boldsymbol{M}=\begin{bmatrix}M_x\\ M_y\\ M_{xy}\end{bmatrix}=\int_{-\frac{h}{2}}^{\frac{h}{2}}z\begin{bmatrix}\sigma_x\\ \sigma_y\\ \tau_{xy}\end{bmatrix}\mathrm{d}z=-\frac{h^3}{12}\boldsymbol{D}\begin{bmatrix}\dfrac{\partial^2 w}{\partial x^2}\\ \dfrac{\partial^2 w}{\partial y^2}\\ 2\dfrac{\partial^2 w}{\partial x\partial y}\end{bmatrix} \tag{8-25}$$

所以应力与内力的关系为

$$\boldsymbol{\sigma}=\frac{12z}{h^3}\boldsymbol{M} \tag{8-26}$$

最后，刚度矩阵可以根据定义计算，即

$$\boldsymbol{k}_{ij}=\iiint\boldsymbol{B}_i^{\mathrm{T}}\boldsymbol{D}\boldsymbol{B}_j\mathrm{d}x\mathrm{d}y\mathrm{d}z=ab\int_{-\frac{h}{2}}^{\frac{h}{2}}\int_{-1}^{1}\int_{-1}^{1}\boldsymbol{B}_i^{\mathrm{T}}\boldsymbol{D}\boldsymbol{B}_j\mathrm{d}\xi\mathrm{d}\eta\mathrm{d}z \tag{8-27}$$

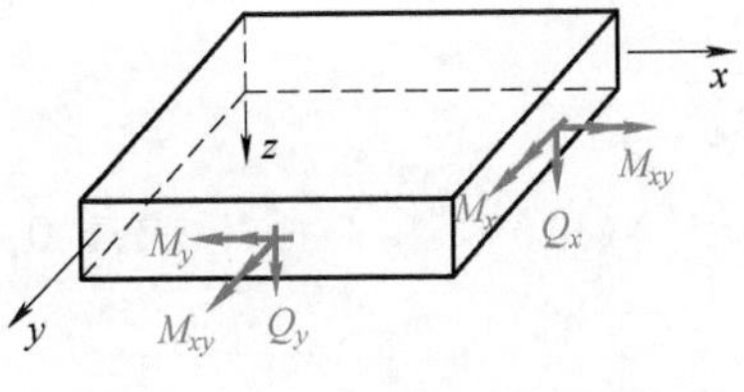

图 8-5 结点位移和结点力

8.1.5 等效结点力

平板在分布集度为 q 的横向力的作用下，等效结点力为

$$\boldsymbol{F}_i=[F_i\quad M_{xi}\quad M_{yi}]^{\mathrm{T}}=ab\int_{-1}^{1}\int_{-1}^{1}q\boldsymbol{N}_i^{\mathrm{T}}\mathrm{d}\xi\mathrm{d}\eta \tag{8-28}$$

注意：当 $q=q_0$ 为常数时，将形函数矩阵式（8-12）和式（8-10）代入式（8-28）积分为

$$F_i=q_0ab,\quad M_{xi}=-q_0ab^2\eta_i/3,\quad M_{yi}=q_0a^2b\xi_i/3 \tag{8-29}$$

8.1.6 程序设计

例 8.1 分析图 8-6a 所示中心受集中力四边简支矩形板的变形。由于对称性取 1/4 结构，单元划分如图 8-6b 所示。

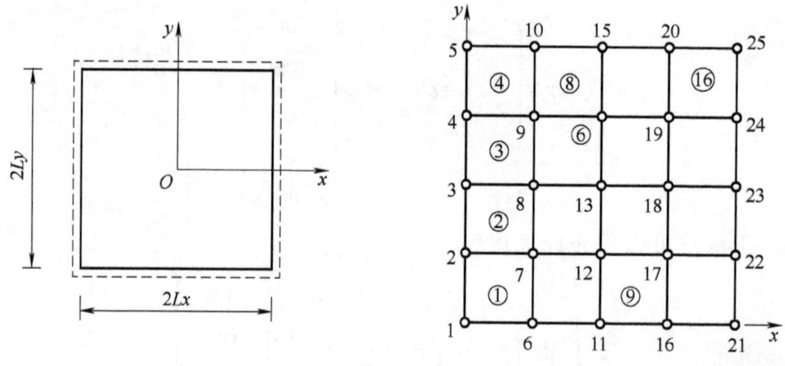

图 8-6 矩形薄板单元算例

a）四边简支方板 b）单元划分

矩形薄板单元程序讲解

源程序（PlatRect. m）

```
%————————————————————定义结构————————————————————%
function PlatRect                                          % 矩形薄板单元
Em=210e9;mu=0.3;Th=1e-2;                         % 弹性模量，泊松比和板厚
Nx=4;Lx=4;a=Lx/Nx/2;                         % x 向单元数，长度和单元半长
Ny=4;Ly=4;b=Ly/Ny/2;                         % y 向单元数，长度和单元半长
ne=Nx*Ny;nd=(Nx+1)*(Ny+1);                         % 单元总数和结点总数
ndel=zeros(ne,4);
for i=1:Nx                                             % 自动形成单元信息
 for j=1:Ny
   ndel(Ny*(i-1)+j,:)=(Ny+1)*(i-1)+j+[Ny+2,1,0,Ny+1];
end
end
F=zeros(3*nd,1);                                          % 结点力列向量
F(1)=0.25;                                                   % 置结点力
dofix=[3*Ny+1:3*Ny+3:3*nd,3*Nx*(Ny+1)+1:3:3*nd-3];           % 上右边简支
dofix=union(dofix,[2:3*(Ny+1):3*nd 3:3:3*(Ny+1)]);            % 左下边对称
dofree=setdiff(1:3*nd,dofix);                                % 无约束自由度
  %——————————————————形成刚度矩阵——————————————————%
K=sparse(3*nd,3*nd);                                      % 结构刚度矩阵
ke=PlatRectStif(Em,Th,mu,a,b);                            % 单元刚度矩阵
for el=1:ne
 N(3:3:12)=3*ndel(el,:);N(2:3:12)=N(3:3:12)-1;N(1:3:12)=N(3:3:12)-2;
```

```
 K(N,N)=K(N,N)+ke;
end
 %————————————————求解位移输出————————————————%
U=zeros(3*nd,1);                                         % 结点位移列向量
U(dofree)=K(dofree,dofree)\F(dofree);                    % 求解
disp(sprintf('%12.3g',U(1)*Em*Th^3/12/(1-mu^2)/(2*Lx)^2));    % 输出
 %————————————————单元刚度矩阵————————————————%
function ke=PlatRectStif(Em,Th,mu,a,b)                   % 矩形板单元刚度矩阵
syms x y real                                            % 定义符号变量
x1=[1,-1,-1,1];y1=[1,1,-1,-1];                           % 结点局部坐标
ke=zeros(12,12);                                         % 单元刚度矩阵
D=Em*Th^3/12/(1-mu^2)*[1,mu,0;mu,1,0;0,0,(1-mu)/2];      % 弹性矩阵
for i=1:4
 for j=1:4
  xi=x1(i);x0=x*xi;yi=y1(i);y0=y*yi;
 Ni=(1+x0)*(1+y0)*(2+x0+y0-x*x-y*y)/8;
 Nix=-b*yi*(1+x0)*(1+y0)*(1-y*y)/8;
 Niy=a*xi*(1+x0)*(1+y0)*(1-x*x)/8;
 N=[Ni,Nix,Niy];                                         % 形函数矩阵
 Nixx=diff(diff(N,x),x)/a^2;                             % 形函数导数
 Nixy=diff(diff(N,x),y)/a/b;
 Niyy=diff(diff(N,y),y)/b^2;
 Bi=-[Nixx;Niyy;2*Nixy];                                 % 结合矩阵
 xj=x1(j);x0=x*xj;yj=y1(j);y0=y*yj;
 Nj=(1+x0)*(1+y0)*(2+x0+y0-x*x-y*y)/8;
 Njx=-b*yj*(1+x0)*(1+y0)*(1-y*y)/8;
 Njy=a*xj*(1+x0)*(1+y0)*(1-x*x)/8;
 N=[Nj Njx Njy];%
 Njxx=diff(diff(N,x),x)/a^2;
 Njxy=diff(diff(N,x),y)/a/b;
 Njyy=diff(diff(N,y),y)/b^2;
 Bj=-[Njxx;Njyy;2*Njxy];%
 ke(3*i-3+(1:3),3*j-3+(1:3))=a*b*double(int(int(Bi'*D*Bj,x,-1,1),y,-1,1));
                                                         % 单元刚度矩阵
  end
 end
```

8.2 三结点三角形薄板单元

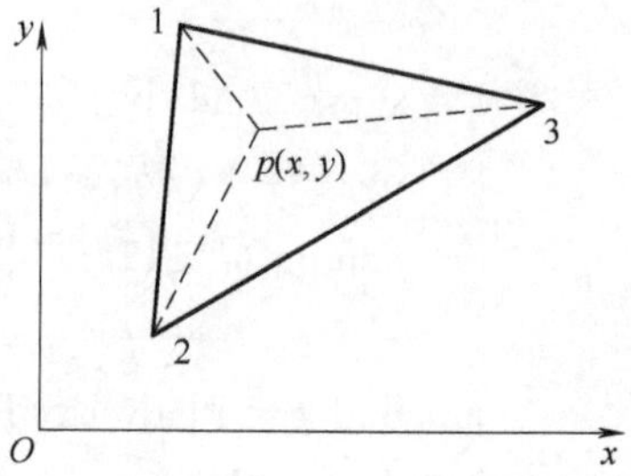

图 8-7 三结点三角形薄板单元

矩形板单元的理论较简单，但对边界几何形状的适应性较差。为此，引入图 8-7 所示的三结点三角形薄板单元。

三角形板单元每个结点的挠度和两个方向的转角为基本变量，定义结点位移列向量为

$$\boldsymbol{U}_e=[\boldsymbol{U}_1^{\mathrm{T}}\quad \boldsymbol{U}_2^{\mathrm{T}}\quad \boldsymbol{U}_3^{\mathrm{T}}]^{\mathrm{T}},\boldsymbol{U}_i=[w_i\quad \theta_{xi}\quad \theta_{yi}]^{\mathrm{T}} \tag{8-30}$$

结点力列向量为

$$\boldsymbol{F}_e=[\boldsymbol{F}_1^{\mathrm{T}}\quad \boldsymbol{F}_2^{\mathrm{T}}\quad \boldsymbol{F}_3^{\mathrm{T}}]^{\mathrm{T}},\boldsymbol{F}_i=[W_i\quad M_{xi}\quad M_{yi}]^{\mathrm{T}} \tag{8-31}$$

8.2.1 面积坐标和雅可比矩阵

位移模式如果按照完全三次多项式给出，则该多项式包含十项，如下：

$$w(x,y)=\alpha_1+\alpha_2x+\alpha_3y+\alpha_4x^2+\alpha_5xy+\alpha_6y^2+\alpha_7x^3+\alpha_8x^2y+\alpha_9xy^2+\alpha_{10}y^3$$

但板在每个结点有两个转角和一个挠度共三个位移，每个三角形单元共有九个位移。位移模式需要有九个待定系数，所以需要删除一项。前六项代表了刚体位移，需要保留。后三次项中去掉任何一项，则 $w(x,y)$ 关于坐标 x,y 都不对称。如果让 $\alpha_8=\alpha_9$，当单元的两个边界分别平行于 x 轴和 y 轴的等腰三角形时，确定系数的矩阵奇异。

于是提出了面积坐标。定义面积坐标为

$$L_i(x,y)=A_i(x,y)/A,\ \ i=1,2,3 \tag{8-32}$$

式中，A_i 是 p 点与 i 点对边构成三角形的面积。这里的面积坐标和第 4 章平面问题介绍的概念完全一致。以下使用的系数 c_i 和 b_i 的含义也一样。由于三个面积坐标不独立，则有

$$L_3=1-L_1-L_2 \tag{8-33}$$

将式（8-33）代入坐标的插值函数为

$$\begin{cases}x=x_1L_1+x_2L_2+x_3(1-L_1-L_2)=c_2L_1-c_1L_2+x_3\\ y=y_1L_1+y_2L_2+y_3(1-L_1-L_2)=-b_2L_1+b_1L_2+y_3\end{cases} \tag{8-34}$$

则有

$$\frac{\partial x}{\partial L_1}=c_2,\quad \frac{\partial x}{\partial L_2}=-c_1,\quad \frac{\partial y}{\partial L_1}=-b_2,\quad \frac{\partial y}{\partial L_2}=b_1 \tag{8-35}$$

根据链式求导法则，即

$$\begin{cases}\dfrac{\partial}{\partial L_1}=\dfrac{\partial x}{\partial L_1}\dfrac{\partial}{\partial x}+\dfrac{\partial y}{\partial L_1}\dfrac{\partial}{\partial y}=c_2\dfrac{\partial}{\partial x}-b_2\dfrac{\partial}{\partial y}\\ \dfrac{\partial}{\partial L_2}=\dfrac{\partial x}{\partial L_2}\dfrac{\partial}{\partial x}+\dfrac{\partial y}{\partial L_2}\dfrac{\partial}{\partial y}=-c_1\dfrac{\partial}{\partial x}+b_1\dfrac{\partial}{\partial y}\\ \dfrac{\partial}{\partial L_3}=-\dfrac{\partial}{\partial L_1}-\dfrac{\partial}{\partial L_2}\end{cases} \tag{8-36}$$

或者，

$$\begin{bmatrix} \dfrac{\partial}{\partial L_1} \\ \dfrac{\partial}{\partial L_2} \end{bmatrix} = \boldsymbol{J} \begin{bmatrix} \dfrac{\partial}{\partial x} \\ \dfrac{\partial}{\partial y} \end{bmatrix} \tag{8-37}$$

式中，$\boldsymbol{J}$ 是雅可比矩阵，其表达式为

$$\boldsymbol{J} = \begin{bmatrix} c_2 & -b_2 \\ -c_1 & b_1 \end{bmatrix}, \tag{8-38}$$

式（8-37）也可以反解出来得

$$\begin{bmatrix} \dfrac{\partial}{\partial x} \\ \dfrac{\partial}{\partial y} \end{bmatrix} = \frac{1}{2A} \begin{bmatrix} b_1 & b_2 \\ c_1 & c_2 \end{bmatrix} \begin{bmatrix} \dfrac{\partial}{\partial L_1} \\ \dfrac{\partial}{\partial L_2} \end{bmatrix} \tag{8-39}$$

$$\begin{cases} \dfrac{\partial}{\partial x} = \dfrac{1}{2A}\left(b_1 \dfrac{\partial}{\partial L_1} + b_2 \dfrac{\partial}{\partial L_2} \right) \\ \dfrac{\partial}{\partial y} = \dfrac{1}{2A}\left(c_1 \dfrac{\partial}{\partial L_1} + c_2 \dfrac{\partial}{\partial L_2} \right) \end{cases} \tag{8-40}$$

还可以取二次导数，即

$$\begin{cases} \dfrac{\partial^2}{\partial x^2} = \dfrac{1}{4A^2}\left(b_1 \dfrac{\partial}{\partial L_1} + b_2 \dfrac{\partial}{\partial L_2} \right)\left(b_1 \dfrac{\partial}{\partial L_1} + b_2 \dfrac{\partial}{\partial L_2} \right) = \dfrac{1}{4A^2}\left(b_1^2 \dfrac{\partial^2}{\partial L_1^2} + 2b_1 b_2 \dfrac{\partial^2}{\partial L_2 \partial L_1} + b_2^2 \dfrac{\partial^2}{\partial L_2^2} \right) \\ \dfrac{\partial^2}{\partial y^2} = \dfrac{1}{4A^2}\left(c_1 \dfrac{\partial}{\partial L_1} + c_2 \dfrac{\partial}{\partial L_2} \right)\left(c_1 \dfrac{\partial}{\partial L_1} + c_2 \dfrac{\partial}{\partial L_2} \right) = \dfrac{1}{4A^2}\left(c_1^2 \dfrac{\partial^2}{\partial L_1^2} + 2c_1 c_2 \dfrac{\partial^2}{\partial L_2 \partial L_1} + c_2^2 \dfrac{\partial^2}{\partial L_2^2} \right) \\ \dfrac{\partial^2}{\partial y\, \partial x} = \dfrac{1}{4A^2}\left(b_1 \dfrac{\partial}{\partial L_1} + b_2 \dfrac{\partial}{\partial L_2} \right)\left(c_1 \dfrac{\partial}{\partial L_1} + c_2 \dfrac{\partial}{\partial L_2} \right) \\ \qquad = \dfrac{1}{4A^2}\left[b_1 c_1 \dfrac{\partial^2}{\partial L_1^2} + (b_1 c_2 + b_2 c_1) \dfrac{\partial^2}{\partial L_2 \partial L_1} + b_2 c_2 \dfrac{\partial^2}{\partial L_2^2} \right] \end{cases} \tag{8-41}$$

式（8-41）也可以写为矩阵形式

$$\begin{bmatrix} \dfrac{\partial^2}{\partial x^2} \\ \dfrac{\partial^2}{\partial y^2} \\ \dfrac{\partial^2}{\partial y \partial x} \end{bmatrix} = \frac{1}{4A^2} \boldsymbol{T} \begin{bmatrix} \dfrac{\partial^2}{\partial L_1^2} \\ \dfrac{\partial^2}{\partial L_2^2} \\ \dfrac{\partial^2}{\partial L_2 \partial L_1} \end{bmatrix} \tag{8-42}$$

式中，

$$\boldsymbol{T} = \begin{bmatrix} b_1^2 & b_2^2 & 2b_1 b_2 \\ c_1^2 & c_2^2 & 2c_1 c_2 \\ b_1 c_1 & b_2 c_2 & b_1 c_2 + b_2 c_1 \end{bmatrix} \tag{8-43}$$

8.2.2 位移模式

采用面积坐标定义位移模式，三次方程的可选项为

$$\begin{cases}\text{一次项} & L_1,L_2,L_3\\ \text{二次项} & L_1^2,L_2^2,L_3^2,L_2L_3,L_3L_1,L_1L_2\\ \text{三次项} & L_1^3,L_2^3,L_3^3,L_1^2L_2,L_2^2L_3,L_3^2L_1,L_1L_2^2,L_2L_3^2,L_3L_1^2,L_1L_2L_3\end{cases}$$

为了保证有刚体位移和常应变项，一次项和二次项是必选项。由于三个面积坐标并不独立，所以，三个一次项并不独立，六个二次项也不独立，总共只有六项独立。为了计算方便，取全部一次项和二次项的后三项，而三次项需要选三项，其中三次项的最后一项 $L_1L_2L_3$ 的值及其导数值在三个结点都为零，无法确定其系数，所以删除。与二次项的情况类似，三次项的前九项也不独立。考虑到坐标的对称，假设位移模式为

$$\begin{aligned} w=&\alpha_1L_1+\alpha_2L_2+\alpha_3L_3+\alpha_4L_2L_3+\alpha_5L_3L_1+\alpha_6L_1L_2+\\ &\alpha_7(L_2L_3^2-L_3L_2^2)+\alpha_8(L_3L_1^2-L_1L_3^2)+\alpha_9(L_1L_2^2-L_2L_1^2)\end{aligned} \tag{8-44}$$

首先代入三个结点的坐标得到三个系数为

$$\alpha_1=w_1,\ \alpha_2=w_2,\ \alpha_3=w_3 \tag{8-45}$$

将式（8-45）代入式（8-44），则式（8-44）可写为

$$\begin{aligned} w=&w_1L_1+w_2L_2+w_3L_3+\alpha_4L_2L_3+\alpha_5L_3L_1+\alpha_6L_1L_2+\\ &\alpha_7(L_2L_3^2-L_3L_2^2)+\alpha_8(L_3L_1^2-L_1L_3^2)+\alpha_9(L_1L_2^2-L_2L_1^2)\end{aligned} \tag{8-46}$$

位移对面积坐标求导可得

$$\begin{cases}\dfrac{\partial w}{\partial L_1}=w_1-w_3-\alpha_4L_2+\alpha_5(L_3-L_1)+\alpha_6L_2+\\ \qquad\alpha_7(L_2^2-2L_2L_3)+\alpha_8(4L_3L_1-L_3^2-L_1^2)+\alpha_9(L_2^2-2L_1L_2)\\ \dfrac{\partial w}{\partial L_2}=w_2-w_3+\alpha_4(L_3-L_2)-\alpha_5L_1+\alpha_6L_1+\\ \qquad\alpha_7(L_2^2+L_3^2-4L_2L_3)+\alpha_8(L_1^2-2L_1L_2)+\alpha_9(2L_1L_2-L_1^2)\end{cases} \tag{8-47}$$

分别代入各结点的坐标，即

$$\begin{cases}\dfrac{\partial w_1}{\partial L_1}=w_1-w_3-\alpha_5-\alpha_8, & \dfrac{\partial w_1}{\partial L_2}=w_2-w_3-\alpha_5+\alpha_6+\alpha_8-\alpha_9\\ \dfrac{\partial w_2}{\partial L_1}=w_1-w_3-\alpha_4+\alpha_6, & \dfrac{\partial w_2}{\partial L_2}=w_2-w_3-\alpha_4+\alpha_7\\ \dfrac{\partial w_3}{\partial L_1}=w_1-w_3+\alpha_5, & \dfrac{\partial w_2}{\partial L_2}=w_2-w_3+\alpha_4+\alpha_7\end{cases} \tag{8-48}$$

求解式（8-48）可以得到 $\alpha_4\sim\alpha_9$ 为

$$\begin{cases}\alpha_4=\dfrac{1}{2}\left(-\dfrac{\partial w_2}{\partial L_2}+\dfrac{\partial w_3}{\partial L_2}\right), & \alpha_7=-w_2+w_3+\dfrac{1}{2}\left(\dfrac{\partial w_2}{\partial L_2}+\dfrac{\partial w_3}{\partial L_2}\right)\\ \alpha_5=\dfrac{1}{2}\left(-\dfrac{\partial w_1}{\partial L_1}+\dfrac{\partial w_3}{\partial L_1}\right), & \alpha_8=w_1-w_3-\dfrac{1}{2}\left(\dfrac{\partial w_1}{\partial L_1}+\dfrac{\partial w_3}{\partial L_1}\right)\\ \alpha_6=\dfrac{1}{2}\left(-\dfrac{\partial w_1}{\partial L_1}+\dfrac{\partial w_1}{\partial L_2}+\dfrac{\partial w_2}{\partial L_1}-\dfrac{\partial w_2}{\partial L_2}\right), & \alpha_9=-w_1+w_2+\dfrac{1}{2}\left(\dfrac{\partial w_1}{\partial L_1}-\dfrac{\partial w_1}{\partial L_2}+\dfrac{\partial w_2}{\partial L_1}-\dfrac{\partial w_2}{\partial L_2}\right)\end{cases} \tag{8-49}$$

将（8-49）代入式（8-46）得到位移的表达式为

$$w=\sum_{i=1}^{3}\left(N_iw_i+N_{1i}\frac{\partial w_i}{\partial L_1}+N_{2i}\frac{\partial w_i}{\partial L_2}\right)\tag{8-50}$$

式中，w_1，$\frac{\partial w_i}{\partial L_1}$和$\frac{\partial w_i}{\partial L_2}$的系数即是对应的形函数。例如：

$$\begin{cases}N_1=L_1-(L_1L_2^2-L_2L_1^2)+(L_3L_1^2-L_1L_3^2)\\N_{11}=-L_1L_2/2-L_3L_1/2+(L_1L_2^2-L_2L_1^2)/2-(L_3L_1^2-L_1L_3^2)/2\\N_{21}=L_1L_2/2-(L_1L_2^2-L_2L_1^2)/2\end{cases}\tag{8-51}$$

对于结点2和结点3的形函数，可以采用角标轮换的方法得到。由式（8-48）和式（8-49），并注意

$$\theta_x=\frac{\partial w}{\partial y},\quad \theta_y=-\frac{\partial w}{\partial x}\tag{8-52}$$

可以得到

$$\frac{\partial w}{\partial L_1}=-b_2\theta_x-c_2\theta_y,\quad \frac{\partial w}{\partial L_2}=b_1\theta_x+c_1\theta_y,\quad \frac{\partial w}{\partial L_3}=-\frac{\partial w}{\partial L_1}-\frac{\partial w}{\partial L_2}\tag{8-53}$$

将式（8-53）代入式（8-50）可得

$$\begin{aligned}w&=\sum_{i=1}^{3}[N_iw_i+N_{1i}(-b_2\theta_{xi}-c_2\theta_{yi})+N_{2i}(b_1\theta_{xi}+c_1\theta_{yi})]\\&=\sum_{i=1}^{3}[N_iw_i+(b_1N_{2i}-b_2N_{1i})\theta_{xi}+(c_1N_{2i}-c_2N_{1i})\theta_{yi}]\\&=\sum_{i=1}^{3}[N_iw_i+N_{xi}\theta_{xi}+N_{xi}\theta_{xi}]\end{aligned}\tag{8-54}$$

可知 θ_x 和 θ_y 的系数为

$$\begin{aligned}N_{x1}&=b_1N_{21}-b_2N_{11}\\&=b_2(L_3L_1+L_3L_1^2-L_1L_3^2)/2+(b_2+b_1)(L_1L_2-L_1L_2^2+L_2L_1^2)/2\\&=b_2(L_3L_1+L_3L_1^2-L_1L_3^2)/2-b_3(L_1L_2-L_1L_2^2+L_2L_1^2)/2\\&=L_1[b_2L_3(1+L_1-L_3)-b_3L_2(1-L_2+L_1)]/2\\&=L_1[b_2L_3(2L_1+L_2)-b_3L_2(2L_1+L_3)]/2\\&=L_1^2(b_2L_3-b_3L_2)+(b_2-b_3)L_1L_2L_3/2\end{aligned}\tag{8-55}$$

$$\begin{aligned}N_{y1}&=c_1N_{21}-c_2N_{11}\\&=c_2(L_3L_1+L_3L_1^2-L_1L_3^2)/2+(c_2+c_1)(L_1L_2-L_1L_2^2+L_2L_1^2)/2\\&=c_2(L_3L_1+L_3L_1^2-L_1L_3^2)/2-c_3(L_1L_2-L_1L_2^2+L_2L_1^2)/2\\&=c_2L_1L_3(1+L_1-L_3)/2-c_3L_1L_2(1-L_2+L_1)/2\\&=c_2L_1L_3(2L_1+L_2)/2-c_3L_1L_2(L_3+2L_1)/2\\&=L_1^2(c_2L_3-c_3L_2)+(c_2-c_3)L_1L_2L_3/2\end{aligned}\tag{8-56}$$

$$\begin{aligned}N_1&=L_1-(L_1L_2^2-L_2L_1^2)+(L_3L_1^2-L_1L_3^2)\\&=L_1-L_1L_2^2+L_2L_1^2+L_3L_1^2-L_1L_3^2\\&=L_1(1+L_2L_1+L_3L_1-L_2^2-L_3^2)\end{aligned}\tag{8-57}$$

式（8-57）也是形函数。可统一写为

$$\begin{cases} N_1 = L_1(1+L_2L_1+L_3L_1-L_2^2-L_3^2) \\ N_{x1} = L_1^2(b_2L_3-b_3L_2)+(b_2-b_3)L_1L_2L_3/2 \\ N_{y1} = L_1^2(c_2L_3-c_3L_2)+(c_2-c_3)L_1L_2L_3/2 \end{cases} \tag{8-58}$$

或写为矩阵形式，即

$$\boldsymbol{N}_i = [\,N_i \quad N_{xi} \quad N_{yi}\,] \tag{8-59}$$

式（8-54）可以写为

$$w = \sum_{i=1}^{3} \boldsymbol{N}_i \boldsymbol{U}_i \tag{8-60}$$

8.2.3 几何矩阵和应变

应变列阵可以表示为

$$\boldsymbol{\varepsilon} = \boldsymbol{B}\boldsymbol{U}_e = [\,\boldsymbol{B}_1 \quad \boldsymbol{B}_2 \quad \boldsymbol{B}_3\,]\boldsymbol{U}_e = \sum_{i=1}^{3} \boldsymbol{B}_i \boldsymbol{U}_i \tag{8-61}$$

式中，$\boldsymbol{B}_i$ 是几何矩阵，其表达式为

$$\boldsymbol{B}_i = -z\begin{bmatrix} \dfrac{\partial^2 \boldsymbol{N}_i}{\partial x^2} \\ \dfrac{\partial^2 \boldsymbol{N}_i}{\partial y^2} \\ \dfrac{\partial^2 \boldsymbol{N}_i}{\partial x \partial y} \end{bmatrix} = -\frac{z}{4A^2}\boldsymbol{T}\begin{bmatrix} \dfrac{\partial^2 \boldsymbol{N}_i}{\partial L_1^2} \\ \dfrac{\partial^2 \boldsymbol{N}_i}{\partial L_2^2} \\ \dfrac{\partial^2 \boldsymbol{N}_i}{\partial L_1 \partial L_2} \end{bmatrix} \tag{8-62}$$

由于 w 是 L_i 的三次函数，$\boldsymbol{B}_i$ 是 L_i 的线性函数。所以几何矩阵 $\boldsymbol{B}$ 可以一般地写作

$$\boldsymbol{B}(L_1,L_2,L_3,z) = -\frac{z}{4A^2}\boldsymbol{T}(L_1\overline{\boldsymbol{B}}^1+L_2\overline{\boldsymbol{B}}^2+L_3\overline{\boldsymbol{B}}^3) = -\frac{z}{4A^2}\boldsymbol{T}\sum_{r=1}^{3} L_r\overline{\boldsymbol{B}}^r \tag{8-63}$$

式中，$\overline{\boldsymbol{B}}^r$ 表达式为

$$\overline{\boldsymbol{B}}^1 = \begin{bmatrix} \dfrac{\partial^2 \boldsymbol{N}}{\partial L_1^2} \\ \dfrac{\partial^2 \boldsymbol{N}}{\partial L_2^2} \\ \dfrac{\partial^2 \boldsymbol{N}}{\partial L_1 \partial L_2} \end{bmatrix}_{L_1=1} = \begin{bmatrix} -6 & 4 & 0 & 0 & 0 & 0 & 6 & -2 & 2 \\ -4 & 2 & -1 & 2 & 0 & -1 & 2 & 0 & 1 \\ -4 & 2 & 3 & -4 & 2 & -1 & 8 & -2 & 3 \end{bmatrix} \tag{8-64}$$

$$\overline{\boldsymbol{B}}^2 = \begin{bmatrix} \dfrac{\partial^2 \boldsymbol{N}}{\partial L_1^2} \\ \dfrac{\partial^2 \boldsymbol{N}}{\partial L_2^2} \\ \dfrac{\partial^2 \boldsymbol{N}}{\partial L_1 \partial L_2} \end{bmatrix}_{L_2=1} = \begin{bmatrix} 2 & 0 & 1 & -4 & 2 & -1 & 2 & 0 & -1 \\ 0 & 0 & 0 & -6 & 4 & -4 & 6 & -2 & 0 \\ -4 & 2 & -1 & -4 & 2 & -5 & 8 & -2 & -1 \end{bmatrix} \tag{8-65}$$

$$\overline{\boldsymbol{B}}^{3}=\begin{bmatrix}\dfrac{\partial^2 \boldsymbol{N}}{\partial L_1^2}\\ \dfrac{\partial^2 \boldsymbol{N}}{\partial L_2^2}\\ \dfrac{\partial^2 \boldsymbol{N}}{\partial L_1 \partial L_2}\end{bmatrix}_{L_3=1}=\begin{bmatrix}6 & -2 & 0 & 0 & 0 & 0 & -6 & 4 & -4\\ 0 & 0 & 0 & 6 & -2 & 2 & -6 & 4 & 0\\ 4 & -2 & 1 & 4 & -2 & 1 & -8 & 6 & -3\end{bmatrix} \tag{8-66}$$

8.2.4 三角形薄板单元刚度矩阵

三角形薄板单元刚度矩阵为

$$\begin{aligned}\boldsymbol{k}&=\int_{V_e}\boldsymbol{B}^{\mathrm{T}}\boldsymbol{D}\boldsymbol{B}\mathrm{d}V\\ &=A\sum_{r,s=1}^{3}\overline{\boldsymbol{B}}_r^{\mathrm{T}}\boldsymbol{T}^{\mathrm{T}}\boldsymbol{D}\overline{\boldsymbol{T}}\boldsymbol{B}_s\int_{-\frac{h}{2}}^{\frac{h}{2}}z^2\mathrm{d}z\int_0^1\int_0^{1-L_1}L_rL_s\mathrm{d}L_2\mathrm{d}L_1\\ &=\frac{1}{12}Ah^3\sum_{r,s=1}^{3}I_{rs}\overline{\boldsymbol{B}}_r^{\mathrm{T}}\boldsymbol{T}^{\mathrm{T}}\boldsymbol{D}\overline{\boldsymbol{T}}\boldsymbol{B}_s\end{aligned} \tag{8-67}$$

式中，

$$I_{rs}=\begin{cases}2, & r=s\\ 1, & \text{其他}\end{cases} \tag{8-68}$$

8.2.5 等效结点力

平板在分布集度为 q 的横向力的作用下，等效结点力为

$$\boldsymbol{F}_i=[F_i \quad M_{xi} \quad M_{yi}]^{\mathrm{T}}=\iint_{A_e}q\boldsymbol{N}_i^{\mathrm{T}}\mathrm{d}x\mathrm{d}y \tag{8-69}$$

注意：当 $q=q_0$ 为常数时，式（8-69）积分为

$$F_i=q_0A/3,\ M_{xi}=(b_2-b_3)q_0A/24,\ M_{yi}=(c_2-c_3)q_0A/24 \tag{8-70}$$

8.2.6 程序设计

例 8.2 采用例 8.1 的算例，单元划分，如图 8-8 所示。分析结构变形和内力。

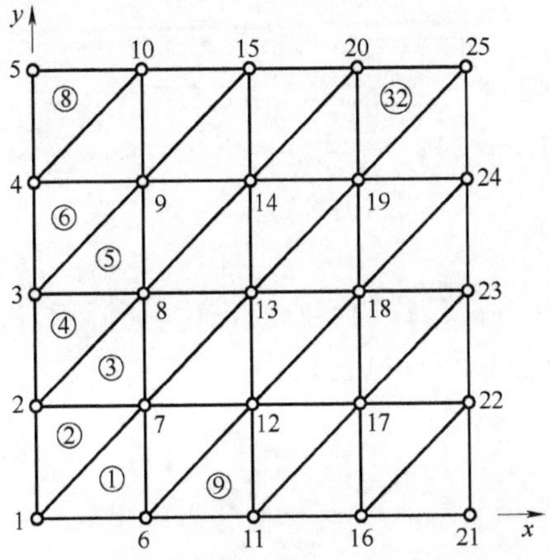

图 8-8 三角形薄板单元划分

有限元方法与MATLAB程序设计

MATLAB 程序

三角形薄板单元程序讲解

```
%————————————————定义结构————————————————%
function PlatTria                                         % 三角形薄板单元
Em=210e9;mu=0.3;Th=2e-3;                                   % 弹性模量，泊松比和板厚
Lx=4;Nx=4;                                                 % x 轴方向长度，单元数
Ly=4;Ny=4;                                                 % y 轴方向长度，单元数
ne=2*Nx*Ny;nd=(Nx+1)*(Ny+1);                               % 单元总数，结点总数
gxy=zeros(nd,2);
for i=0:Nx
 for j=0:Ny
  gxy((Ny+1)*i+j+1,:)=[i*Lx/Nx,j*Ly/Ny];                  % 置结点坐标
 end
end
ndel=zeros(ne,3);
for i=1:Nx
 for j=1:Ny
  n1=(Ny+1)*i+j+1;n2=(Ny+1)*(i-1)+j+1;
  el=(Ny*(i-1)+j)*2;
  ndel(el-1:el,:)=[n2-1,n1-1,n1;n1,n2,n2-1];               % 置单元信息
 end
end
F=zeros(3*nd,1);
F(1)=0.25;
dofix=[3*Ny+1:3*Ny+3:3*nd,3*Nx*(Ny+1)+1:3:3*nd-3];
dofix=union(dofix,[2:3*(Ny+1):3*nd 3:3:3*Ny+3]);           % 对称性
dofree=setdiff(1:3*nd,dofix);
%————————————————形成结构刚度矩阵————————————————%
K=sparse(3*nd,3*nd);
D0=Em*Th^3/12/(1-mu^2);                                    % 板刚度
D=D0*[1,mu,0;mu,1,0;0,0,(1-mu)/2];
for el=1:ne
 N=kron(3*ndel(el,:),[1,1,1])-kron([1,1,1],[2,1,0]);
 ke=PlatTraiStif(gxy(ndel(el,:),:),D);
 K(N,N)=K(N,N)+ke;
end
%————————————————求解位移和输出————————————————%
```

```
U=zeros(3*nd,1);
U(dofree)=K(dofree,dofree)\F(dofree);
w0=0.0116;w1=U(1)/(4*Lx^2/(Em*Th^3/12/(1-mu^2)));
fprintf('中心挠度误差:(%6.3f/%6.3f-1)*100=%5.2f%%\n',w1,w0,(1-w1/w0)*
1e2);
 %----------------单元刚度矩阵----------------%
function ke=PlatTraiStif(xy,D)                          % 三角形薄板单元刚度矩阵
b=zeros(3,1);c=zeros(3,1);
syms L1 L2 real
 A=det([xy,[1;1;1]])/2;
 for i1=1:3
  i2=mod(i1,3)+1;i3=mod(i2,3)+1;
  b(i1)=xy(i2,2)-xy(i3,2);
  c(i1)=xy(i3,1)-xy(i2,1);
 end
 L3=1-L1-L2;L=[L1,L2,L3];
 T=[b(1)*b(1),   b(2)*b(2),2*b(1)*b(2);
     c(1)*c(1),   c(2)*c(2),2*c(1)*c(2);
  2*b(1)*c(1),2*b(2)*c(2),2*b(1)*c(2)+ 2*c(1)*b(2)]/4/A^2;
 for i1=1:3
  i2=mod(i1,3)+1;i3=mod(i2,3)+1;
  Sp=[L(i1)*(1+L(i1)*L(i2)+L(i1)*L(i3)-L(i2)^2-L(i3)^2);
  L(i1)^2*(b(i2)*L(i3)-b(i3)*L(i2))+(b(i2)-b(i3))*L(i1)*L(i2)*L(i3)/2;
  L(i1)^2*(c(i2)*L(i3)-c(i3)*L(i2))+(c(i2)-c(i3))*L(i1)*L(i2)*L(i3)/2]';
  dNdL1=diff(Sp,L1);dNdL2=diff(Sp,L2);
  B(:,3*i1-2:3*i1)=T*[diff(dNdL1,L1);diff(dNdL2,L2);2*diff(dNdL1,L2)];
 end
 ke=2*A*double(int(int(B'*D*B,L2,0,1-L1),L1,0,1));
end
```

8.3 考虑横向剪切影响的平板弯曲单元

前述的两种单元都忽略了横向剪切变形，假设挠度的斜率为转角，也就是直法线假设。这样不仅造成位移不协调，而且使位移模式的构造也很困难，不仅要考虑函数值，还要考虑其他两个方向的导数值。本节采用亨基（Hencky）理论，研究如图 8-9 所示八结点四边形平

板单元，可以有效克服这个问题。

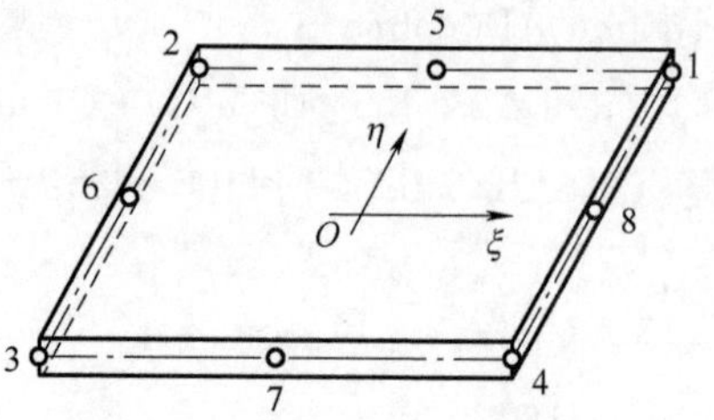

图 8-9　八结点四边形平板单元

结点位移与上一节一样，每个结点一个挠度，两个转角，共三个位移。但是八个结点有八个位移向量，共 24 个位移分量，即

$$\boldsymbol{U}_e=[\boldsymbol{U}_1^{\mathrm{T}}\quad \boldsymbol{U}_2^{\mathrm{T}}\quad \cdots\quad \boldsymbol{U}_8^{\mathrm{T}}]^{\mathrm{T}},\ \boldsymbol{U}_i=[w_i\quad \theta_{xi}\quad \theta_{yi}]^{\mathrm{T}} \tag{8-71}$$

类似地，结点力为

$$\boldsymbol{F}_e=[\boldsymbol{F}_1^{\mathrm{T}}\quad \boldsymbol{F}_2^{\mathrm{T}}\quad \cdots\quad \boldsymbol{F}_8^{\mathrm{T}}]^{\mathrm{T}},\ \boldsymbol{F}_i=[W_i\quad M_{xi}\quad M_{yi}]^{\mathrm{T}} \tag{8-72}$$

8.3.1　位移模式

如图 8-10 所示为板横截面绕 x 轴转动，绕 y 轴转动可以类似分析，由此可以假设板内任一点的位移为

$$u=z\theta_y,\ v=-z\theta_x,\ w=w(x,y) \tag{8-73}$$

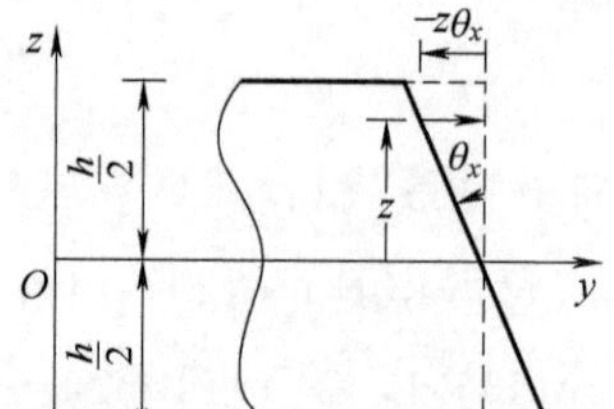

图 8-10　转角与位移关系

采用 7.2 节平面八结点四边形单元的形函数式（7-33）可以构造位移模式，即

$$w=\sum_{i=1}^{8}N_iw_i,\ \theta_x=\sum_{i=1}^{8}N_i\theta_{xi},\ \theta_y=\sum_{i=1}^{8}N_i\theta_{yi} \tag{8-74}$$

将式（8-74）代入式（8-73）可得位移模式，即

$$\begin{bmatrix}u\\v\\w\end{bmatrix}=\sum_{i=1}^{8}\begin{bmatrix}0&0&zN_i\\0&-zN_i&0\\N_i&0&0\end{bmatrix}\begin{bmatrix}w_i\\\theta_{xi}\\\theta_{yi}\end{bmatrix} \tag{8-75}$$

8.3.2　应变与几何矩阵

将式（8-75）代入应变定义可得

$$
\boldsymbol{\varepsilon}=\begin{bmatrix}\varepsilon_x\\ \varepsilon_y\\ \gamma_{xy}\\ \hdashline \gamma_{yz}\\ \gamma_{zx}\end{bmatrix}=\begin{bmatrix}\dfrac{\partial u}{\partial x}\\ \dfrac{\partial v}{\partial y}\\ \dfrac{\partial u}{\partial y}+\dfrac{\partial v}{\partial x}\\ \hdashline \dfrac{\partial v}{\partial z}+\dfrac{\partial w}{\partial y}\\ \dfrac{\partial w}{\partial x}+\dfrac{\partial u}{\partial z}\end{bmatrix}=\sum_{i=1}^{8}\begin{bmatrix}0 & 0 & z\dfrac{\partial N_i}{\partial x}\\ 0 & -z\dfrac{\partial N_i}{\partial y} & 0\\ 0 & -z\dfrac{\partial N_i}{\partial x} & z\dfrac{\partial N_i}{\partial y}\\ \hdashline \dfrac{\partial N_i}{\partial y} & -N_i & 0\\ \dfrac{\partial N_i}{\partial x} & 0 & N_i\end{bmatrix}\begin{bmatrix}w_i\\ \theta_{xi}\\ \theta_{yi}\end{bmatrix}=\sum_{i=1}^{8}\boldsymbol{B}_i\boldsymbol{U}_i \tag{8-76}
$$

式中，

$$
\boldsymbol{B}_i=\begin{bmatrix}z\boldsymbol{B}_{i1}\\ \boldsymbol{B}_{i2}\end{bmatrix},\ \boldsymbol{B}_{i1}=\begin{bmatrix}0 & 0 & \dfrac{\partial N_i}{\partial x}\\ 0 & -\dfrac{\partial N_i}{\partial y} & 0\\ 0 & -\dfrac{\partial N_i}{\partial x} & \dfrac{\partial N_i}{\partial y}\end{bmatrix},\ \boldsymbol{B}_{i2}=\begin{bmatrix}\dfrac{\partial N_i}{\partial y} & -N_i & 0\\ \dfrac{\partial N_i}{\partial x} & 0 & N_i\end{bmatrix} \tag{8-77}
$$

应变最后可写为

$$
\boldsymbol{\varepsilon}=\boldsymbol{B}\boldsymbol{U}_e,\ \boldsymbol{B}=[\boldsymbol{B}_1\quad \boldsymbol{B}_2\quad \cdots\quad \boldsymbol{B}_8] \tag{8-78}
$$

8.3.3　应力、内力与刚度矩阵

将应变式（8-78）代入胡克定律可得

$$
\boldsymbol{\sigma}=[\sigma_x\quad \sigma_y\quad \tau_{xy}\quad \tau_{yz}\quad \tau_{zx}]^{\mathrm{T}}=\boldsymbol{D}\boldsymbol{\varepsilon}=\boldsymbol{D}\boldsymbol{B}\boldsymbol{U}_e=\boldsymbol{S}\boldsymbol{U}_e \tag{8-79}
$$

式中，

$$
\boldsymbol{S}=[\boldsymbol{S}_1\quad \boldsymbol{S}_2\quad \cdots\quad \boldsymbol{S}_8],\ \boldsymbol{S}_i=\boldsymbol{D}\boldsymbol{B}_i=\begin{bmatrix}z\boldsymbol{D}_1\boldsymbol{B}_{i1}\\ \boldsymbol{D}_2\boldsymbol{B}_{i2}\end{bmatrix} \tag{8-80}
$$

$$
\boldsymbol{D}=\begin{bmatrix}\boldsymbol{D}_1 & 0\\ 0 & \boldsymbol{D}_2\end{bmatrix},\ \boldsymbol{D}_1=\frac{\boldsymbol{E}}{1-\mu^2}\begin{bmatrix}1 & \mu & 0\\ \mu & 1 & 0\\ 0 & 0 & \dfrac{1-\mu}{2}\end{bmatrix},\ \boldsymbol{D}_2=\frac{\boldsymbol{E}}{1-\mu^2}\begin{bmatrix}\dfrac{1-\mu}{2} & 0\\ 0 & \dfrac{1-\mu}{2}\end{bmatrix} \tag{8-81}
$$

应力积分可得到内力，即

$$
\begin{cases}\begin{bmatrix}M_x\\ M_y\\ M_{xy}\end{bmatrix}=\displaystyle\int_{-\frac{h}{2}}^{\frac{h}{2}}\begin{bmatrix}\sigma_x\\ \sigma_y\\ \tau_{xy}\end{bmatrix}z\mathrm{d}z=\sum_{i=1}^{8}\boldsymbol{D}_1\boldsymbol{B}_{i1}\int_{-\frac{h}{2}}^{\frac{h}{2}}z^2\mathrm{d}z\boldsymbol{U}_i=\frac{h^3}{12}\sum_{i=1}^{8}\boldsymbol{D}_1\boldsymbol{B}_{i1}\boldsymbol{U}_i\\ \begin{bmatrix}Q_y\\ Q_x\end{bmatrix}=\displaystyle\int_{-\frac{h}{2}}^{\frac{h}{2}}\begin{bmatrix}\tau_{yz}\\ \tau_{zx}\end{bmatrix}\mathrm{d}z=h\sum_{i=1}^{8}\boldsymbol{D}_2\boldsymbol{B}_{i2}\boldsymbol{U}_i\end{cases} \tag{8-82}
$$

将式（8-78）和式（8-81）代入刚度矩阵定义可得

$$\boldsymbol{k}_{ij}=\iiint \boldsymbol{B}_i^{\mathrm{T}}\boldsymbol{D}\boldsymbol{B}_j\mathrm{d}V=\iint\left(\frac{h^3}{12}\boldsymbol{B}_{i1}^{\mathrm{T}}\boldsymbol{D}_1\boldsymbol{B}_{j1}+h\boldsymbol{B}_{i2}^{\mathrm{T}}\boldsymbol{D}_2\boldsymbol{B}_{j2}\right)\mathrm{d}x\mathrm{d}y, \tag{8-83}$$

8.3.4 程序设计

例 8.3 将例 8.1 的方板改为固支作为算例，如图 8-11 所示。单元划分，如图 8-12 所示。分析结构变形和内力。

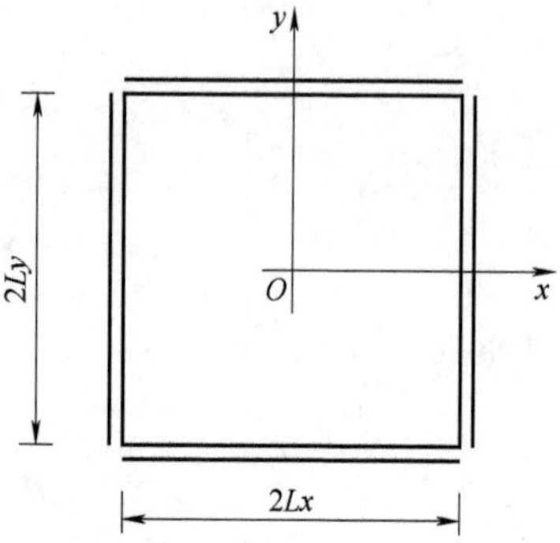

图 8-11 问题定义

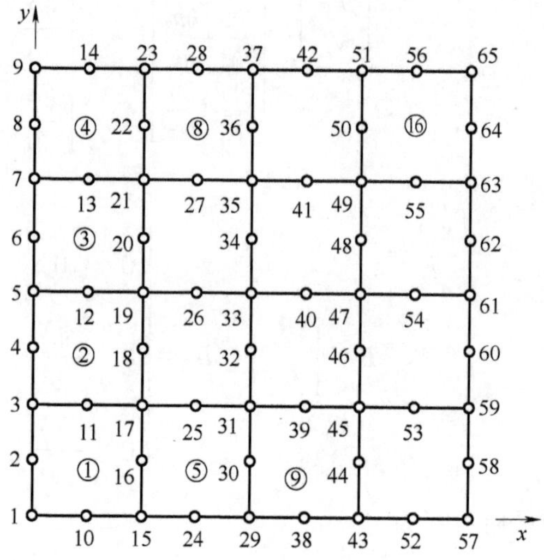

图 8-12 单元划分

源程序（PlatN8. m）

```
%————————————————定义结构————————————————%
function PlatN8                                              % 8 结点四边形板单元
[gxy,ndel,dofix,F,nd,ne,th,Em,mu]=Exam8_3;                   % 方板中心集中受压
K=zeros(3*nd,3*nd);U=zeros(3*nd,1);                          % 刚度矩阵和结点力列向量
dofree=setdiff(1:3*nd,dofix);                                % 无约束自由度
%————————————————形成刚度矩阵————————————————%
D1=Em*th^3/12/(1-mu*mu)*[1,mu,0;mu,1,0;0,0,0.5-mu/2];
D2=1.0*Em*th/2/(1+mu)*eye(2);
for el=1:ne
 ke=PlatN8Stif(D1,D2,gxy(ndel(el,:),:));                     % 单元刚度矩阵
 N=kron(3*ndel(el,:),ones(1,3))-repmat([2,1,0],[1,8]);       % 单元自由度
 K(N,N)=K(N,N)+ke;                                           % 组装结构刚度矩阵
end
%————————————————位移求解和输出————————————————%
U(dofree)=K(dofree,dofree)\F(dofree);                        % 求解结点位移
disp('Node w             Rx             Ry')                 % 输出标题
```

```
for j=1:nd
 fprintf('%4i%11.2e%11.2e%11.2e%11.2e%11.2e\n',j,U(3*j-2:3*j));
                                                      % 输出结点位移
end
w0=5.6e-3*16^2/(Em*th^3/12/(1-mu*mu));w1=U(1);
fprintf('Error=(%10.3g/%10.3g-1)*100=%5.2f%%\n',w1,w0,(1-w1/w0)*1e2);
  %———————————————计算和输出应力———————————————%
disp('Node      Mx        My        Mxy        Qy        Qx')     % 显示标题
Moment=zeros(3,ne);Shear=zeros(2,ne);                 % 弯矩和剪力
for el=1:ne                                           % 计算单元应力
 Ue=U(kron(3*ndel(el,:),ones(1,3))-repmat([2,1,0],[1,8]));
                                                      % 单元结点位移
 [B1,B2]=PlatN8Strain([0,0],gxy(nel(el,:),:));        % 几何矩阵
 Moment(:,el)=D1*B1*Ue;                               % 弯矩
 Shear (:,el)=D2*B2*Ue;                               % 剪力
end
for el=1:ne
fprintf('%3i%11.2e%11.2e%11.2e%11.2e%11.2e%11.2e%11.2e\n',el,Moment
(:,el),Shear(:,el));
end
  %—————————————————几何矩阵—————————————————%
function [B1,B2]=PlatN8Strain(xy0,xy)
B1=zeros(3,24);B2=zeros(2,24);
[Sp,dSp]=PlanN8ShapeFun(xy0);
J=dSp*xy;detJ=det(J);                                 % 雅可比矩阵及其行列式值
dx=J\dSp;                                             % 形函数导数
for i=1:8
 B1(:,3*i-2:3*i)=[0,0,dx(1,i);0,-dx(2,i),0;0,-dx(1,i),dx(2,i)];
 B2(:,3*i-2:3*i)=[dx(2,i),-Sp(i),0;dx(1,i),0,Sp(i)];
end
  %—————————————————刚度矩阵—————————————————%
function ke=PlatN8Stif(D1,D2,xy)
p=sqrt(0.6)*[-1,0,1];w=[5,8,5]/9;                     % 高斯积分点和积分权重
ke=zeros(24,24);
for r=1:3                                             % 高斯积分
 for s=1:3
```

```
    [B1,B2]=PlatN8Strain(p([r,s]),xy);                    % 几何矩阵
    ke=ke+w(r)*w(s)*(B1'*D1*B1+B2'*D2*B2)*J;              % 单元刚度矩阵
  end
end
```

第9章

壳的弯曲

薄壳的中面为曲面，所以薄壳单元也是曲面单元。当用平面三角形单元代替曲面单元时形成平面三角形板单元，此时曲壳实际简化为折板。但这时的板单元有面内变形，而且各个板单元也不在同一个平面内。在形成结构刚度矩阵时，每个单元需要进行坐标变换。

9.2 节介绍的八结点壳体单元是真正的壳单元。

9.1 平面三角形壳体单元

为了表述方便，每个平面三角形单元建立一个局部坐标，如图 9-1 所示。

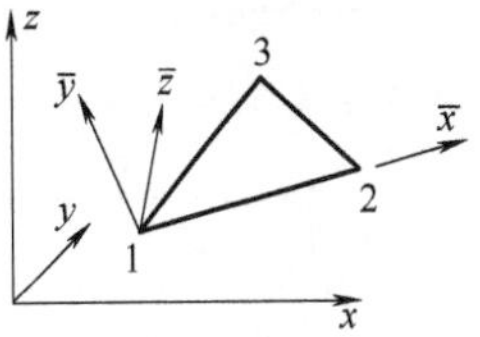

图 9-1 局部坐标

9.1.1 局部坐标系

将三角形单元的 12 边定义为 $\bar{x}$ 轴，单位基矢量为

$$\boldsymbol{e}_1=\overrightarrow{12}/|\overrightarrow{12}|$$

定义单元面外法线为 $\bar{z}$ 轴，单位基矢量为

$$\boldsymbol{e}_3=\overrightarrow{12}\times\overrightarrow{13}/|\overrightarrow{12}\times\overrightarrow{13}|$$

最后定义 $\bar{y}$ 轴单位基矢量为

$$\boldsymbol{e}_2=\boldsymbol{e}_3\times\boldsymbol{e}_1$$

9.1.2 结点位移和结点力

在局部坐标系下的结点力列向量为

$$\overline{\boldsymbol{F}}_i=[\overline{F}_{xi}\quad \overline{F}_{yi}\quad \overline{F}_{zi}\quad \overline{M}_{xi}\quad \overline{M}_{yi}\quad \overline{M}_{zi}]^{\mathrm{T}} \tag{9-1}$$

式（9-1）表示结点 i 在三个局部坐标轴方向的力和力偶。对应的结点位移列向量为

$$\overline{\boldsymbol{U}}_i=[\bar{u}_i\quad \bar{v}_i\quad \bar{w}_i\quad \bar{\theta}_{xi}\quad \bar{\theta}_{yi}\quad \bar{\theta}_{zi}]^{\mathrm{T}} \tag{9-2}$$

如果结点上绕子轴没有作用集中力偶，则 $M_{zi}\equiv 0$。

在整体坐标系下的结点位移列向量和结点力列向量分别为

$$\boldsymbol{U}_i=[u_i\quad v_i\quad w_i\quad \theta_{xi}\quad \theta_{yi}\quad \theta_{zi}]^{\mathrm{T}} \tag{9-3}$$

和

$$\boldsymbol{F}_i=[F_{xi}\quad F_{yi}\quad F_{zi}\quad M_{xi}\quad M_{yi}\quad M_{zi}]^{\mathrm{T}} \tag{9-4}$$

结点位移列向量和结点力列向量在局部和整体坐标系之间的关系为

$$\boldsymbol{U}_i=\boldsymbol{T}_e\overline{\boldsymbol{U}}_i,\ \boldsymbol{F}_i=\boldsymbol{T}_e\overline{\boldsymbol{F}}_i \tag{9-5}$$

式中，$\boldsymbol{T}_e$ 是单元 e 的坐标变换矩阵

$$\boldsymbol{T}_e=\begin{bmatrix}\boldsymbol{t}_e & 0\\ 0 & \boldsymbol{t}_e\end{bmatrix},\ \boldsymbol{t}_e=[\boldsymbol{e}_1\quad \boldsymbol{e}_2\quad \boldsymbol{e}_3] \tag{9-6}$$

局部坐标系和整体坐标系下的单元结点位移向量为

$$\overline{\boldsymbol{U}}_e=[\overline{\boldsymbol{U}}_1^{\mathrm{T}}\quad \overline{\boldsymbol{U}}_2^{\mathrm{T}}\quad \overline{\boldsymbol{U}}_3^{\mathrm{T}}]^{\mathrm{T}},\ \boldsymbol{U}_e=[\boldsymbol{U}_1^{\mathrm{T}}\quad \boldsymbol{U}_2^{\mathrm{T}}\quad \boldsymbol{U}_3^{\mathrm{T}}]^{\mathrm{T}} \tag{9-7}$$

对应的局部坐标系和整体坐标系下的单元结点力向量为

$$\overline{\boldsymbol{F}}_e=[\overline{\boldsymbol{F}}_1^{\mathrm{T}}\quad \overline{\boldsymbol{F}}_2^{\mathrm{T}}\quad \overline{\boldsymbol{F}}_3^{\mathrm{T}}]^{\mathrm{T}},\ \boldsymbol{F}_e=[\boldsymbol{F}_1^{\mathrm{T}}\quad \boldsymbol{F}_2^{\mathrm{T}}\quad \boldsymbol{F}_3^{\mathrm{T}}]^{\mathrm{T}} \tag{9-8}$$

9.1.3 单元刚度矩阵

局部坐标系下的单元刚度矩阵为

$$\bar{\boldsymbol{k}}_{\mathrm{rs}}=\left[\begin{array}{cc:ccc:c}
\multicolumn{2}{c:}{\multirow{2}{*}{$\bar{\boldsymbol{k}}_{\mathrm{rs}}^{\mathrm{p}}$}} & 0 & 0 & 0 & 0\\
 & & 0 & 0 & 0 & 0\\ \hdashline
0 & 0 & & & & 0\\
0 & 0 & & \bar{\boldsymbol{k}}_{\mathrm{rs}}^{\mathrm{b}} & & 0\\
0 & 0 & & & & 0\\ \hdashline
0 & 0 & 0 & 0 & 0 & 0
\end{array}\right] \tag{9-9}$$

式中，$\bar{\boldsymbol{k}}_{\mathrm{rs}}^{\mathrm{p}}$ 和 $\bar{\boldsymbol{k}}_{\mathrm{rs}}^{\mathrm{b}}$ 分别是平面应力问题和平板弯曲问题的子矩阵，结构坐标下的刚度矩阵为

$$\boldsymbol{k}=\boldsymbol{T}_e\bar{\boldsymbol{k}}\boldsymbol{T}_e^{\mathrm{T}} \tag{9-10}$$

9.1.4 程序设计

例 9.1 半径为 25m 的 1/4 圆柱壳，长为 25m。一直边固定，对边受均布力，轴向投影如图 9-2a 所示。弹性模量为 210GPa，厚度为 0.25m。单元划分，如图 9-2b 所示。图 9-2b 是圆柱壳平面展开后的图形。分析结构变形。

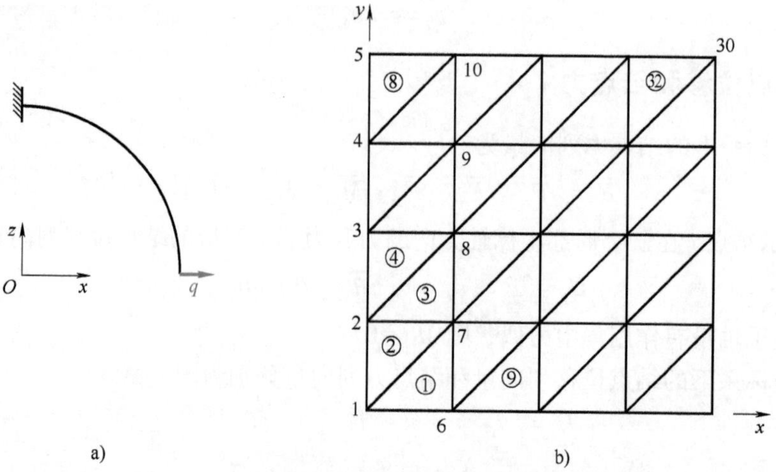

图 9-2 三角形薄壳单元划分

a）圆柱薄壳 b）三角形薄壳单元划分

源程序（ShelTria. m）

```
%——————————————————定义结构——————————————————%
function ShelTria                                          % 三角形薄壳单元
Em=210e9;mu=0.0;Th=0.25;                         % 弹性模量，泊松比和板厚
Nx=4;Ny=4;ne=2*Nx*Ny;nd=(Nx+1)*(Ny+1);
                                      % 两个方向单元数，单元总数和结点总数
xyz=zeros(nd,3);ndel=zeros(ne,3);                  % 结点坐标和单元信息
for i=0:Nx
 for j=0:Ny
   a=i*pi/Nx/2;
   xyz((Ny+1)*i+j+1,:)=25*[sin(a),j/Ny,cos(a)];           % 置结点坐标
  end
end
for i=1:Nx
 for j=1:Ny
   n1=(Ny+1)*i+j+1;
   n2=(Ny+1)*(i-1)+j+1;
   el=(Ny*(i-1)+j)*2;
   ndel(el-1,:)=[n2-1,n1-1,n1];                           % 单元信息
   ndel(el,   :)=[n1,n2,n2-1];
  end
end
dofix=1:6*Ny+6;                                        % 位移约束自由度
dofree=setdiff(1:6*nd,dofix);                         % 无位移约束自由度
F=zeros(6*nd,1);
F(6*Nx*(Ny+1)+1:6:6*nd)=1e5*[0.5;ones(Ny-1,1);0.5]/Ny;    % 置结点力
  %——————————————————形成刚度矩阵——————————————————%
D=Em/(1-mu^2)*[1,mu,0;mu,1,0;0,0,(1-mu)/2];               % 弹性矩阵
Np=[1,2,7,8,13,14];Nb=[3,4,5,9,10,11,15,16,17];
                                              % 平面和板的单元自由度
M=-5:0;
K=zeros(6*nd,6*nd);
ke=zeros(18,18);
for el=1:ne
  g=xyz(ndel(el,:),:)'-repmat(xyz(ndel(el,1),:),[3,1])';
  l1=sqrt(g(:,2)'*g(:,2));e1=g(:,2)/l1;
```

```
    e3=cross(e1,g(:,3));e3=e3/sqrt(e3'*e3);
    e2=cross(e3,e1);       e2=e2/sqrt(e2'*e2);
    t=[e1,e2,e3];T=[t,zeros(3,3);zeros(3,3),t];
  s0=g(:,3)'*e1;d0=g(:,3)'*e2;
    xy=[0,0;l1,0;s0,d0];
    [B,A]=PlanTriaStrain(xy);                          % 几何矩阵和单元面积
    ke(Np,Np)=Th*B'*D*B*A;
    ke(Nb,Nb)=Th^3/12*PlatTraiStif(xy,D);
    for i=6:6:18
     ke(i,i)=ke(i,i)+1e0;
    end
    for i=1:3;I=6*ndel(el,i)+M;
     for j=1:3;J=6*ndel(el,j)+M;
     K(I,J)=K(I,J)+T*ke(6*i+M,6*j+M)*T';
     end
    end
  end
    %———————————————求解位移并输出———————————————%
  U=zeros(6*nd,1);
  U(dofree)=K(dofree,dofree)\F(dofree);% Solve
  U1=pi*1e5*25^3/(4*Em*25*Th^3/12);                                % 解析解
  fprintf('%14.7g,%14.7g,Error=%6.2f%\n',U(6*nd-5),U1,(U(6*nd-5)/U1-1)*
  100);
    %————————————平面三角形单元几何矩阵————————————%
  function [StrainM,A]=PlanTriaStrain(xy)                % 平面三角形单元应变矩阵
  A=abs(0.5*det([xy,ones(3,1)]));                                  % 单元面积
  n=[1,2,3,1,2];
  for i=1:3
   b=xy(n(i+1),2)-xy(n(i+2),2);
   c=xy(n(i+2),1)-xy(n(i+1),1);
   StrainM(:,2*i-1:2*i)=[b 0;0 c;c b]/A/2;                         % 几何矩阵
  end
```

9.2 考虑横向剪切变形影响的八结点壳体单元

当使用前面介绍的平面三角形壳体单元分析曲壳时会引起几何离散误差。如果采用曲面单元会有更高的精度。在研究板的弯曲时，板的转角与挠度并不独立，而是挠度的一阶导

数，因此要求挠度及其一阶导数在单元边界连续。这不仅增加了寻找位移函数的难度，而且忽略了剪切变形。本节考虑壳的剪切变形，从而假设挠度与转角独立。

9.2.1 局部坐标系

选取单元为四边形，如图 9-3a 所示。在上、下表面的角点和棱的中点各选择八个结点。由上、下表面各八个结点的中点确定中面八个结点作为基本结点。八个基本结点位置的坐标为

$$\begin{bmatrix} x_i \\ y_i \\ z_i \end{bmatrix} = \frac{1}{2}\left(\begin{bmatrix} x_i \\ y_i \\ z_i \end{bmatrix}_{\text{ding}} + \begin{bmatrix} x_i \\ y_i \\ z_i \end{bmatrix}_{\text{di}}\right) \tag{9-11}$$

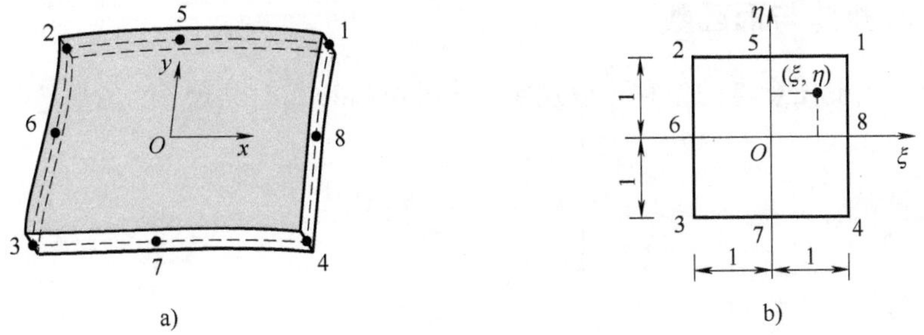

图 9-3 八结点壳单元

a）八结点壳单元 b）母单元

中面结点 i 法线基矢量为

$$\boldsymbol{V}_{3i} = \frac{1}{h_i}\left(\begin{bmatrix} x_i \\ y_i \\ z_i \end{bmatrix}_{\text{ding}} - \begin{bmatrix} x_i \\ y_i \\ z_i \end{bmatrix}_{\text{di}}\right) \tag{9-12}$$

结点 i 法线上任意点坐标为

$$\begin{bmatrix} x_i \\ y_i \\ z_i \end{bmatrix} + \frac{1}{2} h_i \zeta \boldsymbol{V}_{3i} \tag{9-13}$$

建立图 9-3b 所示母单元，采用 7.2 节平面八结点四边形单元的形函数式（7-33），单元内任意点坐标为

$$\begin{bmatrix} x \\ y \\ z \end{bmatrix} = \sum_{i=1}^{8} N_i(\xi, \eta)\left(\begin{bmatrix} x_i \\ y_i \\ z_i \end{bmatrix} + \frac{1}{2} h_i \zeta \boldsymbol{V}_{3i}\right) \tag{9-14}$$

对应的结点力为

$$\boldsymbol{F}_i = \begin{bmatrix} F_{zi} \\ M_{\theta xi} \\ M_{\theta yi} \end{bmatrix} \tag{9-15}$$

定义结点位移矩阵为

$$\boldsymbol{U}_e=[\boldsymbol{U}_1^{\mathrm{T}} \quad \boldsymbol{U}_2^{\mathrm{T}} \quad \cdots \quad \boldsymbol{U}_8^{\mathrm{T}}]^{\mathrm{T}} \tag{9-16}$$

设结点荷载矩阵为

$$\boldsymbol{F}_e=[\boldsymbol{F}_1^{\mathrm{T}} \quad \boldsymbol{F}_2^{\mathrm{T}} \quad \cdots \quad \boldsymbol{F}_8^{\mathrm{T}}]^{\mathrm{T}} \tag{9-17}$$

为了描述中面法线的转动，定义垂直于 $\boldsymbol{V}_3$ 的两个坐标轴基向量为

$$\boldsymbol{V}_{1i}=\frac{\boldsymbol{i}\times\boldsymbol{V}_{3i}}{|\boldsymbol{i}\times\boldsymbol{V}_{3i}|},\ \boldsymbol{i}=[1 \quad 0 \quad 0]^{\mathrm{T}} \tag{9-18}$$

$$\boldsymbol{V}_{2i}=\boldsymbol{V}_{3i}\times\boldsymbol{V}_{1i} \tag{9-19}$$

法线转动向量可以记为

$$\boldsymbol{\omega}_i=\beta_i\boldsymbol{V}_{1i}+\alpha_i\boldsymbol{V}_{2i} \tag{9-20}$$

9.2.2 位移矩阵与形函数

结点 i 处法线上任意点的位移可以用结点 i 的位移和相对结点 i 的位移叠加得

$$\begin{bmatrix} u_i \\ v_i \\ w_i \end{bmatrix}+\boldsymbol{\omega}_i\times\frac{1}{2}h_i\zeta\boldsymbol{V}_{3i} \tag{9-21}$$

由式（9-20）可知

$$\boldsymbol{\omega}_i\times\boldsymbol{V}_{3i}=h_i(\alpha_i\boldsymbol{V}_{1i}-\beta_i\boldsymbol{V}_{2i}) \tag{9-22}$$

所以式（9-21）可以写为

$$\begin{bmatrix} u_i \\ v_i \\ w_i \end{bmatrix}+\frac{1}{2}h_i\zeta[\boldsymbol{V}_{1i} \quad -\boldsymbol{V}_{2i}]\begin{bmatrix} \alpha_i \\ \alpha_j \end{bmatrix} \tag{9-23}$$

利用插值方法由结点位移得到单元内任意点的位移为

$$\begin{bmatrix} u \\ v \\ w \end{bmatrix}=\sum_{i=1}^{8}N_i(\xi,\eta)\left(\begin{bmatrix} u_i \\ v_i \\ w_i \end{bmatrix}+\zeta\boldsymbol{\varphi}_i\begin{bmatrix} \alpha_i \\ \beta_i \end{bmatrix}\right) \tag{9-24}$$

式中，

$$\boldsymbol{\varphi}_i=\begin{bmatrix} \phi_{11i} & \phi_{12i} \\ \phi_{21i} & \phi_{22i} \\ \phi_{31i} & \phi_{32i} \end{bmatrix}=\frac{h_i}{2}[\boldsymbol{V}_{1i} \quad -\boldsymbol{V}_{2i}] \tag{9-25}$$

如果把结点位移定义为

$$\boldsymbol{U}_i=[u_i \quad v_i \quad w_i \quad \alpha_i \quad \beta_i]^{\mathrm{T}} \tag{9-26}$$

形函数写为

$$\boldsymbol{N}_i=N_i[\boldsymbol{I} \quad \zeta\boldsymbol{V}_{1i} \quad -\zeta\boldsymbol{V}_{2i}] \tag{9-27}$$

9.2.3 应变与应变矩阵

将位移式（9-24）代入应变的定义可得

$$\boldsymbol{\varepsilon}=\begin{bmatrix}\varepsilon_x\\ \varepsilon_y\\ \varepsilon_z\\ \gamma_{xy}\\ \gamma_{yz}\\ \gamma_{zx}\end{bmatrix}=\begin{bmatrix}\dfrac{\partial u}{\partial x}\\ \dfrac{\partial v}{\partial y}\\ \dfrac{\partial w}{\partial z}\\ \dfrac{\partial u}{\partial y}+\dfrac{\partial v}{\partial x}\\ \dfrac{\partial v}{\partial z}+\dfrac{\partial w}{\partial y}\\ \dfrac{\partial w}{\partial x}+\dfrac{\partial u}{\partial z}\end{bmatrix}=\sum_{i=1}^{8}\boldsymbol{B}_i\boldsymbol{U}_i \tag{9-28}$$

其中几何矩阵为

$$\boldsymbol{B}_i=\begin{bmatrix}\dfrac{\partial N_i}{\partial x} & 0 & 0 & \phi_{11i}a_{ix} & \phi_{12i}a_{ix}\\ 0 & \dfrac{\partial N_i}{\partial y} & 0 & \phi_{21i}a_{iy} & \phi_{22i}a_{iy}\\ 0 & 0 & \dfrac{\partial N_i}{\partial z} & \phi_{31i}a_{iz} & \phi_{32i}a_{iz}\\ \dfrac{\partial N_i}{\partial y} & \dfrac{\partial N_i}{\partial x} & 0 & \phi_{11i}a_{iy}+\phi_{21i}a_{ix} & \phi_{12i}a_{iy}+\phi_{22i}a_{ix}\\ 0 & \dfrac{\partial N_i}{\partial z} & \dfrac{\partial N_i}{\partial y} & \phi_{21i}a_{iz}+\phi_{31i}a_{iy} & \phi_{22i}a_{iz}+\phi_{32i}a_{iy}\\ \dfrac{\partial N_i}{\partial z} & 0 & \dfrac{\partial N_i}{\partial x} & \phi_{31i}a_{ix}+\phi_{11i}a_{iz} & \phi_{32i}a_{ix}+\phi_{12i}a_{iz}\end{bmatrix} \tag{9-29}$$

$$a_{ix}=N_{i,x}\zeta+N_i\frac{\partial\zeta}{\partial x},a_{iy}=N_{i,y}\zeta+N_i\frac{\partial\zeta}{\partial y},a_{iz}=N_{i,x}\zeta+N_i\frac{\partial\zeta}{\partial z} \tag{9-30}$$

也可以写为整体矩阵形式，即

$$\boldsymbol{\varepsilon}=\boldsymbol{B}\boldsymbol{U}_e,\boldsymbol{B}=[\boldsymbol{B}_1\quad \boldsymbol{B}_2\quad \cdots\quad \boldsymbol{B}_8] \tag{9-31}$$

坐标转换矩阵为

$$\boldsymbol{T}=[\boldsymbol{V}_1\quad \boldsymbol{V}_2\quad \boldsymbol{V}_3] \tag{9-32}$$

其中向量的分量记为

$$\boldsymbol{V}_i=[l_i\quad m_i\quad n_i]^{\mathrm{T}} \tag{9-33}$$

应变坐标转换矩阵为

$$\boldsymbol{T}_\varepsilon=\begin{bmatrix}l_1^2 & m_1^2 & n_1^2 & l_1m_1 & m_1n_1 & n_1l_1\\ l_2^2 & m_2^2 & n_2^2 & l_2m_2 & m_2n_2 & n_2l_2\\ l_3^2 & m_3^2 & n_3^2 & l_3m_3 & m_3n_3 & n_3l_3\\ 2l_1l_2 & 2m_1m_2 & 2n_1n_2 & l_1m_2+l_2m_1 & m_1n_2+m_2n_1 & n_1l_2+n_2l_1\\ 2l_2l_3 & 2m_2m_3 & 2n_2n_3 & l_2m_3+l_3m_2 & m_2n_3+m_3n_2 & n_2l_3+n_3l_2\\ 2l_3l_1 & 2m_3m_1 & 2n_3n_1 & l_3m_1+l_1m_3 & m_3n_1+m_1n_3 & n_3l_1+n_1l_3\end{bmatrix} \tag{9-34}$$

$$\bar{\boldsymbol{\varepsilon}}=\boldsymbol{T}_{\varepsilon}\boldsymbol{\varepsilon} \tag{9-35}$$

式中，局部坐标下的应变为

$$\bar{\boldsymbol{\varepsilon}}=[\,\bar{\varepsilon}_x \quad \bar{\varepsilon}_x \quad \bar{\gamma}_{xy} \quad \bar{\gamma}_{yz} \quad \bar{\gamma}_{zx}\,]^{\mathrm{T}} \tag{9-36}$$

9.2.4 应力与弹性矩阵

单元坐标系下的应力仍保持为

$$\bar{\boldsymbol{\sigma}}=\bar{\boldsymbol{D}}\bar{\boldsymbol{\varepsilon}} \tag{9-37}$$

式中，

$$\bar{\boldsymbol{D}}=\frac{E}{1-\mu^2}\begin{bmatrix} 1 & \mu & 0 & 0 & 0 \\ \mu & 1 & 0 & 0 & 0 \\ 0 & 0 & \frac{1-\mu}{2} & 0 & 0 \\ 0 & 0 & 0 & \frac{1-\mu}{2} & 0 \\ 0 & 0 & 0 & 0 & \frac{1-\mu}{2} \end{bmatrix} \tag{9-38}$$

应力在两个坐标系的关系为

$$\bar{\boldsymbol{\sigma}}=\boldsymbol{T}_{\varepsilon}^{-\mathrm{T}}\boldsymbol{\sigma} \tag{9-39}$$

将式（9-35）和式（9-39）代入式（9-37）可得

$$\boldsymbol{T}_{\varepsilon}^{-\mathrm{T}}\boldsymbol{\sigma}=\bar{\boldsymbol{D}}\boldsymbol{T}_{\varepsilon}\boldsymbol{\varepsilon} \tag{9-40}$$

或写为

$$\boldsymbol{\sigma}=\boldsymbol{D}\boldsymbol{\varepsilon},\ \boldsymbol{D}=\boldsymbol{T}_{\varepsilon}^{\mathrm{T}}\bar{\boldsymbol{D}}\boldsymbol{T}_{\varepsilon} \tag{9-41}$$

按照定义，单元刚度矩阵为

$$\boldsymbol{k}_{ij}=\iiint \boldsymbol{B}_i^{\mathrm{T}}\boldsymbol{D}\boldsymbol{B}_j\mathrm{d}x\mathrm{d}y\mathrm{d}z=\int_{-1}^{1}\int_{-1}^{1}\int_{-1}^{1}\boldsymbol{B}_i^{\mathrm{T}}\boldsymbol{D}\boldsymbol{B}_j\,|\,\boldsymbol{J}\,|\,\mathrm{d}\xi\mathrm{d}\eta\mathrm{d}\zeta \tag{9-42}$$

9.2.5 程序设计

例 9.2 采用例 9.1（图 9-2a）力学模型，单元划分，如图 9-4 所示。分析结构变形和内力。

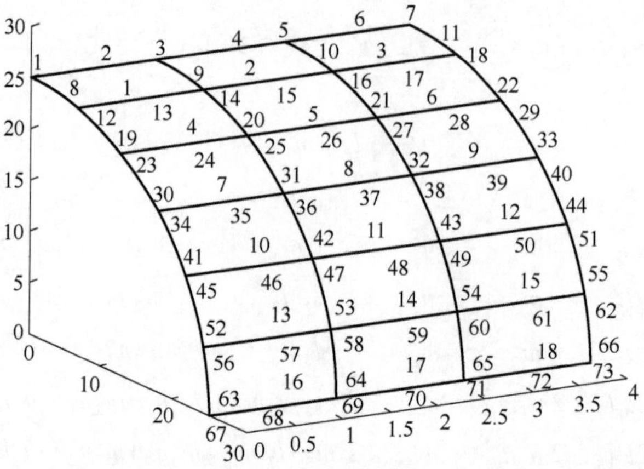

图 9-4 采用八结点壳单元分析圆柱壳

源程序（ShelN8. m）

```
%------------------定义结构------------------%
function ShelN8                                          % 八结点四边形壳单元
[xyz,ndel,dofix,F,nd,ne,th,Em,mu]=Exam9_2;               % 定义结构
K=zeros(5*nd,5*nd);                                      % 刚度矩阵
dofree=setdiff(1:5*nd,dofix);                            % 无约束自由度
%------------------形成刚度矩阵------------------%
D=ShelN8Elastic(Em,mu);
for el=1:ne
  N=kron(5*ndel(el,:),ones(1,5))-repmat(4:-1:0,[1,8]);    % 单元自由度
  K(N,N)=K(N,N)+ShelN8Stif(xyz(ndel(el,:),:,:),D,Th);    % 结构刚度矩阵
end
%------------------求解位移及输出------------------%
U=zeros(5*nd,1);
U(dofree)=K(dofree,dofree)\F(dofree);                    % 求解位移
disp('Node X      Y      Z      u         v         w        alpha      beta')
for j=1:nd
fprintf('%4i%6.2f%6.2f%6.2f%11.2e%11.2e%11.2e%11.2e%11.2e\n',j,(xyz
(:,j,1)+xyz(:,j,2))/2,U(5*j-4:5*j));                     % 输出位移
end
%------------------求解内力及输出------------------%
disp('Elem 1  2  3  4  5  6  7  8  Sx  Sy  Sz  Sxy  Syz  S1  S2  Angle')
for el=1:ne                                              %计算单元应力
  T=ShelN8Rotation([0,0],xyz(ndel(el,:),:,:),Th);
  N=kron(5*ndel(el,:),ones(1,5))-repmat(4:-1:0,[1,8]);
  for i=0:1
  B=ShelN8Strain([0,0,i],xyz(ndel(el,:),:,:),Th);        % 几何矩阵
  S=D*T*B*U(N);                                          % 应力
  c1=0.5*(S(1)+S(2));c2=0.5*(S(1)-S(2));c3=sqrt(c2^2+S(3)^2);
fprintf('%3i%3i%3i%3i%3i%3i%3i%3i%3i%11.2e%11.2e%11.2e%11.2e%11.2e
%11.2e%11.2e%7.2f\n',el,ndel(el,:),S,c1+c3,c1-c3,180*atan2(S(3),c2)/
pi));
  end
end
w0=pi*25^3/(4*Em*th^3/12);w1=U(5*nd-4);
fprintf('Error=(%10.3g/%10.3g-1)*100=%5.2f%%\n',w1,w0,(1-w1/w0)*1e2);
%------------------刚度矩阵------------------%
function ke=ShelN8Stif(xyz,D,th)
p=[-1,1]/sqrt(3);w=[1,1];                                % 高斯积分点和权重
```

```
ke=zeros(40,40);
for i=1:2
 for j=1:2
  T=ShelN8Rotation(p([i,j]),xyz,th);                    % 坐标转换矩阵
  for k=1:2
  [B,J]=ShelN8Strain(p([i,j,k]),xyz,th);                % 几何矩阵
  B1=T*B;
  ke=ke+w(i)*w(j)*w(k)*B1'*D*B1*J;                      % 单元刚度矩阵
  end
 end
end
%————————————————雅可比矩阵————————————————%
function J=ShelN8Jacobian(p,xyz)
[Sp,dSp]=PlanN8ShapeFun(p(1:2));                        % 形函数及其导数
S=zeros(3,1);T=zeros(3,1);V=zeros(3,1);
for j=1:8
 p0=(xyz(j,:,1)+xyz(j,:,2))'/2;                         % 壳中面
 V3=(xyz(j,:,1)-xyz(j,:,2))'/2;                         % 壳法线
 S=S+dSp(1,j)*(p0+p(3)*V3);
 T=T+dSp(2,j)*(p0+p(3)*V3);
 V=V+Sp(j)*V3;
end
J=[S,T,V]';
%——————————————壳单元坐标转置矩阵——————————————%
function T=ShelN8Rotation(p,xyz,th)
V3=zeros(3,1);
Sp=PlanN8ShapeFun(p);
for i=1:8
 V3=V3+2*(xyz(i,:,1)-xyz(i,:,2))'*Sp(i)/th;
end
V3=V3/sqrt(V3'*V3);
V1=cross([1;0;0],V3);V1=V1/sqrt(V1'*V1);
V2=cross(V3,V1);
T=[V1(1)^2,V1(2)^2,V1(3)^2,V1(1)*V1(2),V1(2)*V1(3),V1(3)*V1(1);
     V2(1)^2,V2(2)^2,V2(3)^2,V2(1)*V2(2),V2(2)*V2(3),V2(3)*V2(1);
2*V1(1)*V2(1),2*V1(2)*V2(2),2*V1(3)*V2(3),V1(1)*V2(2)+V2(1)*V1
(2),...
V1(2)*V2(3)+V2(2)*V1(3),V1(3)*V2(1)+V2(3)*V1(1);
```

```
2*V2(1)*V3(1),2*V2(2)*V3(2),2*V2(3)*V3(3),V2(1)*V3(2)+V3(1)*V2(2),...
V2(2)*V3(3)+V3(2)*V2(3),V2(3)*V3(1)+V3(3)*V2(1);
2*V3(1)*V1(1),2*V3(2)*V1(2),2*V3(3)*V1(3),V3(1)*V1(2)+V1(1)*V3(2),...
V3(2)*V1(3)+V1(2)*V3(3),V3(3)*V1(1)+V1(3)*V3(1)];
  %————————————————壳单元弹性矩阵————————————————%
function D=ShelN8Elastic(Em,mu)
r=(1-mu)/2;
D=Em/(1-mu*mu)*diag([1,1,r,r,r]);
D(1,2)=mu;D(2,1)=mu;
  %————————————————算例 9.2 定义结构————————————————%
function [gxy,ndel,dofix,F,nd,ne,Th,Em,mu]=Eaxm9_2
Em=4.32e9;mu=0.3;
Th=0.25;R=25;
nx=6;ny=3;n=2*ny+1;
nd=(2*nx+1)*(2*ny+1)-nx*ny;ne=nx*ny;
a=linspace(0,pi/2,2*nx+1)';
x=sin(a)*(R+[Th,-Th]/2);
y=linspace(0,4,2*ny+1);
z=cos(a)*(R+[Th,-Th]/2);
gxy=zeros(nd,3,2);
for i=1:2                                                    % 计算结点坐标
  gxy(:,1,i)=repelem(x(:,i),[repmat([n,ny+1],1,nx),n]);
  gxy(:,2,i)=[repmat([y,y(1:2:end)],1,nx),y];
  gxy(:,3,i)=repelem(z(:,i),[repmat([n,ny+1],1,nx),n]);
end
for i=1:nx                                                   % 计算单元信息
  for j=1:ny
    n1=(3*ny+2)*(i-1)+2*j-1;
    n2=(3*ny+2)*(i-1)+j+2*ny+1;
    n3=n2+ny+j+1;
    ndel(ny*(i-1)+j,:)=[n3+1,n1+2,n1,n3-1,n2+1,n1+1,n2,n3];
  end
end
dofix=1:5*n;
F=zeros(5*nd,1);
F(5*(nd-n+1:nd)-4)=2*[1,repmat([4,2],1,ny-1),4,1]/ny/3;      % 施加荷载
```

第10章 非线性问题

前述的问题都属于线性问题，如位移与应变之间的关系、应变与应力之间的关系都是线性关系。但在工程上，这些关系通常是非线性的。非线性问题分为几何非线性和物理非线性两类问题。几何非线性是研究大变形问题；物理非线性是研究材料的应力应变物理关系是非线性的，如弹塑性问题。还有约束力和约束位移也可能是非线性关系，本书不涉及。

无论什么性质的非线性问题，最后都要求解非线性方程。以下首先介绍非线性方程的一种重要求解方法：牛顿-拉斐逊（Newton-Raphon）方法。

10.1 非线性方程求解方法

以单变量问题为例，为了求解非线性方程 $f(x)=0$，将函数按照泰勒级数一次展开可得

$$f(x_{n+1})=f(x_n)+f'(x_n)\Delta x_{n+1}=0,\ \Delta x_{n+1}=x_{n+1}-x_n \tag{10-1}$$

可以求得

$$\Delta x_{n+1}=-\frac{f(x_n)}{f'(x_n)} \tag{10-2}$$

从而得到下一点的位置为

$$x_{n+1}=x_n+\Delta x_{n+1}=x_n-\frac{f(x_n)}{f'(x_n)} \tag{10-3}$$

对于非线性问题，位移和外力已经不再是线性关系了。如果仍要写为线性方程组的形式，刚度矩阵就不再是常数，而是位移的函数，即

$$\boldsymbol{K}(\boldsymbol{U})\boldsymbol{U}=\boldsymbol{R} \tag{10-4}$$

由于刚度是位移的函数，所以为非线性方程。要求解的方程可以写为

$$\boldsymbol{\Psi}(\boldsymbol{U})=\boldsymbol{K}(\boldsymbol{U})\boldsymbol{U}-\boldsymbol{R}=\boldsymbol{0} \tag{10-5}$$

定义函数为

$$\boldsymbol{F}=\boldsymbol{K}(\boldsymbol{U})\boldsymbol{U} \tag{10-6}$$

当然，这里的力 $\boldsymbol{F}$ 一般并不是外力列向量 $\boldsymbol{R}$，除非 $\boldsymbol{U}$ 恰好是方程（10-5）的解 $\boldsymbol{U}^*$，则有

$$\boldsymbol{R}=\boldsymbol{K}(\boldsymbol{U}^*)\boldsymbol{U}^* \tag{10-7}$$

从初始点 $\boldsymbol{U}_0=\boldsymbol{0}$ 开始，计算出 $\boldsymbol{K}(\boldsymbol{U}_0)$，求解

$$\boldsymbol{R}=\boldsymbol{K}(\boldsymbol{U}_0)\boldsymbol{U}_1 \tag{10-8}$$

得到图 10-1a 所示 A，在该点有

$$\boldsymbol{\Psi}(\boldsymbol{U}_1)=\boldsymbol{K}(\boldsymbol{U}_1)\boldsymbol{U}_1-\boldsymbol{R}=\boldsymbol{F}_1-\boldsymbol{R} \tag{10-9}$$

如果不为零，就是计算误差，用图 10-1a 所示 A_1B_1 段表示误差。下一步需要消除这个误差，为此计算在该点的梯度为

$$\frac{\mathrm{d}\boldsymbol{\Psi}}{\mathrm{d}\boldsymbol{U}}=\frac{\mathrm{d}\boldsymbol{F}}{\mathrm{d}\boldsymbol{U}}=\boldsymbol{K}_{\mathrm{T}} \tag{10-10}$$

或写为

$$\mathrm{d}\boldsymbol{F}=\boldsymbol{K}_{\mathrm{T}}\mathrm{d}\boldsymbol{U} \tag{10-11}$$

将式（10-11）两边乘 $\boldsymbol{K}_{\mathrm{T}}$ 的逆矩阵，并写为

$$\Delta\boldsymbol{U}_1=\boldsymbol{K}_{\mathrm{T}}^{-1}(\boldsymbol{U}_1)(\boldsymbol{R}-\boldsymbol{F}_1) \tag{10-12}$$

得到迭代的下一点 A_2 为

$$\boldsymbol{U}_2=\boldsymbol{U}_1+\Delta\boldsymbol{U}_1 \tag{10-13}$$

通常，迭代公式为

$$\begin{cases}\Delta\boldsymbol{U}_n=\boldsymbol{K}_{\mathrm{T}}^{-1}(\boldsymbol{U}_n)(\boldsymbol{R}-\boldsymbol{F}_n)\\ \boldsymbol{U}_{n+1}=\boldsymbol{U}_n+\Delta\boldsymbol{U}_n\end{cases} \tag{10-14}$$

如此迭代，直到 $\boldsymbol{R}-\boldsymbol{F}_n$ 充分小，达到图 10-1a 所示 A 点。这种求解方法每次迭代都要计算切线刚度矩阵并求逆，而切线刚度矩阵的求逆是结构分析中最耗时的工作。为了避免反复求逆，也可以每次迭代只使用第一次的切线刚度逆矩阵，成为图 10-2b 所示的等刚度法，其迭代公式为

$$\begin{cases}\Delta\boldsymbol{U}_n=\boldsymbol{K}_{\mathrm{T}}^{-1}(\boldsymbol{U}_0)(\boldsymbol{R}-\boldsymbol{F}_n)\\ \boldsymbol{U}_{n+1}=\boldsymbol{U}_n+\Delta\boldsymbol{U}_n\end{cases} \tag{10-15}$$

由于每次刚度矩阵都是近似的，迭代次数就需要增加。在这类迭代方法中，求切线刚度矩阵 $\boldsymbol{K}_{\mathrm{T}}$ 是问题的关键。以下将根据不同结构具体推导。

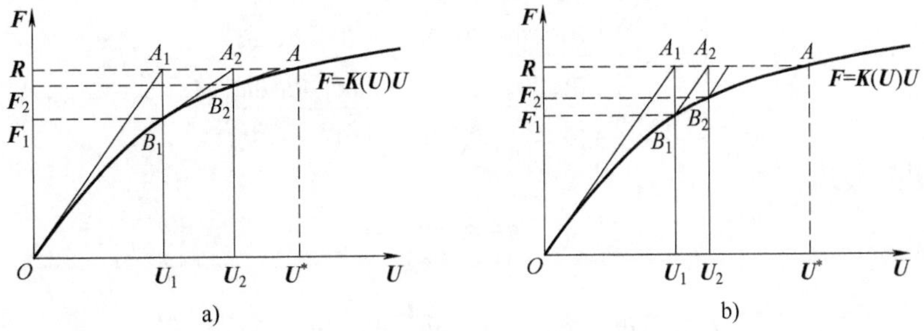

图 10-1 非线性方程求解

a）切线刚度法 b）等刚度法

10.2 几何非线性

在求解几何非线性问题时，经常用到动坐标迭代法。图 10-2 中的 i_0j_0 表示杆的初始位置，ij 为任意 t 时刻的位置。在 t 时刻，沿此时的杆件方向建立单元坐标系 $\overline{xOy}$ 作为下一时刻变形的度量基准。每步迭代都需要重新建立动坐标。

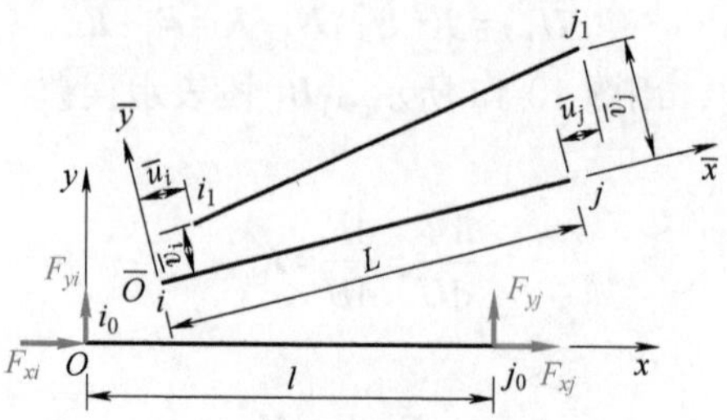

图 10-2　移动坐标系

10.2.1　基本方程

1. 几何方程

在大变形时，采用欧拉应变定义，张量形式为

$$\varepsilon_{ij}=\frac{1}{2}(u_{i,j}+u_{j,i}+u_{k,i}u_{k,j}) \tag{10-16}$$

或展开写为

$$\begin{cases}\varepsilon_x=\dfrac{\partial u}{\partial x}+\dfrac{1}{2}\left[\left(\dfrac{\partial u}{\partial x}\right)^2+\left(\dfrac{\partial v}{\partial x}\right)^2+\left(\dfrac{\partial w}{\partial x}\right)^2\right]\\ \varepsilon_y=\dfrac{\partial v}{\partial y}+\dfrac{1}{2}\left[\left(\dfrac{\partial u}{\partial y}\right)^2+\left(\dfrac{\partial v}{\partial y}\right)^2+\left(\dfrac{\partial w}{\partial y}\right)^2\right]\\ \varepsilon_z=\dfrac{\partial w}{\partial z}+\dfrac{1}{2}\left[\left(\dfrac{\partial u}{\partial z}\right)^2+\left(\dfrac{\partial v}{\partial z}\right)^2+\left(\dfrac{\partial w}{\partial z}\right)^2\right]\\ \gamma_{yz}=\dfrac{1}{2}\left(\dfrac{\partial v}{\partial z}+\dfrac{\partial w}{\partial y}+\dfrac{\partial u}{\partial y}\dfrac{\partial u}{\partial z}+\dfrac{\partial v}{\partial y}\dfrac{\partial v}{\partial z}+\dfrac{\partial w}{\partial y}\dfrac{\partial w}{\partial z}\right)\\ \gamma_{zx}=\dfrac{1}{2}\left(\dfrac{\partial w}{\partial x}+\dfrac{\partial u}{\partial z}+\dfrac{\partial u}{\partial x}\dfrac{\partial u}{\partial z}+\dfrac{\partial v}{\partial x}\dfrac{\partial v}{\partial z}+\dfrac{\partial w}{\partial x}\dfrac{\partial w}{\partial z}\right)\\ \gamma_{xy}=\dfrac{1}{2}\left(\dfrac{\partial u}{\partial y}+\dfrac{\partial v}{\partial x}+\dfrac{\partial u}{\partial x}\dfrac{\partial u}{\partial y}+\dfrac{\partial v}{\partial x}\dfrac{\partial v}{\partial y}+\dfrac{\partial w}{\partial x}\dfrac{\partial w}{\partial y}\right)\end{cases} \tag{10-17}$$

也可以写为矩阵形式，即

$$\boldsymbol{\varepsilon}=\boldsymbol{\varepsilon}_0+\boldsymbol{\varepsilon}_{\mathrm{L}} \tag{10-18}$$

式中，

$$\boldsymbol{\varepsilon}_0=\left[\frac{\partial u}{\partial x}\quad\frac{\partial v}{\partial y}\quad\frac{\partial w}{\partial z}\quad\frac{\partial v}{\partial z}+\frac{\partial w}{\partial y}\quad\frac{\partial w}{\partial x}+\frac{\partial u}{\partial z}\quad\frac{\partial u}{\partial y}+\frac{\partial v}{\partial x}\right]^{\mathrm{T}} \tag{10-19}$$

式（10-19）是应变的线性部分，其余为非线性部分。

2. 求解方法

如果结构在当前状态下平衡，则在当前状态下任意微小虚位移应满足第 1 章的虚位移方程式（1-50）：

$$\int(\delta\boldsymbol{\varepsilon})^{\mathrm{T}}\boldsymbol{\sigma}\mathrm{d}V-(\delta\boldsymbol{U})^{\mathrm{T}}\boldsymbol{R}=\boldsymbol{0} \tag{10-20}$$

式中，$\delta\boldsymbol{\varepsilon}$ 是由虚位移 $\delta\boldsymbol{U}$ 产生的虚应变，此处应变和位移之间不再是线性关系，尽管还可以写成几何矩阵与位移相乘的形式，但几何矩阵不再是常数矩阵，而是位移的函数，即

$$\boldsymbol{\varepsilon}=\boldsymbol{B}(\boldsymbol{U})\boldsymbol{U} \tag{10-21}$$

应变可以写为增量形式，即

$$\mathrm{d}\boldsymbol{\varepsilon}=\overline{\boldsymbol{B}}\,\mathrm{d}\boldsymbol{U} \tag{10-22}$$

当然，$\overline{\boldsymbol{B}}$ 并不是式（10-21）中 $\boldsymbol{B}$ 的直接求导，具体形式后续再讨论。将式（10-22）中的应变和位移增量取作虚应变和虚位移代入式（10-20）可得

$$(\delta\boldsymbol{U})^{\mathrm{T}}\int\overline{\boldsymbol{B}}^{\mathrm{T}}\boldsymbol{\sigma}\mathrm{d}V-(\delta\boldsymbol{U})^{\mathrm{T}}\boldsymbol{R}=\boldsymbol{0} \tag{10-23}$$

由虚位移的任意性可得

$$\int\overline{\boldsymbol{B}}^{\mathrm{T}}\boldsymbol{\sigma}\mathrm{d}V-\boldsymbol{R}=\boldsymbol{0} \tag{10-24}$$

现在要求解式（10-24）这个非线性方程。定义函数为

$$\boldsymbol{\Psi}=\int\overline{\boldsymbol{B}}^{\mathrm{T}}\boldsymbol{\sigma}\mathrm{d}V-\boldsymbol{R}=\boldsymbol{0} \tag{10-25}$$

为了利用牛顿-拉斐逊方法求解，对式（10-25）关于位移再求导可得

$$\mathrm{d}\boldsymbol{\Psi}=\int\mathrm{d}\overline{\boldsymbol{B}}^{\mathrm{T}}\boldsymbol{\sigma}\mathrm{d}V+\int\overline{\boldsymbol{B}}^{\mathrm{T}}\mathrm{d}\boldsymbol{\sigma}\mathrm{d}V \tag{10-26}$$

式（10-26）中的非线性几何矩阵 $\overline{\boldsymbol{B}}$ 可以分解成小变形和大变形两部分，即

$$\overline{\boldsymbol{B}}=\boldsymbol{B}_0+\boldsymbol{B}_{\mathrm{L}} \tag{10-27}$$

小变形几何矩阵 $\boldsymbol{B}_0$ 是常数，求导为零，则

$$\mathrm{d}\overline{\boldsymbol{B}}=\mathrm{d}\boldsymbol{B}_{\mathrm{L}} \tag{10-28}$$

仍假设材料是线性的，借助式（10-22），由位移的微分可以写出应力的微分为

$$\mathrm{d}\boldsymbol{\sigma}=\boldsymbol{D}\mathrm{d}\boldsymbol{\varepsilon}=\boldsymbol{D}\overline{\boldsymbol{B}}\,\mathrm{d}\boldsymbol{U} \tag{10-29}$$

将式（10-28）和式（10-27）代入式（10-26）可得

$$\mathrm{d}\boldsymbol{\Psi}=\int\mathrm{d}\boldsymbol{B}_{\mathrm{L}}^{\mathrm{T}}\boldsymbol{\sigma}\mathrm{d}V+\int(\boldsymbol{B}_0^{\mathrm{T}}+\boldsymbol{B}_{\mathrm{L}}^{\mathrm{T}})\boldsymbol{D}(\boldsymbol{B}_0+\boldsymbol{B}_{\mathrm{L}})\mathrm{d}V\mathrm{d}\boldsymbol{U} \tag{10-30}$$

如果式（10-30）右端第一项可以写作

$$\int\mathrm{d}\boldsymbol{B}_{\mathrm{L}}^{\mathrm{T}}\boldsymbol{\sigma}\mathrm{d}V=\boldsymbol{K}_{\sigma}\mathrm{d}\boldsymbol{U} \tag{10-31}$$

式中，$\boldsymbol{K}_{\sigma}$ 称为几何刚度矩阵，式（10-30）右端 d$\boldsymbol{U}$ 就可以提出来了。其中括号内展开可得

$$\mathrm{d}\boldsymbol{\Psi}=\left[\boldsymbol{K}_{\sigma}+\int(\boldsymbol{B}_0^{\mathrm{T}}\boldsymbol{D}\boldsymbol{B}_0+\boldsymbol{B}_0^{\mathrm{T}}\boldsymbol{D}\boldsymbol{B}_{\mathrm{L}}+\boldsymbol{B}_{\mathrm{L}}^{\mathrm{T}}\boldsymbol{D}\boldsymbol{B}_0+\boldsymbol{B}_{\mathrm{L}}^{\mathrm{T}}\boldsymbol{D}\boldsymbol{B}_{\mathrm{L}})\mathrm{d}V\right]\mathrm{d}\boldsymbol{U} \tag{10-32}$$

与式（10-10）比较可知，式（10-32）中方括号内就是切线刚度矩阵。其中，

$$\boldsymbol{K}_0=\int\boldsymbol{B}_0^{\mathrm{T}}\boldsymbol{D}\boldsymbol{B}_0\mathrm{d}V \tag{10-33}$$

式（10-33）为小应变刚度矩阵。定义积分式（10-32）中后三项为初始位移刚度矩阵即

$$\boldsymbol{K}_{\mathrm{L}}=\int(\boldsymbol{B}_0^{\mathrm{T}}\boldsymbol{D}\boldsymbol{B}_{\mathrm{L}}+\boldsymbol{B}_{\mathrm{L}}^{\mathrm{T}}\boldsymbol{D}\boldsymbol{B}_0+\boldsymbol{B}_{\mathrm{L}}^{\mathrm{T}}\boldsymbol{D}\boldsymbol{B}_{\mathrm{L}})\mathrm{d}V \tag{10-34}$$

最后切线刚度矩阵可以写为

$$\boldsymbol{K}_{\mathrm{T}}=\boldsymbol{K}_0+\boldsymbol{K}_{\sigma}+\boldsymbol{K}_{\mathrm{L}} \tag{10-35}$$

式（10-32）可写为

$$\mathrm{d}\boldsymbol{\Psi}=\boldsymbol{K}_{\mathrm{T}}\mathrm{d}\boldsymbol{U} \tag{10-36}$$

以下通过具体结构推导几何刚度矩阵和初始位移刚度矩阵的具体形式。

10.2.2 桁架单元

仍按照第 3 章桁架单元的形函数式（3-8）假设，即

$$N_i = 1 - x/l,\ N_j = x/l \tag{10-37}$$

则位移模式为

$$\begin{bmatrix} u \\ v \end{bmatrix} = \begin{bmatrix} N_i & 0 & N_j & 0 \\ 0 & N_i & 0 & N_j \end{bmatrix} \boldsymbol{U}_e \tag{10-38}$$

式中，$\boldsymbol{U}_e$ 是结点位移列向量

$$\boldsymbol{U}_e = [\, u_i \quad v_i \quad u_j \quad v_j \,]^{\mathrm{T}} \tag{10-39}$$

根据大应变计算公式（10-17），可以写出轴向拉伸变形的大位移小应变公式为

$$\varepsilon_x = \frac{\mathrm{d}u}{\mathrm{d}x} + \frac{1}{2}\left(\frac{\mathrm{d}v}{\mathrm{d}x}\right)^2 = \varepsilon_0 + \frac{1}{2}\theta^2 \tag{10-40}$$

式中，ε_0 是线性小应变，θ 是转角。仍然研究线性材料，根据胡克定律得到应力为

$$\sigma_x = E(\varepsilon_0 + \theta^2/2) \tag{10-41}$$

将位移模式（10-38）代入应变计算公式（10-40）得到用结点位移表示的轴向拉伸应变，即

$$\varepsilon_x = \begin{bmatrix} -\dfrac{1}{l} & 0 & \dfrac{1}{l} & 0 \end{bmatrix} \boldsymbol{U}_e + \frac{1}{2}\left(\begin{bmatrix} 0 & -\dfrac{1}{l} & 0 & \dfrac{1}{l} \end{bmatrix} \boldsymbol{U}_e\right)^2 \tag{10-42}$$

对式（10-42）应变微分可得

$$\mathrm{d}\varepsilon_x = \begin{bmatrix} -\dfrac{1}{l} & 0 & \dfrac{1}{l} & 0 \end{bmatrix} \mathrm{d}\boldsymbol{U}_e + \begin{bmatrix} 0 & -\dfrac{1}{l} & 0 & \dfrac{1}{l} \end{bmatrix} \boldsymbol{U}_e \begin{bmatrix} 0 & -\dfrac{1}{l} & 0 & \dfrac{1}{l} \end{bmatrix} \mathrm{d}\boldsymbol{U}_e \tag{10-43}$$

将式（10-43）与式（10-22）和式（10-27）比较可知，式（10-43）右端第一项 $\mathrm{d}\boldsymbol{U}_e$ 前的系数矩阵为

$$\boldsymbol{B}_0 = \begin{bmatrix} -\dfrac{1}{l} & 0 & \dfrac{1}{l} & 0 \end{bmatrix} \tag{10-44}$$

式（10-44）为小应变的几何矩阵。第二项 $\mathrm{d}\boldsymbol{U}_e$ 前的系数矩阵

$$\boldsymbol{B}_{\mathrm{L}} = \begin{bmatrix} 0 & -\dfrac{1}{l} & 0 & \dfrac{1}{l} \end{bmatrix} \boldsymbol{U}_e \begin{bmatrix} 0 & -\dfrac{1}{l} & 0 & \dfrac{1}{l} \end{bmatrix} \tag{10-45}$$

式（10-45）为大应变矩阵，它是位移的函数。注意：当转角较小时，

$$\begin{bmatrix} 0 & -\dfrac{1}{l} & 0 & \dfrac{1}{l} \end{bmatrix} \boldsymbol{U}_e = \frac{v_j - v_i}{l} = \theta \tag{10-46}$$

所以式（10-45）大应变矩阵也可以写为

$$\boldsymbol{B}_{\mathrm{L}} = \theta \begin{bmatrix} 0 & -\dfrac{1}{l} & 0 & \dfrac{1}{l} \end{bmatrix} \tag{10-47}$$

总的几何矩阵为

$$\overline{\boldsymbol{B}} = \boldsymbol{B}_0 + \boldsymbol{B}_{\mathrm{L}}$$

则式（10-43）可写为

$$\mathrm{d}\boldsymbol{\varepsilon} = \overline{\boldsymbol{B}}\, \mathrm{d}\boldsymbol{U}_e \tag{10-48}$$

将式（10-44）代入式（10-33）得线性小应变单元刚度矩阵为

$$k_0=\int_{V_e}B_0^{\mathrm{T}}DB_0\mathrm{d}V=E\begin{bmatrix}-\frac{1}{l} & 0 & \frac{1}{l} & 0\end{bmatrix}^{\mathrm{T}}\begin{bmatrix}-\frac{1}{l} & 0 & \frac{1}{l} & 0\end{bmatrix}l=\frac{EA}{l}\begin{bmatrix}1 & 0 & -1 & 0\\0 & 0 & 0 & 0\\-1 & 0 & 1 & 0\\0 & 0 & 0 & 0\end{bmatrix} \tag{10-49}$$

该刚度矩阵与第3章推导的结果完全一样。将式（10-44）和式（10-47）代入式（10-34），得到非线性大应变初始单元刚度矩阵

$$\begin{aligned}k_{\mathrm{L}}&=\int_{V_e}(B_0^{\mathrm{T}}DB_{\mathrm{L}}+B_{\mathrm{L}}^{\mathrm{T}}DB_{\mathrm{L}}+B_{\mathrm{L}}^{\mathrm{T}}DB_0)\mathrm{d}V\\&=El\left\{\theta\begin{bmatrix}-\frac{1}{l} & 0 & \frac{1}{l} & 0\end{bmatrix}^{\mathrm{T}}\begin{bmatrix}0 & -\frac{1}{l} & 0 & \frac{1}{l}\end{bmatrix}+\theta^2\begin{bmatrix}0 & -\frac{1}{l} & 0 & \frac{1}{l}\end{bmatrix}^{\mathrm{T}}\begin{bmatrix}0 & -\frac{1}{l} & 0 & \frac{1}{l}\end{bmatrix}+\right.\\&\left.\theta\begin{bmatrix}0 & -\frac{1}{l} & 0 & \frac{1}{l}\end{bmatrix}^{\mathrm{T}}\begin{bmatrix}-\frac{1}{l} & 0 & \frac{1}{l} & 0\end{bmatrix}\right\}\\&=\frac{EA}{l}\begin{bmatrix}0 & \theta & 0 & -\theta\\\theta & \theta^2 & -\theta & -\theta^2\\0 & -\theta & 0 & \theta\\-\theta & -\theta^2 & \theta & \theta^2\end{bmatrix}\end{aligned} \tag{10-50}$$

将式（10-49）和式（10-50）相加可得

$$k_0+k_{\mathrm{L}}=\frac{EA}{l}\left[\begin{bmatrix}1 & 0 & -1 & 0\\0 & 0 & 0 & 0\\-1 & 0 & 1 & 0\\0 & 0 & 0 & 0\end{bmatrix}+\begin{bmatrix}0 & \theta & 0 & -\theta\\\theta & \theta^2 & -\theta & -\theta^2\\0 & -\theta & 0 & \theta\\-\theta & -\theta^2 & \theta & \theta^2\end{bmatrix}\right] \tag{10-51}$$

下面解释式（10-51）含义。当小角度时，坐标转换矩阵可以简化为

$$T=\left[\begin{array}{cc:cc}\cos\theta & \sin\theta & 0 & 0\\-\sin\theta & \cos\theta & 0 & 0\\\hdashline 0 & 0 & \cos\theta & \sin\theta\\0 & 0 & -\sin\theta & \cos\theta\end{array}\right]=\left[\begin{array}{cc:cc}1 & \theta & 0 & 0\\-\theta & 1 & 0 & 0\\\hdashline 0 & 0 & 1 & \theta\\0 & 0 & -\theta & 1\end{array}\right] \tag{10-52}$$

刚度矩阵经过坐标转换可得

$$k_e=T^{\mathrm{T}}\bar{k}_eT=\frac{EA}{l}\left[\begin{bmatrix}1 & 0 & -1 & 0\\0 & 0 & 0 & 0\\-1 & 0 & 1 & 0\\0 & 0 & 0 & 0\end{bmatrix}+\begin{bmatrix}0 & \theta & 0 & -\theta\\\theta & \theta^2 & -\theta & -\theta^2\\0 & -\theta & 0 & \theta\\-\theta & -\theta^2 & \theta & \theta^2\end{bmatrix}\right] \tag{10-53}$$

比较式（10-51）和式（10-53）可知，刚度矩阵的第二项反映了结构大位移的影响。

由式（10-45）计算可得

$$B_{\mathrm{L}}^{\mathrm{T}}=\left[\begin{bmatrix}0 & -\frac{1}{l} & 0 & \frac{1}{l}\end{bmatrix}U_e\begin{bmatrix}0 & -\frac{1}{l} & 0 & \frac{1}{l}\end{bmatrix}\right]^{\mathrm{T}}=\frac{1}{l^2}\begin{bmatrix}0 & 0 & 0 & 0\\0 & 1 & 0 & -1\\0 & 0 & 0 & 0\\0 & -1 & 0 & 1\end{bmatrix}\begin{bmatrix}u_i\\v_i\\u_j\\v_j\end{bmatrix} \tag{10-54}$$

将式（10-54）代入式（10-31）可得

$$\int_{V_e} \mathrm{d}\boldsymbol{B}_{\mathrm{L}}^{\mathrm{T}}\boldsymbol{\sigma}\mathrm{d}V=\frac{E\varepsilon_0 A}{l}\begin{bmatrix}0 & 0 & 0 & 0\\0 & 1 & 0 & -1\\0 & 0 & 0 & 0\\0 & -1 & 0 & 1\end{bmatrix}\mathrm{d}\boldsymbol{U} \tag{10-55}$$

从而得到单元几何刚度矩阵的表达式为

$$\boldsymbol{k}_\sigma=\frac{F_{\mathrm{N}}}{l}\begin{bmatrix}0 & 0 & 0 & 0\\0 & 1 & 0 & -1\\0 & 0 & 0 & 0\\0 & -1 & 0 & 1\end{bmatrix} \tag{10-56}$$

从式（10-56）中可以看出，几何刚度矩阵与材料无关，只与几何特性和轴力有关。

式（10-35）中各刚度矩阵分别由式（10-49）、式（10-56）和式（10-50）给出。最后组成结构刚度矩阵后就可以用式（10-14）迭代求解位移。

10.2.3 刚架单元

刚架承受轴向拉伸和弯曲变形。杆端位移列向量为

$$\boldsymbol{U}_e=[u_i\quad v_i\quad \theta_i\quad u_j\quad v_j\quad \theta_j]^{\mathrm{T}} \tag{10-57}$$

位移模式仍采用第 3 章的多项式，即

$$\begin{bmatrix}u(x)\\v(x)\end{bmatrix}=\begin{bmatrix}H_u(x)\\H_v(x)\end{bmatrix}\boldsymbol{A}\boldsymbol{U}_e \tag{10-58}$$

$$\begin{bmatrix}H_u(x)\\H_v(x)\end{bmatrix}=\begin{bmatrix}1 & 0 & 0 & x & 0 & 0\\0 & 1 & x & 0 & x^2 & x^3\end{bmatrix} \tag{10-59}$$

$$\boldsymbol{A}=\begin{bmatrix}1 & 0 & 0 & 0 & 0 & 0\\0 & 1 & 0 & 0 & 0 & 0\\0 & 0 & 1 & 0 & 0 & 0\\-1/l & 0 & 0 & 1/l & 0 & 0\\0 & -3/l^2 & -2/l & 0 & 3/l^2 & -1/l\\0 & 2/l^3 & 1/l^2 & 0 & -2/l^3 & 1/l^2\end{bmatrix} \tag{10-60}$$

将杆件轴向应变分为拉伸应变 ε_0 和弯曲应变 ε_{b} 两部分。其中弯曲应变按照材料力学的公式 $\varepsilon_{\mathrm{b}}=y/\rho$ 计算，拉伸应变按照大应变公式［式（10-17）］可得

$$\boldsymbol{\varepsilon}=\begin{bmatrix}\varepsilon_0\\\varepsilon_{\mathrm{b}}\end{bmatrix}=\begin{bmatrix}\dfrac{\mathrm{d}u}{\mathrm{d}x}+\dfrac{1}{2}\left(\dfrac{\mathrm{d}v}{\mathrm{d}x}\right)^2\\-y\dfrac{\mathrm{d}^2v}{\mathrm{d}x^2}\end{bmatrix}=\begin{bmatrix}\dfrac{\mathrm{d}u}{\mathrm{d}x}\\-y\dfrac{\mathrm{d}^2v}{\mathrm{d}x^2}\end{bmatrix}+\begin{bmatrix}\dfrac{1}{2}\left(\dfrac{\mathrm{d}v}{\mathrm{d}x}\right)^2\\0\end{bmatrix}=\begin{bmatrix}\varepsilon_{\mathrm{a}}^0\\\varepsilon_{\mathrm{b}}^0\end{bmatrix}+\begin{bmatrix}\varepsilon_{\mathrm{a}}^L\\0\end{bmatrix} \tag{10-61}$$

这两部分分别是线性小应变和非线性大应变，其中，

$$\begin{bmatrix}\varepsilon_{\mathrm{a}}^0\\\varepsilon_{\mathrm{b}}^0\end{bmatrix}=\begin{bmatrix}\dfrac{\mathrm{d}u}{\mathrm{d}x}\\-y\dfrac{\mathrm{d}^2v}{\mathrm{d}x^2}\end{bmatrix},\quad\begin{bmatrix}\varepsilon_{\mathrm{a}}^L\\0\end{bmatrix}=\begin{bmatrix}\dfrac{1}{2}\left(\dfrac{\mathrm{d}v}{\mathrm{d}x}\right)^2\\0\end{bmatrix} \tag{10-62}$$

将式（10-58）代入式（10-61）可得

$$\boldsymbol{\varepsilon}=\begin{bmatrix} H_u'(x) \\ -yH_v''(x) \end{bmatrix}\boldsymbol{A}\boldsymbol{U}_e+\frac{1}{2}\begin{bmatrix} [H_v'(x)\boldsymbol{A}\boldsymbol{U}_e]^2 \\ 0 \end{bmatrix} \tag{10-63}$$

进一步对式（10-63）关于结点位移微分得

$$\mathrm{d}\boldsymbol{\varepsilon}=\begin{bmatrix} H_u'(x) \\ -yH_v''(x) \end{bmatrix}\boldsymbol{A}\mathrm{d}\boldsymbol{U}_e+\begin{bmatrix} H_v'(x)\boldsymbol{A}\boldsymbol{U}_e \\ 0 \end{bmatrix}H_v'(x)\boldsymbol{A}\mathrm{d}\boldsymbol{U}_e=(\boldsymbol{B}_0+\boldsymbol{B}_\mathrm{L})\mathrm{d}\boldsymbol{U}_e \tag{10-64}$$

$$\boldsymbol{B}_0=\begin{bmatrix} H_u'(x) \\ -yH_v''(x) \end{bmatrix}\boldsymbol{A},\ \boldsymbol{B}_\mathrm{L}=\begin{bmatrix} H_v'(x)\boldsymbol{A}\boldsymbol{U}_e \\ 0 \end{bmatrix}H_v'(x)\boldsymbol{A} \tag{10-65}$$

根据式（10-65）中第二式求导可得

$$\begin{aligned}\mathrm{d}\boldsymbol{B}_\mathrm{L}^\mathrm{T}&=[H_v'(x)\boldsymbol{A}]^\mathrm{T}\mathrm{d}\begin{bmatrix} H_v'(x)\boldsymbol{A}\boldsymbol{U}_e \\ 0 \end{bmatrix}^\mathrm{T}=[H_v'(x)\boldsymbol{A}]^\mathrm{T}\mathrm{d}\{[H_v'(x)\boldsymbol{A}\boldsymbol{U}_e]^\mathrm{T}\quad 0\}\\&=[H_v'(x)\boldsymbol{A}]^\mathrm{T}\mathrm{d}[H_v'(x)\boldsymbol{A}\boldsymbol{U}_e\quad 0]=[H_v'(x)\boldsymbol{A}]^\mathrm{T}[H_v'(x)\boldsymbol{A}\mathrm{d}\boldsymbol{U}_e\quad 0]\end{aligned} \tag{10-66}$$

将式（10-66）代入几何刚度矩阵式（10-31）可得

$$\int_{V_e}[H_v'(x)\boldsymbol{A}]^\mathrm{T}[H_v'(x)\boldsymbol{A}\mathrm{d}\boldsymbol{U}_e\quad 0]\begin{bmatrix} \boldsymbol{\sigma}_0 \\ \boldsymbol{\sigma}_b \end{bmatrix}\mathrm{d}V=\boldsymbol{k}_\sigma\mathrm{d}\boldsymbol{U}_e \tag{10-67}$$

或

$$\int_{V_e}[H_v'(x)\boldsymbol{A}]^\mathrm{T}\boldsymbol{\sigma}_0H_v'(x)\boldsymbol{A}\mathrm{d}V\mathrm{d}\boldsymbol{U}_e=\boldsymbol{k}_\sigma\mathrm{d}\boldsymbol{U}_e \tag{10-68}$$

利用材料力学的拉伸应力公式 $\boldsymbol{\sigma}_0=F_N/A$，由式（10-68）得到几何刚度矩阵

$$\boldsymbol{k}_\sigma=\frac{F_\mathrm{N}}{A}\int_{V_e}[H_v'(x)\boldsymbol{A}]^\mathrm{T}H_v'(x)\boldsymbol{A}\mathrm{d}V=\frac{F_\mathrm{N}}{30l}\begin{bmatrix} 0 & 0 & 0 & 0 & 0 & 0 \\ 0 & 36 & 3l & 0 & -36 & 3l \\ 0 & 3l & 4l^2 & 0 & -3l & -l^2 \\ 0 & 0 & 0 & 0 & 0 & 0 \\ 0 & -36 & -3l & 0 & 36 & -3l \\ 0 & 3l & -l^2 & 0 & -3l & -4l^2 \end{bmatrix} \tag{10-69}$$

将式（10-65）代入式（10-34）就可以计算出初始位移刚度矩阵 $\boldsymbol{K}_L$。由于表达式较复杂，这里没有具体列出。

10.2.4 程序设计

例 10.1 如图 10-3 所示，三角桁架在 C 结点受竖直向下的集中力 $F=1\mathrm{kN}$ 作用。抗拉刚度 $EA=10\mathrm{kN}$，分析结构变形和内力。

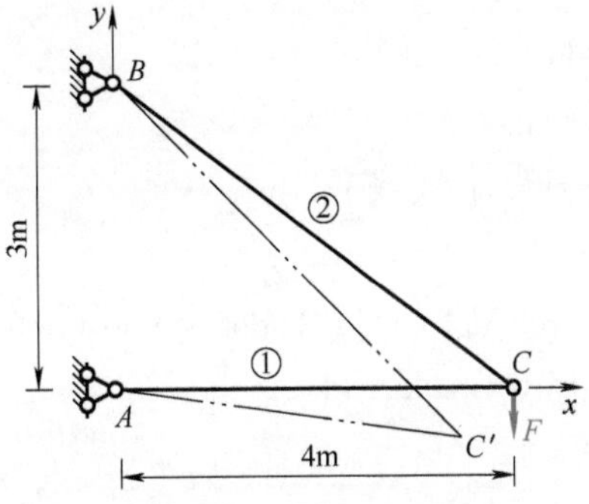

图 10-3 几何非线性算例

源程序（TrusLargDeform. m）

```
%——————————————————定义结构——————————————————%
function TrusLargDeform                                              % 几何非线性平面桁架
gxy=[0,0;4,0;0,3];                                                   % 结点坐标*
ndel=[1,2;3,2];                                                      % 单元信息，即每个单元的结点号*
EA=1e4*[1,1];                                                        % 抗拉刚度 EA*
nd=size(gxy,1);                                                      % 结点总数
ne=size(ndel,1);                                                     % 单元总数
Fp=-1e3;                                                             % 置结点力*
R=zeros(2*nd,1);R(4)=Fp/30;
dofix=[1,2,5,6];                                                     % 约束自由度*
dofree=setdiff(1:2*nd,dofix);                                        % 无约束自由度
dU=zeros(2*nd,1);U1=zeros(2*nd,1);
k0=zeros(4,4);k0([1,3],[1,3])=[1,-1;-1,1];                           % 单元坐标刚度矩阵
kg=zeros(4,4);kg([2,4],[2,4])=[1,-1;-1,1];                           % 单元坐标几何矩阵
FN=zeros(ne,1);
%——————————————————逐步加载——————————————————%
for Step=1:30
 Fn=zeros(2*nd,1);U=zeros(2*nd,1);
 for Iter=1:5                                                        % 位移修正
  KT=sparse(2*nd,2*nd);                                              % 结构总切线刚度矩阵
  for el=1:ne
   N(2:2:4)=2*ndel(el,:);N(1:2:4)=N(2:2:4)-1;                        % 单元自由度
   [T,l]=TrusRota(gxy(ndel(el,:),:));                                % 坐标旋转矩阵和杆长
   Ue=T*dU(N);                                                       % 单元坐标系单元结点位移
   a=(Ue(4)-Ue(2))/l;a2=a*a;                                         % 杆件转角
   kL=[0,a,0,-a;a,a2,-a,-a2;0,-a,0,a;-a,-a2,a,a2];                   % 初始变形刚度矩阵
   ke=(EA(el)*(k0+kL)+FN(el)*kg)/l;                                  % 单元刚度矩阵
   Fe=ke*Ue;                                                         % 杆端力
   FN(el)=FN(el)+Fe(3);                                              % 轴力
   Fn(N)=Fn(N)+T'*Fe;                                                % 结点力
   KT(N,N)=KT(N,N)+T'*ke*T;                                          % 总刚度矩阵
  end
  dU(dofree)=KT(dofree,dofree)\(R(dofree)-Fn(dofree));
  if max(abs(dU))<1e-6,break,end
  U=U+dU;                                                            % 单步荷载内位移迭代修正
```

```
end
 U1=U1+U;                                              % 每步荷载的位移累加
 gxy=gxy+reshape(U,[2,nd])';                           % 移动坐标
end
 fprintf('%4i%8.4f %8.4f %10.2e %10.2e %10.2e\n',Step,FN/abs(Fp),U1(3:4));
      %——————————————桁架坐标转换矩阵——————————————%
function [T,L]=TrusRota(xy)
dl=xy(2,:)-xy(1,:);
L=sqrt(dl*dl');                                        % 杆长
cs=dl/L;
T0=[cs;-cs(2),cs(1)];
T=[T0,zeros(2,2);zeros(2,2),T0];
```

计算结果与解析解及材料力学的小变形解答比较见表 10-1。

表 10-1 桁架变形计算结果比较

项目	轴力		变形后杆长	
	杆 1	杆 2	杆 1	杆 2
计算结果	-1.128	1.969	3.5292	6.0563
大变形理论解	-1.177	2.000	3.5294	6.0000
小变形理论解	-1.333	1.667	3.4668	5.8335

10.3 材料非线性

材料非线性是指材料的应力应变关系非线性。可能是由于材料进入塑性阶段导致应力应变关系非线性，也就是弹塑性问题；也可能材料是弹性变形，但材料自身的应力-应变关系非线性，如橡胶、塑料和岩石等材料，这两种问题的处理方法类似。由于应力-应变关系不是线性关系，因此不能写成胡克定律的形式，如果一定要写成胡克定律的形式，则

$$\boldsymbol{\sigma}=\boldsymbol{D}(\boldsymbol{\varepsilon})\boldsymbol{\varepsilon} \tag{10-70}$$

式中，弹性矩阵 $\boldsymbol{D}$ 不再是常数矩阵，而是应变的函数。利用几何矩阵可以将式（10-70）写为

$$\boldsymbol{\sigma}=\boldsymbol{D}(\boldsymbol{\varepsilon})\boldsymbol{B}\boldsymbol{U} \tag{10-71}$$

按照刚度矩阵的定义可得

$$\boldsymbol{K}(\boldsymbol{\varepsilon})=\int \boldsymbol{B}^{\mathrm{T}}\boldsymbol{D}(\boldsymbol{\varepsilon})\boldsymbol{B}\mathrm{d}V \tag{10-72}$$

以下以理想弹塑性问题为例，推导此刚度矩阵的具体表达式。

10.3.1 非线性弹性问题

虽然结点力和结点位移之间仍可以写为

$$\boldsymbol{K}(\boldsymbol{U})\boldsymbol{U}=\boldsymbol{R} \tag{10-73}$$

但是，这里的弹性矩阵是位移的函数，可以用前面讲的各种方法求解。以下面具体介绍几种方法。

1. 变刚度法

（1）割线刚度法（直接迭代法）

采用迭代公式，即

$$\boldsymbol{K}_{n-1}\boldsymbol{U}_n=\boldsymbol{R} \tag{10-74}$$

首先由假设 $\boldsymbol{U}_0=0$ 计算出 $\boldsymbol{K}_0(0)$，从 $n=1$ 开始迭代。直到两次迭代的位移足够接近。刚度矩阵在两次迭代之间修改，在迭代内部作为常数处理，应力-应变关系在迭代内部实际上假设为线性的。这个线性比例相当于割线，所以又称为割线刚度法。单元内应力变化，如图 10-4 所示。

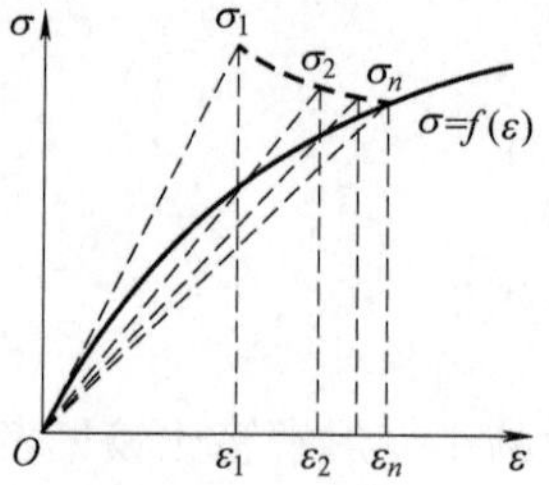

图 10-4　变刚度法单元应力

例 10.2　求弹性系数 $k=0.2-u$ 的弹簧在 $P=0.006$ 拉力作用下的变形。

按照迭代公式：$u^{k+1}=P/(0.2-u^k)$，经过 8 次迭代得到 $u=3.67543$，误差小于 $u=10^{-6}$。

（2）切线刚度法

如果能够知道切线刚度矩阵［式（10-35）］，就可以用前面讲的牛顿-拉斐逊方法求解。

2. 初应力法

对于非线性材料的物理关系，即

$$\boldsymbol{\sigma}=\boldsymbol{f}(\boldsymbol{\varepsilon}) \tag{10-75}$$

在指定点线性展开可得

$$\boldsymbol{\sigma}=\boldsymbol{D\varepsilon}+\boldsymbol{\sigma}_0 \tag{10-76}$$

容易理解，$\boldsymbol{\sigma}_0$ 是应变为零时的应力。将式（10-76）代入刚度方程可得

$$\int_V \boldsymbol{B}^{\mathrm{T}}\boldsymbol{\sigma}\mathrm{d}V=\boldsymbol{R} \tag{10-77}$$

$$\int_V \boldsymbol{B}^{\mathrm{T}}\boldsymbol{DB}\mathrm{d}V\boldsymbol{U}=\boldsymbol{R}-\int_V \boldsymbol{B}^{\mathrm{T}}\boldsymbol{\sigma}_0\mathrm{d}V \tag{10-78}$$

这里与前面的概念一样，定义刚度矩阵为

$$\boldsymbol{K}_0=\int_V \boldsymbol{B}^{\mathrm{T}}\boldsymbol{DB}\mathrm{d}V \tag{10-79}$$

并利用式（10-76），将式（10-78）写为迭代形式，即

$$\boldsymbol{K}_0\boldsymbol{U}_{n+1}=\boldsymbol{R}-\int_V \boldsymbol{B}^{\mathrm{T}}(\boldsymbol{\sigma}_n-\boldsymbol{D\varepsilon}_n)\mathrm{d}V \tag{10-80}$$

第一次迭代取右端的应变和应力都为零向量 $\boldsymbol{\sigma}_n=\boldsymbol{\varepsilon}_n=\boldsymbol{0}$，即按线弹性问题处理。由于在迭代过程中，刚度矩阵不变，又称为等刚度法。

单元内部的应力变化，如图 10-5 所示。达到收敛后，竖轴的 $\boldsymbol{\sigma}_0$ 点表示应变为零时的应力，相当于初应力，所以也称为初应力法。迭代过程就是调整所有单元的初应力，直到各单

元内式（10-75）和式（10-76）表示的应力一致。

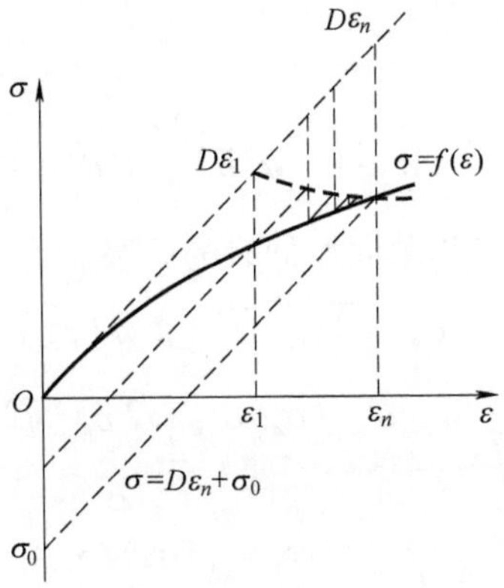

图 10-5　初应力法单元应力

3. 初应变法

如果应变可以用应力表示，则有

$$\boldsymbol{\varepsilon}=\boldsymbol{f}(\boldsymbol{\sigma}) \tag{10-81}$$

类似初应力法，将应力展开为

$$\boldsymbol{\sigma}=\boldsymbol{D}(\boldsymbol{\varepsilon}-\boldsymbol{\varepsilon}_0) \tag{10-82}$$

容易理解，$\boldsymbol{\varepsilon}_0$ 是应力为零时的应变，称为初应变。将式（10-76）代入虚功方程可得

$$\int_V \boldsymbol{B}^{\mathrm{T}}\boldsymbol{D}(\boldsymbol{\varepsilon}-\boldsymbol{\varepsilon}_0)\mathrm{d}V=\boldsymbol{R} \tag{10-83}$$

利用几何方程 $\boldsymbol{\varepsilon}=\boldsymbol{BU}$ 代入式（10-83）并整理可得

$$\int_V \boldsymbol{B}^{\mathrm{T}}\boldsymbol{DB}\mathrm{d}V\boldsymbol{U}=\boldsymbol{R}+\int_V \boldsymbol{B}^{\mathrm{T}}\boldsymbol{D}\boldsymbol{\varepsilon}_0\mathrm{d}V \tag{10-84}$$

记刚度矩阵 $\boldsymbol{K}_0=\int_V \boldsymbol{B}^{\mathrm{T}}\boldsymbol{DB}\mathrm{d}V$ 并整理得

$$\boldsymbol{K}_0\boldsymbol{U}_{n+1}=\boldsymbol{R}+\int_V \boldsymbol{B}^{\mathrm{T}}\boldsymbol{D}\boldsymbol{\varepsilon}_0\mathrm{d}V \tag{10-85}$$

$$\boldsymbol{\varepsilon}_0=\boldsymbol{\varepsilon}_n-\boldsymbol{D}^{-1}\boldsymbol{\sigma}_n \tag{10-86}$$

迭代过程应力变化，如图 10-6 所示。

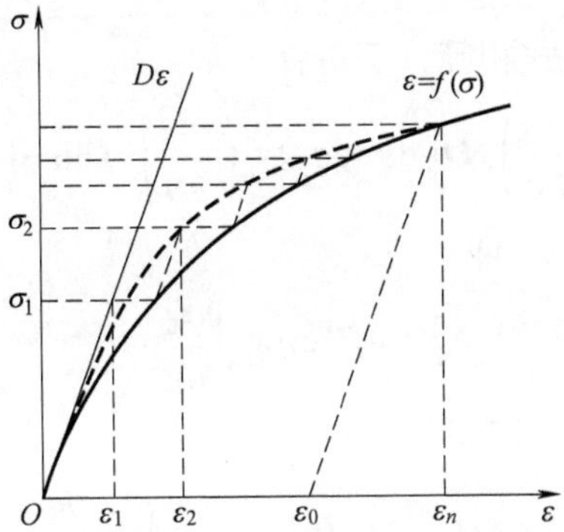

图 10-6　初应变法单元应力变化

10.3.2 塑性应力应变关系

采用米泽斯屈服条件

$$\sigma_0=\left(\frac{3}{2}\bar{\boldsymbol{\sigma}}^{\mathrm{T}}\bar{\boldsymbol{\sigma}}\right)^{1/2}\leqslant\sigma_{\mathrm{s}} \tag{10-87}$$

式中，σ_0 为米泽斯等效应力，σ_{s} 为单向拉伸时的屈服应力，$\bar{\boldsymbol{\sigma}}$ 为应力偏量列向量，即

$$\begin{aligned}\bar{\boldsymbol{\sigma}}&=[\bar{\sigma}_x\quad\bar{\sigma}_y\quad\bar{\sigma}_z\quad\sqrt{2}\tau_{yz}\quad\sqrt{2}\tau_{zx}\quad\sqrt{2}\tau_{xy}]^{\mathrm{T}}\\&=[\sigma_x-\sigma_{\mathrm{m}}\quad\sigma_y-\sigma_{\mathrm{m}}\quad\sigma_z-\sigma_{\mathrm{m}}\quad\sqrt{2}\tau_{yz}\quad\sqrt{2}\tau_{zx}\quad\sqrt{2}\tau_{xy}]^{\mathrm{T}}\end{aligned} \tag{10-88}$$

式中，σ_{m} 为应力平均值，即

$$\sigma_{\mathrm{m}}=(\sigma_x+\sigma_y+\sigma_z)/3 \tag{10-89}$$

屈服条件式（10-87）对应力分量的导数为

$$\frac{\partial\sigma_0}{\partial\boldsymbol{\sigma}}=\frac{3}{2\sigma_0}[\bar{\sigma}_x\quad\bar{\sigma}_y\quad\bar{\sigma}_z\quad 2\tau_{yz}\quad 2\tau_{zx}\quad 2\tau_{xy}]^{\mathrm{T}} \tag{10-90}$$

对应等效应力式（10-87），定义等效塑性应变增量为

$$\mathrm{d}\varepsilon_{0\mathrm{p}}=\left(\frac{3}{2}\mathrm{d}\boldsymbol{\varepsilon}_{0\mathrm{p}}^{\mathrm{T}}\mathrm{d}\boldsymbol{\varepsilon}_{0\mathrm{p}}\right)^{1/2} \tag{10-91}$$

$$\mathrm{d}\boldsymbol{\varepsilon}_{0\mathrm{p}}=[\mathrm{d}\varepsilon_{x\mathrm{p}}\quad\mathrm{d}\varepsilon_{y\mathrm{p}}\quad\mathrm{d}\varepsilon_{z\mathrm{p}}\quad\mathrm{d}\tau_{yz\mathrm{p}}/\sqrt{2}\quad\mathrm{d}\gamma_{zx\mathrm{p}}/\sqrt{2}\quad\mathrm{d}\gamma_{xy\mathrm{p}}/\sqrt{2}]^{\mathrm{T}} \tag{10-92}$$

假设材料按照等向强化材料的米泽斯准则，等效应力增量与等效应变增量的关系为

$$\mathrm{d}\sigma_0=H'\mathrm{d}\varepsilon_{0\mathrm{p}} \tag{10-93}$$

式中，H'为等效应力-应变曲线强化阶段的斜率。

应变增量可以分解为弹性和塑性两部分，即

$$\mathrm{d}\boldsymbol{\varepsilon}=\mathrm{d}\boldsymbol{\varepsilon}_{\mathrm{e}}+\mathrm{d}\boldsymbol{\varepsilon}_{\mathrm{p}} \tag{10-94}$$

弹性部分仍假设符合胡克定律，即

$$\mathrm{d}\boldsymbol{\sigma}=\boldsymbol{D}(\mathrm{d}\boldsymbol{\varepsilon}-\mathrm{d}\boldsymbol{\varepsilon}_{\mathrm{p}}) \tag{10-95}$$

等式（10-95）两边同乘以$\left(\frac{\partial\sigma_0}{\partial\boldsymbol{\sigma}}\right)^{\mathrm{T}}$可得

$$\left(\frac{\partial\sigma_0}{\partial\boldsymbol{\sigma}}\right)^{\mathrm{T}}\mathrm{d}\boldsymbol{\sigma}=\left(\frac{\partial\sigma_0}{\partial\boldsymbol{\sigma}}\right)^{\mathrm{T}}\boldsymbol{D}(\mathrm{d}\boldsymbol{\varepsilon}-\mathrm{d}\boldsymbol{\varepsilon}_{\mathrm{p}}) \tag{10-96}$$

式（10-96）和式（10-93）左式相等，于是有

$$H'\mathrm{d}\varepsilon_{0\mathrm{p}}=\left(\frac{\partial\sigma_0}{\partial\boldsymbol{\sigma}}\right)^{\mathrm{T}}\boldsymbol{D}(\mathrm{d}\boldsymbol{\varepsilon}-\mathrm{d}\boldsymbol{\varepsilon}_{\mathrm{p}})=\left(\frac{\partial\sigma_0}{\partial\boldsymbol{\sigma}}\right)^{\mathrm{T}}\boldsymbol{D}\mathrm{d}\boldsymbol{\varepsilon}-\left(\frac{\partial\sigma_0}{\partial\boldsymbol{\sigma}}\right)^{\mathrm{T}}\boldsymbol{D}\mathrm{d}\boldsymbol{\varepsilon}_{\mathrm{p}} \tag{10-97}$$

按照普朗特-路斯流动法则，即

$$\mathrm{d}\boldsymbol{\varepsilon}_{\mathrm{p}}=\mathrm{d}\varepsilon_{0\mathrm{p}}\frac{\partial\sigma_0}{\partial\boldsymbol{\sigma}} \tag{10-98}$$

将式（10-98）代入式（10-97）可得

$$H'\mathrm{d}\varepsilon_{0\mathrm{p}}=\left(\frac{\partial\sigma_0}{\partial\boldsymbol{\sigma}}\right)^{\mathrm{T}}\boldsymbol{D}\mathrm{d}\boldsymbol{\varepsilon}-\left(\frac{\partial\sigma_0}{\partial\boldsymbol{\sigma}}\right)^{\mathrm{T}}\boldsymbol{D}\frac{\partial\sigma_0}{\partial\boldsymbol{\sigma}}\mathrm{d}\varepsilon_{0\mathrm{p}} \tag{10-99}$$

整理得

$$\mathrm{d}\varepsilon_{0\mathrm{p}}=\frac{\left(\frac{\partial\sigma_0}{\partial\boldsymbol{\sigma}}\right)^{\mathrm{T}}\boldsymbol{D}}{H'+\left(\frac{\partial\sigma_0}{\partial\boldsymbol{\sigma}}\right)^{\mathrm{T}}\boldsymbol{D}\frac{\partial\sigma_0}{\partial\boldsymbol{\sigma}}}\mathrm{d}\boldsymbol{\varepsilon} \tag{10-100}$$

将式（10-98）代入式（10-95）可得

$$\mathrm{d}\boldsymbol{\sigma}=\boldsymbol{D}\left(\mathrm{d}\boldsymbol{\varepsilon}-\mathrm{d}\varepsilon_{0\mathrm{p}}\frac{\partial\sigma_0}{\partial\boldsymbol{\sigma}}\right) \tag{10-101}$$

将式（10-100）代入式（10-101）可得

$$\mathrm{d}\boldsymbol{\sigma}=\boldsymbol{D}\left(\mathrm{d}\boldsymbol{\varepsilon}-\frac{\frac{\partial\sigma_0}{\partial\boldsymbol{\sigma}}\left(\frac{\partial\sigma_0}{\partial\boldsymbol{\sigma}}\right)^{\mathrm{T}}\boldsymbol{D}}{H'+\left(\frac{\partial\sigma_0}{\partial\boldsymbol{\sigma}}\right)^{\mathrm{T}}\boldsymbol{D}\frac{\partial\sigma_0}{\partial\boldsymbol{\sigma}}}\mathrm{d}\boldsymbol{\varepsilon}\right) \tag{10-102}$$

记

$$\boldsymbol{D}_{\mathrm{p}}=\frac{\boldsymbol{D}\frac{\partial\sigma_0}{\partial\boldsymbol{\sigma}}\left(\frac{\partial\sigma_0}{\partial\boldsymbol{\sigma}}\right)^{\mathrm{T}}\boldsymbol{D}}{H'+\left(\frac{\partial\sigma_0}{\partial\boldsymbol{\sigma}}\right)^{\mathrm{T}}\boldsymbol{D}\frac{\partial\sigma_0}{\partial\boldsymbol{\sigma}}} \tag{10-103}$$

定义弹塑性矩阵为

$$\boldsymbol{D}_{\mathrm{ep}}=\boldsymbol{D}-\boldsymbol{D}_{\mathrm{p}} \tag{10-104}$$

得到增量形式的应力-应变关系为

$$\mathrm{d}\boldsymbol{\sigma}=\boldsymbol{D}_{\mathrm{ep}}\mathrm{d}\boldsymbol{\varepsilon} \tag{10-105}$$

10.3.3 弹塑性问题求解

结构初始加载时，结构还是弹性状态，因此直接用线弹性理论求解。一旦有单元进入塑性，就要采用增量加载。

在弹性与塑性的临界状态，结点位移、应变和应力分别记为 $\boldsymbol{U}_0$、$\boldsymbol{\varepsilon}_0$ 和 $\boldsymbol{\sigma}_0$。将此时的荷载与预加荷载之间的差值分成若干份，$\Delta\boldsymbol{R}$ 作为以后加载的荷载列向量。刚度矩阵是此时的切线刚度矩阵。对于弹性变形单元，仍采用线性弹性刚度矩阵，即

$$\boldsymbol{k}_e=\int_{V_e}\boldsymbol{B}^{\mathrm{T}}\boldsymbol{D}\boldsymbol{B}\mathrm{d}V \tag{10-106}$$

对发生塑性变形的单元，弹性矩阵应该用切线弹性矩阵代替。单元刚度矩阵写为

$$\boldsymbol{k}_{\mathrm{ep}}=\int_{V_e}\boldsymbol{B}^{\mathrm{T}}\boldsymbol{D}_{\mathrm{ep}}\boldsymbol{B}\mathrm{d}V \tag{10-107}$$

弹塑性矩阵中的应力取当前的应力值。形成结构刚度矩阵，建立增量形式的刚度方程，即

$$\boldsymbol{K}_n\Delta\boldsymbol{U}_{n+1}=\Delta\boldsymbol{R}_{n+1} \tag{10-108}$$

解得位移增量 $\Delta\boldsymbol{U}_{n+1}$。并据此计算出应变增量 $\Delta\boldsymbol{\varepsilon}_{n+1}$ 和应力增量 $\Delta\boldsymbol{\sigma}_{n+1}$。因为是小变形，几何关系仍采用线性关系，即

$$\Delta\boldsymbol{\varepsilon}_{n+1}=\boldsymbol{B}\Delta\boldsymbol{U}_{n+1} \tag{10-109}$$

物理关系采用式（10-105）的增量关系

$$\Delta\boldsymbol{\sigma}_{n+1}=\boldsymbol{D}_{\mathrm{ep}}(\boldsymbol{\sigma}_n)\Delta\boldsymbol{\varepsilon}_{n+1} \tag{10-110}$$

累加得此时的位移等量，即

$$\begin{cases}\boldsymbol{U}_{n+1}=\boldsymbol{U}_n+\Delta\boldsymbol{U}_{n+1}\\ \boldsymbol{\varepsilon}_{n+1}=\boldsymbol{\varepsilon}_n+\Delta\boldsymbol{\varepsilon}_{n+1}\\ \boldsymbol{\sigma}_{n+1}=\boldsymbol{\sigma}_n+\Delta\boldsymbol{\sigma}_{n+1}\end{cases} \tag{10-111}$$

式（10-111）得到新的位移等量。重复上述过程直到所有荷载加完，得到最后结果。

荷载在增加过程中，塑性区在不断扩大，弹塑性交界区的部分弹性单元逐渐进入塑性状态。在这个过程中，这些单元成为过渡区域，过渡区域在这个加载阶段前面一部分为弹性，后面一部分为塑性。为了提高计算精度，应该试算几次，并确定弹性和塑性两部分的比例。

10.3.4　平面问题的简化

平面应力问题，即

$$\sigma_x=\tau_{yz}=\tau_{xz}=0 \tag{10-112}$$

对应的应力和应变增量为

$$\mathrm{d}\boldsymbol{\sigma}=[\mathrm{d}\sigma_x\quad \mathrm{d}\sigma_y\quad \mathrm{d}\tau_{xy}]^{\mathrm{T}} \tag{10-113}$$

$$\mathrm{d}\boldsymbol{\varepsilon}=[\mathrm{d}\varepsilon_x\quad \mathrm{d}\varepsilon_y\quad \mathrm{d}\gamma_{xy}]^{\mathrm{T}} \tag{10-114}$$

等效应力及其导数为

$$\sigma_0=\sqrt{\sigma_x^2+\sigma_y^2-\sigma_x\sigma_y+3\tau_{xy}^2} \tag{10-115}$$

$$\frac{\partial\sigma_0}{\partial\boldsymbol{\sigma}}=\frac{3}{2\sigma_0}[\sigma_x'\quad \sigma_y'\quad 2\tau_{xy}]^{\mathrm{T}} \tag{10-116}$$

平面应变问题，即

$$\varepsilon_x=\gamma_{yz}=\gamma_{xz}=0,\ \sigma_z=\mu(\sigma_x+\sigma_y) \tag{10-117}$$

在弹塑性取 $\mu=1/2$，可得

$$\sigma_z=(\sigma_x+\sigma_y)/2 \tag{10-118}$$

等效应力为

$$\sigma_0=\frac{\sqrt{3}}{2}\sqrt{(\sigma_x-\sigma_y)^2+4\tau_{xy}^2} \tag{10-119}$$

10.3.5　程序设计

例 10.3　分析中心带圆孔方板的变形和内力。如图 10-7a 所示。利用对称性只取图 10-7b 所示的 1/4 结构。单元划分如图 4-13 所示。

以下是采用增量切线刚度法编制的平面应力问题理想弹塑性三角形单元有限元程序（PlanTriaPlastic.m）

```
%————————————————————求解位移————————————————————%
function PlanTriaPlastic                              % 三角形常应变单元弹塑性分析程序
[gxy,ndel,nd,ne,dofix,Th,Em,mu,F,U,Sp]=Exam10_3;          % 方板中心圆孔
```

```
dofree=setdiff(1:2*nd,dofix);                              % 无位移约束自由度
D=Em/(1-mu^2)*[1,mu,0;mu,1,0;0,0,(1-mu)/2];                         % 弹性矩阵
K=sparse(2*nd,2*nd);
Sts=zeros(3,ne);Seq=zeros(ne,1);
Yield=zeros(ne,1);NStep=10;
for FStep=0:NStep
    %———————————————建立结构刚度矩阵———————————————%
  for el=1:ne
    N(2:2:6)=2*ndel(el,:);N(1:2:5)=N(2:2:6)-1;                     % 单元自由度
    [B,A]=PlanTriaStrain(gxy(ndel(el,:),:));                  % 几何矩阵和单元面积
    if Yield(el)==0                                                   % 弹性
      K(N,N)=K(N,N)+B'*D*B*Th*A;                                   % 弹性刚度矩阵
    else % 塑性
      S1=Sts(:,el)-([1,1]*Sts(1:2,el)/3)*[1;1;0];                     % 应力偏量
      dSeq=S1.*[3/2;3/2;3]/Seq(el);                               % 等效应力增量
      Dep=D*(1-dSeq*dSeq'*D)/(dSeq'*D*dSeq);                         % 弹塑性矩阵
      K(N,N)=K(N,N)+B'*Dep*B*Th*A;                                 % 塑性刚度矩阵
    end
  end
    %————————————————求解位移————————————————%
    U(dofree)=K(dofree,dofree)\F(dofree);
    %————————————————判断屈服————————————————%
 for el=1:ne
   N(2:2:6)=2*ndel(el,:);N(1:2:5)=N(2:2:6)-1;                      % 单元自由度
    B=PlanTriaStrain(gxy(ndel(el,:),:));                      % 几何矩阵和单元面积
    if Yield(el)==0                                                   % 弹性
      Sts(:,el)=Sts(:,el)+D*B*U(N)/Sp;                                  % 应力
    else                                                            % 弹塑性
      S1=Sts(:,el)-([1,1]*Sts(1:2,el)/3)*[1;1;0];                     % 应力偏量
      dSeq=3*S1.*[1/2;1/2;1]/Seq(el);                             % 等效应力增量
      Dep=D*(1-dSeq*dSeq'*D)/(dSeq'*D*dSeq);                         % 弹塑性矩阵
      Sts(:,el)=Sts(:,el)+Dep*B*U(N)/Sp;                                % 应力
    end
    Seq(el)=sqrt(Sts(1:2,el)'*Sts(1:2,el)-Sts(1,el)*Sts(2,el)+3*Sts(3,el)^2);
                                                                  % 等效应力
    if Seq(el)>1,Yield(el)=1;end                                  % 判断进入塑性
```

```
    end
    if FStep==0
     if max(Yield)==0
      disp('Elastic Deformation');break
     else
      Sr=max(Seq);F=F*(1-1/Sr)/NStep;          % 将荷载调整到弹性极限值
      Seq=Seq/Sr;Sts=Sts/Sr;Yield=zeros(ne,1);  % 对应调整应力等
     end
  end
  fprintf('%3d%3d\n',FStep,sum(Yield>0));
  end
  DrawPlanStress(gxy,ndel,Seq,nd,ne);
```

应力云图计算输出，如图 10-8 所示。

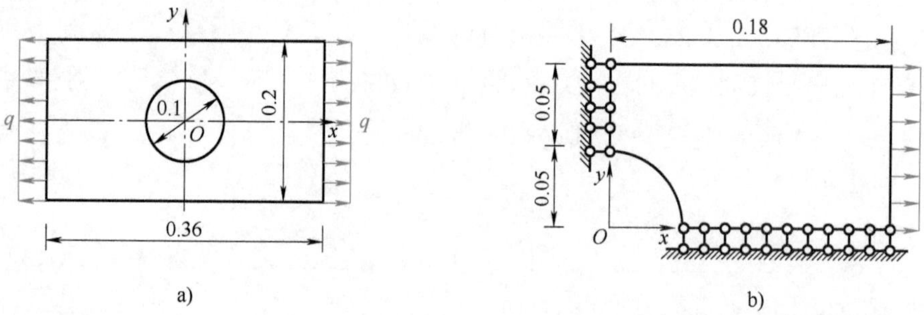

图 10-7　几何非线性算例

a）力学模型　b）简化计算模型

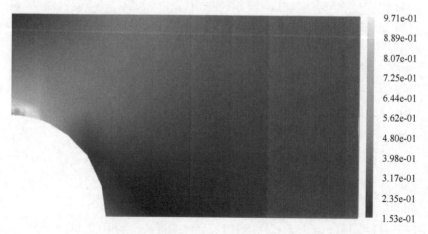

图 10-8　应力云图

第11章 自由振动与弹性稳定

在此之前讲述的内容都是结构处于平衡状态和结构静止状态，但是结构经常处于动力荷载下，如建筑受地震作用、船舶受海浪作用、桥梁受车辆作用等。结构的动力反应是结构的一个重要特性。

结构在静外力作用下发生弹性变形，处于平衡状态。外界干扰会影响平衡位置，外界干扰消除后一般会回复到原来的平衡位置，这种情况是稳定平衡，如果不能回复到原来的平衡位置就是不稳定平衡，结构设计一般要求稳定平衡。当结构在不稳定平衡状态下，即使外力不增加，位移也可以增加。研究弹性稳定就是找出这种失稳状态，作为稳定设计的依据。

自由振动和弹性稳定问题在数学上都是求解特征方程，所以又统称为特征值问题。

11.1 自由振动

当结构处于振动时已经不是处于平衡状态了，但为了利用前面静力学的已有结果，我们将动力学问题通过惯性力转化为静力学问题。

11.1.1 质量矩阵的推导

假设单元 e 的质量密度为 ρ，单元内部任一点的加速度为 $\ddot{\boldsymbol{u}}$。符号上面的两个点表示对时间求二次导数。根据位移模式（1-104），惯性力为

$$\boldsymbol{F}_{\mathrm{I}}=-\rho\ddot{\boldsymbol{u}}=-\rho\boldsymbol{N}\ddot{\boldsymbol{U}}_e \tag{11-1}$$

外力功需要增加惯性力做功一项，即

$$\delta W=\delta\boldsymbol{U}_e^{\mathrm{T}}\int_{V_e}\boldsymbol{N}^{\mathrm{T}}\boldsymbol{q}\mathrm{d}V-\delta\ddot{\boldsymbol{U}}_e^{\mathrm{T}}\int_{V_e}\rho\boldsymbol{N}^{\mathrm{T}}\boldsymbol{N}\mathrm{d}V \tag{11-2}$$

由虚位移原理可以知道，虚应变能与外力虚功相等，可得

$$\delta\boldsymbol{U}_e^{\mathrm{T}}\int_{V_e}\boldsymbol{B}^{\mathrm{T}}\boldsymbol{D}\boldsymbol{B}\mathrm{d}V\boldsymbol{U}_e=\delta\boldsymbol{U}_e^{\mathrm{T}}\int_{V_e}\boldsymbol{N}^{\mathrm{T}}\boldsymbol{q}\mathrm{d}V-\delta\ddot{\boldsymbol{U}}_e^{\mathrm{T}}\int_{V_e}\rho\boldsymbol{N}^{\mathrm{T}}\boldsymbol{N}\mathrm{d}V \tag{11-3}$$

定义单元质量矩阵为

$$\boldsymbol{m}_e=\int_{V_e}\rho\boldsymbol{N}^{\mathrm{T}}\boldsymbol{N}\mathrm{d}V \tag{11-4}$$

由虚位移的任意性，并结合结点力和刚度矩阵的定义得运动方程，即

$$\boldsymbol{m}_e\ddot{\boldsymbol{U}}_e+\boldsymbol{k}_e\boldsymbol{U}_e=\boldsymbol{F}_e \tag{11-5}$$

这里的单元刚度矩阵与前面讲的完全一致。将单元运动方程累加得结构运动方程，即

$$\boldsymbol{M}\ddot{\boldsymbol{U}}+\boldsymbol{K}\boldsymbol{U}=\boldsymbol{F} \tag{11-6}$$

当没有外力时，等式右端项为零。假设结点位移 $\boldsymbol{U}=\overline{\boldsymbol{U}}\sin\omega t$，代入式（11-6）得

$$[\boldsymbol{K}-\omega^2\boldsymbol{M}]\overline{\boldsymbol{U}}=\boldsymbol{0} \tag{11-7}$$

式中，$\overline{\boldsymbol{U}}$ 是列向量，表示振动幅值，也就是振型，ω 是自振频率。式（11-7）就是特征值问题，振型和自振频率分别对应特征向量和特征值。式（11-7）有非零解的条件是

$$|\boldsymbol{K}-\omega^2\boldsymbol{M}|=0 \tag{11-8}$$

式（11-8）称为频率方程。

对于横截面面积为 A，杆长为 l，质量为 m 的匀质刚架单元，将其形函数矩阵式（3-73）代入式（11-4）得刚架的质量矩阵具体形式，即

$$\boldsymbol{m}_e=\frac{m}{420}\begin{bmatrix}140 & 0 & 0 & 70 & 0 & 0\\ 0 & 156 & 22l & 0 & 54 & -13l\\ 0 & 22l & 4l^2 & 0 & 13l & -3l^2\\ 70 & 0 & 0 & 140 & 0 & 0\\ 0 & 54 & 13l & 0 & 156 & -22l\\ 0 & -13l & -3l^2 & 0 & -22l & 4l^2\end{bmatrix} \tag{11-9}$$

对于厚度为 t，单元面积为 A，质量为 m 的匀质材料平面应力问题，将第 4 章形函数式（4-15）代入式（11-4）可得

$$\boldsymbol{m}_e=\frac{m}{12}\begin{bmatrix}2 & 0 & 1 & 0 & 1 & 0\\ 0 & 2 & 0 & 1 & 0 & 1\\ 1 & 0 & 2 & 0 & 1 & 0\\ 0 & 1 & 0 & 2 & 0 & 1\\ 1 & 0 & 1 & 0 & 2 & 0\\ 0 & 1 & 0 & 1 & 0 & 2\end{bmatrix} \tag{11-10}$$

由单元质量矩阵可以组成结构质量矩阵。由式（11-7）就可以计算出自振频率和振型。

例 11.1　图 11-1 所示刚架，参数在图中给出，求自振频率。

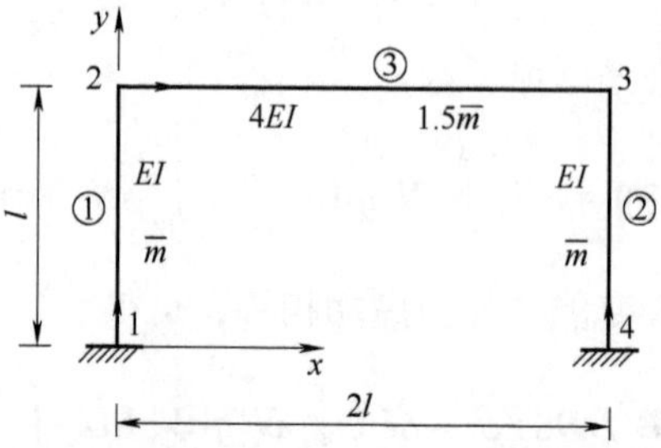

图 11-1　单跨刚架自振频率

按照第 3 章的单元刚度矩阵式（3-94）得到①和②单元刚度矩阵，即

$$\bar{\boldsymbol{k}}_e^{①}=\bar{k}_e^{②}=\left[\begin{array}{ccc:ccc}\frac{EA}{l} & 0 & 0 & -\frac{EA}{l} & 0 & 0\\ 0 & \frac{12EI}{l^3} & \frac{6EI}{l^2} & 0 & -\frac{12EI}{l^3} & \frac{6EI}{l^2}\\ 0 & \frac{6EI}{l^2} & \frac{4EI}{l} & 0 & -\frac{6EI}{l^2} & \frac{2EI}{l}\\ \hdashline -\frac{EA}{l} & 0 & 0 & \frac{EA}{l} & 0 & 0\\ 0 & -\frac{12EI}{l^3} & -\frac{6EI}{l^2} & 0 & \frac{12EI}{l^3} & -\frac{6EI}{l^2}\\ 0 & \frac{6EI}{l^2} & \frac{2EI}{l} & 0 & -\frac{6EI}{l^2} & \frac{4EI}{l}\end{array}\right] \tag{11-11}$$

根据刚架单元的坐标转换矩阵［式（3-99）］，注意：$\alpha=\frac{\pi}{2}$，$\cos\alpha=0$，$\sin\alpha=1$，有

$$\boldsymbol{T}=\left[\begin{array}{ccc:ccc}0 & 1 & 0 & 0 & 0 & 0\\ -1 & 0 & 0 & 0 & 0 & 0\\ 0 & 0 & 1 & 0 & 0 & 0\\ \hdashline 0 & 0 & 0 & 0 & 1 & 0\\ 0 & 0 & 0 & -1 & 0 & 0\\ 0 & 0 & 0 & 0 & 0 & 1\end{array}\right] \tag{11-12}$$

根据坐标转换关系 $\boldsymbol{k}=\boldsymbol{T}^{\mathrm{T}}\bar{\boldsymbol{k}}\boldsymbol{T}$，采用图 11-1 所示结构坐标系和每个杆件上的有向线段表示的局部坐标，得到①单元和②单元在结构坐标系下的刚度矩阵

$$\boldsymbol{k}_e^{①}=\boldsymbol{k}_e^{②}=\left[\begin{array}{ccc:ccc}\frac{12EI}{l^3} & 0 & -\frac{6EI}{l^2} & -\frac{12EI}{l^3} & 0 & -\frac{6EI}{l^2}\\ 0 & \frac{EA}{l} & 0 & 0 & -\frac{EA}{l} & 0\\ -\frac{6EI}{l^2} & 0 & \frac{4EI}{l} & \frac{6EI}{l^2} & 0 & \frac{2EI}{l}\\ \hdashline -\frac{12EI}{l^3} & 0 & \frac{6EI}{l^2} & \frac{12EI}{l^3} & 0 & \frac{6EI}{l^2}\\ 0 & -\frac{EA}{l} & 0 & 0 & \frac{EA}{l} & 0\\ -\frac{6EI}{l^2} & 0 & \frac{2EI}{l} & \frac{6EI}{l^2} & 0 & \frac{4EI}{l}\end{array}\right] \tag{11-13}$$

③ 单元刚度矩阵计算得

有限元方法与MATLAB程序设计

$$
\boldsymbol{k}_e^{③}=\left[\begin{array}{ccc:ccc}
\frac{2EA}{l} & 0 & 0 & -\frac{2EA}{l} & 0 & 0 \\
0 & \frac{6EI}{l^3} & \frac{6EI}{l^2} & 0 & -\frac{6EI}{l^3} & \frac{6EI}{l^2} \\
0 & \frac{6EI}{l^2} & \frac{8EI}{l} & 0 & -\frac{6EI}{l^2} & \frac{4EI}{l} \\
\hdashline
-\frac{2EA}{l} & 0 & 0 & \frac{2EA}{l} & 0 & 0 \\
0 & -\frac{6EI}{l^3} & -\frac{6EI}{l^2} & 0 & \frac{6EI}{l^3} & -\frac{6EI}{l^2} \\
0 & \frac{6EI}{l^2} & \frac{4EI}{l} & 0 & -\frac{6EI}{l^2} & \frac{8EI}{l}
\end{array}\right] \tag{11-14}
$$

略去固定约束结点 1 和 4 的六个自由度，组装为结构刚度矩阵，即

$$
\boldsymbol{K}=\left[\begin{array}{ccc:ccc}
\frac{12EI}{l^3}+\frac{2EA}{l} & 0 & \frac{6EI}{l^2} & -\frac{2EA}{l} & 0 & 0 \\
0 & \frac{EA}{l}+\frac{6EI}{l^3} & \frac{3EI}{2l^2} & 0 & -\frac{6EI}{l^3} & \frac{6EI}{l^2} \\
\frac{6EI}{l^2} & \frac{3EI}{2l^2} & \frac{6EI}{l} & 0 & -\frac{6EI}{l^2} & \frac{4EI}{l} \\
\hdashline
-\frac{2EA}{l} & 0 & 0 & \frac{2EA}{l}+\frac{12EI}{l^3} & 0 & \frac{6EI}{l^2} \\
0 & -\frac{6EI}{l^3} & -\frac{6EI}{l^2} & 0 & \frac{EA}{l}+\frac{12EI}{l^3} & -\frac{3EI}{2l^2} \\
0 & \frac{6EI}{l^2} & \frac{4EI}{l} & \frac{6EI}{l^2} & -\frac{3EI}{2l^2} & \frac{6EI}{l}
\end{array}\right] \tag{11-15}
$$

由式（11-9），①单元和②单元的质量矩阵为

$$
\bar{m}_e^{①}=\bar{m}_e^{②}=\frac{m}{420}\left[\begin{array}{ccc:ccc}
140 & 0 & 0 & 70 & 0 & 0 \\
0 & 156 & 22l & 0 & 54 & -13l \\
0 & 22l & 4l^2 & 0 & 13l & -3l^2 \\
\hdashline
70 & 0 & 0 & 140 & 0 & 0 \\
0 & 54 & 13l & 0 & 156 & -22l \\
0 & -13l & -3l^2 & 0 & -22l & 4l^2
\end{array}\right] \tag{11-16}
$$

利用坐标转换矩阵式（11-12）得到结构坐标系下的①单元和②的单元质量矩阵为

$$
\boldsymbol{m}_e^{①}=\boldsymbol{m}_e^{②}=\frac{\bar{m}l}{420}\left[\begin{array}{ccc:ccc}
156 & 0 & -22l & 54 & 0 & 13l \\
0 & 140 & 0 & 0 & 70 & 0 \\
-22l & 0 & 4l^2 & -13l & 0 & -3l^2 \\
\hdashline
54 & 0 & -13l & 156 & 0 & 22l \\
0 & 70 & 0 & 0 & 140 & 0 \\
13l & 0 & -3l^2 & 22l & 0 & 4l^2
\end{array}\right] \tag{11-17}
$$

③ 单元质量矩阵计算得

$$\boldsymbol{m}_e^{③}=\frac{3\bar{m}l}{420}\left[\begin{array}{ccc:ccc}140 & 0 & 0 & 70 & 0 & 0\\ 0 & 156 & 44l & 0 & 54 & -26l\\ 0 & 44l & 16l^2 & 0 & 26l & -12l^2\\ \hdashline 70 & 0 & 0 & 140 & 0 & 0\\ 0 & 54 & 26l & 0 & 156 & -44l\\ 0 & -26l & -12l^2 & 0 & -44l & 16l^2\end{array}\right] \tag{11-18}$$

按照对应的自由度组装为结构质量矩阵，即

$$\boldsymbol{M}=\frac{\bar{m}l}{420}\left[\begin{array}{ccc:ccc}576 & 0 & 22 & 210 & 0 & 0\\ 0 & 608 & 132l & 0 & 162 & -78l\\ 0 & 132l & 52l^2 & 0 & 78l & -36l^2\\ \hdashline 210 & 0 & 0 & 576 & 0 & 22\\ 0 & 162 & 78l & 0 & 608 & -132l\\ 0 & -78l & -36l^2 & 22 & -132l & 52l^2\end{array}\right] \tag{11-19}$$

根据式（11-8）组装得到结构频率方程。代入结构和材料参数，求解方程就可以得到结构的自振频率。

11.1.2 程序设计

例 11.2 如图 11-2 所示，匀质刚架的高和宽分别为 4m 和 6m，柱的横截面面积为 $A_1=0.01\text{m}^2$，惯性矩 $I_1=833.33\times10^{-8}\text{m}^4$。梁的横截面面积为 $A_2=0.015\text{m}^2$，惯性矩 $I_2=2812.5\times10^{-8}\text{m}^4$，弹性模量 $E=25\text{GPa}$。材料密度 $\rho=2.5\times10^3\text{kg/m}^3$。计算自振频率。

采用七个结点，六个单元，如图 11-2 所示。

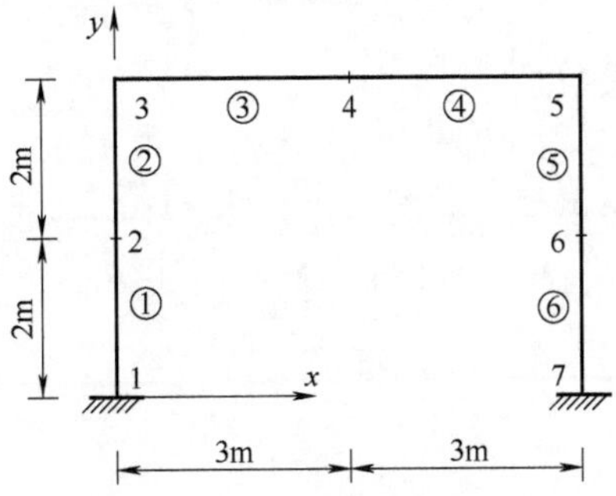

图 11-2 自由振动算例

源程序（FramDyna. m）

```
%————————————————定义结构————————————————%
function FramDyna                                    % 刚架模态分析
gxy=[0,0;0,2;0,4;3,4;6,4;6,2;6,0];                    % 结点坐标
ndel=[1,2;2,3;3,4;4,5;5,6;6,7];                      % 单元信息
nd=size(gxy,1);                                      % 结点总数
```

```
ne=size(ndel,1);                                          % 单元总数
A1=0.01;I1=833.33e-8;A2=0.015;I2=2812.5e-8;
AI=[A1,I1;A1,I1;A2,I2;A2,I2;A1,I1;A1,I1];                 % 横截面面积和惯性矩
Em=2.5e10;r=2.5e3;                                        % 弹性模量和质量密度
dofix=[1:3,19:21];                                        % 位移约束自由度
dofree=setdiff(1:3*nd,dofix);                             % 无约束自由度
  %————————————形成刚度矩阵和质量矩阵————————————%
K=zeros(3*nd,3*nd);                                       % 刚度矩阵
M=zeros(3*nd,3*nd);                                       % 质量矩阵
for el=1:ne
 xy=gxy(ndel(el,:),:);                                    % 单元结点号和结点坐标
 N=kron(3*ndel(el,:),[1,1,1])-[2,1,0,2,1,0];              % 单元自由度
 [ke,T]=FramStif(xy,AI(el,:));                            % 单元刚度矩阵
 K(N,N)=K(N,N)+Em*T'*ke*T;                                % 组装结构刚度矩阵
 me=FramMass(xy,AI(el,1));                                % 单元质量矩阵
 M(N,N)=M(N,N)+r*T'*me*T;                                 % 组装结构质量矩阵
end
  %————————————————求解自振频率————————————————%
 [V,D]=eigs(M(dofree,dofree),K(dofree,dofree),5);         % 求特征值
w=sqrt(1./diag(D))';                                      % 求自振频率
fprintf('w=%7.3f,%7.3f,%7.3f\n',w(1:3));                  % 输出前5个自振频率
  %————————————————单元质量矩阵————————————————%
function m=FramMass(xy,A)                                 % 刚架质量矩阵
dl=xy(2,:)-xy(1,:);l=sqrt(dl*dl');                        % 杆长
m=[140,0,0,70,0,0;0,156,22*l,0,54,-13*l;0,22*l,4*l*l,0,13*l,-3*l*l;...
70,0,0,140,0,0;0,54,13*l,0,156,-22*l;0,-13*l,-3*l*l,0,-22*l,4*l*l];
m=m*A*l/420;                                              % 单元质量阵
```

结果输出

$$w=14.858,\ 46.481,\ 117.884$$

11.2 弹性稳定

11.2.1 弹性稳定方程

弹性稳定需要考虑几何非线性性质。第 10 章推导了增量形式的刚度方程式（10-11）可写为

$$\boldsymbol{K}_{\mathrm{T}}\mathrm{d}\boldsymbol{U}=\mathrm{d}\boldsymbol{F} \tag{11-20}$$

荷载增量与位移增量之间可以近似为线性关系。

弹性稳定设计需要找出失稳状态。所谓失稳状态就是结构在外力不增加的条件下，结构变形却增加。也就是在无荷载增量的情况下式（11-20）等式右端项为零，位移不为零。也就是存在非零位移增量满足关系式，即

$$\boldsymbol{K}_{\mathrm{T}}\mathrm{d}\boldsymbol{U}=0 \tag{11-21}$$

则结构处于临界失稳状态。由式（10-35）有

$$\boldsymbol{K}_{\mathrm{T}}=\boldsymbol{K}_0+\boldsymbol{K}_\sigma+\boldsymbol{K}_{\mathrm{L}}$$

几何刚度矩阵 $\boldsymbol{K}_\sigma$ 与外荷载相关。由于外荷载的大小不确定，而且正是需要求解的，所以在假设荷载大小的基础上再乘上一个系数 F_{cr} 作为待求的量。注意：这里不考虑大变形，所以忽略大应变初试刚度矩阵 $\boldsymbol{K}_{\mathrm{L}}$。于是将式（11-21）写为

$$[\boldsymbol{K}_0+F_{\mathrm{cr}}\boldsymbol{K}_\sigma]\mathrm{d}\boldsymbol{U}=0 \tag{11-22}$$

这与数学上的特征值问题表达式完全一致。对应非零解的条件为

$$|\boldsymbol{K}_0+F_{\mathrm{cr}}\boldsymbol{K}_\sigma|=0 \tag{11-23}$$

称为临界力方程。对于刚架，小应变刚度矩阵 $\boldsymbol{K}_0$ 与式（3-94）完全一样，即

$$\boldsymbol{k}_0=\left[\begin{array}{ccc:ccc}
\frac{EA}{l} & 0 & 0 & -\frac{EA}{l} & 0 & 0\\
0 & \frac{12EI}{l^3} & \frac{6EI}{l^2} & 0 & -\frac{12EI}{l^3} & \frac{6EI}{l^2}\\
0 & \frac{6EI}{l^2} & \frac{4EI}{l} & 0 & -\frac{6EI}{l^2} & \frac{2EI}{l}\\
\hdashline
-\frac{EA}{l} & 0 & 0 & \frac{EA}{l} & 0 & 0\\
0 & -\frac{12EI}{l^3} & -\frac{6EI}{l^2} & 0 & \frac{12EI}{l^3} & -\frac{6EI}{l^2}\\
0 & \frac{6EI}{l^2} & \frac{2EI}{l} & 0 & -\frac{6EI}{l^2} & \frac{4EI}{l}
\end{array}\right] \tag{11-24}$$

单元几何刚度矩阵式（10-69）已给出，如下

$$\boldsymbol{k}_\sigma=\frac{F_{\mathrm{N}}}{30l}\begin{bmatrix}
0 & 0 & 0 & 0 & 0 & 0\\
0 & 36 & 3l & 0 & -36 & 3l\\
0 & 3l & 4l^2 & 0 & -3l & -l^2\\
0 & 0 & 0 & 0 & 0 & 0\\
0 & -36 & -3l & 0 & 36 & -3l\\
0 & 3l & -l^2 & 0 & -3l & -4l^2
\end{bmatrix} \tag{11-25}$$

桁架单元几何刚度矩阵式（10-56）已给出，如下

$$\boldsymbol{k}_\sigma=\frac{F_{\mathrm{N}}}{l}\begin{bmatrix}
0 & 0 & 0 & 0\\
0 & 1 & 0 & -1\\
0 & 0 & 0 & 0\\
0 & -1 & 0 & 1
\end{bmatrix} \tag{11-26}$$

由单元刚度矩阵形成结构刚度矩阵。求解式（11-22）的特征值就是临界力乘子。

例 11.3 求图 11-3 所示刚架的临界力（忽略轴向变形）。

单元划分及结点选择，如图 11-3 所示。选择自由度为

$$\boldsymbol{U}=[\theta_2 \quad v_3 \quad \theta_3]^{\mathrm{T}}$$

根据单元几何刚度矩阵（忽略轴向变形），即

$$\boldsymbol{k}_{\sigma}=\frac{F_{\mathrm{p}}}{30l}\begin{bmatrix} 36 & 3l & -36 & 3l \\ 3l & 4l & -3l & -l^2 \\ -36 & -3l & 36 & -3l \\ 3l & -l^2 & -3l & -4l^2 \end{bmatrix} \tag{11-27}$$

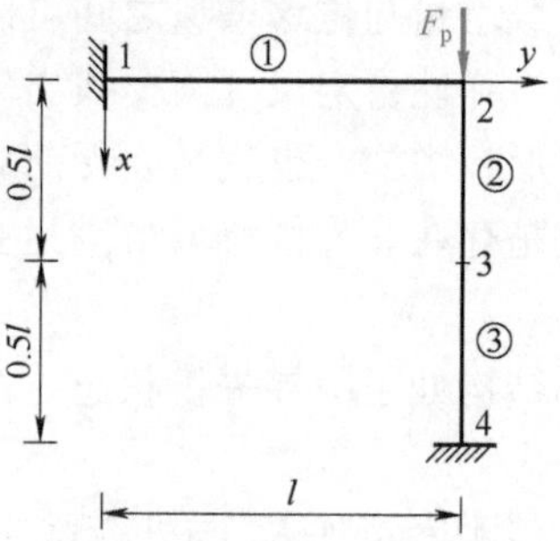

图 11-3 刚架弹性稳定

可以得到单元②和单元③的几何刚度矩阵。由于单元①没有轴力，所以几何刚度矩阵中不需要计算。略去约束的自由度，按照自由度将单元几何刚度矩阵组装为结构几何刚度矩阵，即

$$\boldsymbol{K}_{\sigma}=\frac{F_{\mathrm{p}}}{-60l}\begin{bmatrix} 4l^2 & -6l & -l^2 \\ -6l & 288 & 0 \\ -l^2 & 0 & 8l^2 \end{bmatrix} \tag{11-28}$$

类似地，将三个单元的刚度矩阵组装为结构刚度矩阵，即

$$\boldsymbol{K}=\frac{4EI}{l^3}\begin{bmatrix} 3l^2 & -6l & l^2 \\ -6l & 48 & 0 \\ l^2 & 0 & 4l^2 \end{bmatrix} \tag{11-29}$$

从而形成临界力方程，即

$$|\boldsymbol{K}_0+F_{\mathrm{cr}}\boldsymbol{K}_{\sigma}|=\left|\frac{4EI}{l^3}\begin{bmatrix} 3l^2 & -6l & l^2 \\ -6l & 48 & 0 \\ l^2 & 0 & 4l^2 \end{bmatrix}-\frac{F_{\mathrm{p}}}{60l}\begin{bmatrix} 4l^2 & -6l & -l^2 \\ -6l & 288 & 0 \\ -l^2 & 0 & 8l^2 \end{bmatrix}\right|=0 \tag{11-30}$$

记

$$\lambda=\frac{F_{\mathrm{p}}l^2}{240EI} \tag{11-31}$$

式（11-30）可写为

$$\left|\begin{bmatrix} 3l^2 & -6l & l^2 \\ -6l & 48 & 0 \\ l^2 & 0 & 4l^2 \end{bmatrix}-\lambda\begin{bmatrix} 4l^2 & -6l & -l^2 \\ -6l & 288 & 0 \\ -l^2 & 0 & 8l^2 \end{bmatrix}\right|=0 \tag{11-32}$$

整理得

$$\begin{vmatrix} l^2(3-4\lambda) & -6l(1-\lambda) & l^2(1+\lambda) \\ -6l(1-\lambda) & 48(1-6\lambda) & 0 \\ l^2(1+\lambda) & 0 & 4l^2(1-2\lambda) \end{vmatrix}=0 \tag{11-33}$$

展开得到多项式，即

$$45\lambda^3+67\lambda^2+24\lambda-2=0 \tag{11-34}$$

解得

$$\lambda=0.1207,\ 0.3682,\ 1 \tag{11-35}$$

取式（11-35）的最小值代入式（11-31）得到最小临界力为

$$F_{pcr}=0.1207\frac{240EI}{l^2}=\frac{28.97EI}{l^2} \tag{11-36}$$

该结构的解析结果（忽略轴向变形）为

$$F_{pcr}=\frac{28.4EI}{l^2} \tag{11-37}$$

11.2.2 程序设计

例 11.4 求图 11-4 所示刚架临界力。弹性模量为 E，两段杆长为 l，惯性矩为 I。为了便于与解析解比较，这里忽略轴向变形。

单元划分如图 11-4 所示。作为程序只能进行数值分析，不能带单位，所以程序中单位都取为 1。由于忽略轴向变形，将轴向刚度取较大值。

稳定分析的结果与单元划分有一定的关系。单元划分不能太少，避免失去一些重要的模态。所以这里将每个等直杆又分为两个单元。

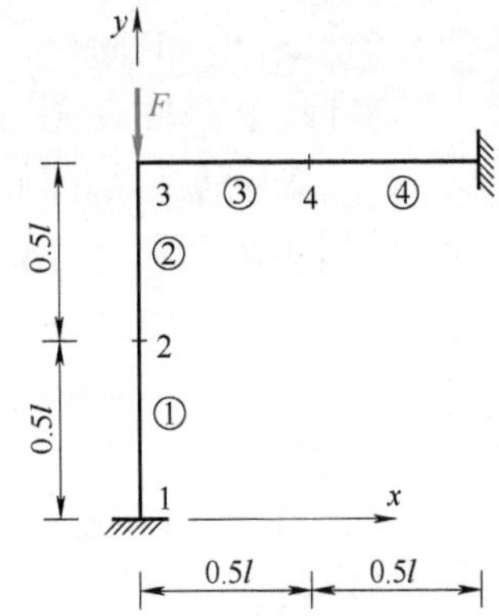

图 11-4 弹性稳定算例

刚架稳定分析源程序（FramBuck. m）

```
%——————————————————定义结构——————————————————%
function FramBuck
gxy=[0,0;0,0.5;0,1;0.5,1;1,1];                          % 结点坐标
ndel=[1,2;2,3;3,4;4,5];                                 % 单元信息
nd=size(gxy,1);                                         % 结点总数
ne=size(ndel,1);                                        % 单元总数
AI=ones(2,ne);AI(1,:)=1e7;                              % 杆件横截面面积和惯性矩
dofix=[1:3,13:15];                                      % 位移约束自由度
dofree=setdiff(1:3*nd,dofix);                           % 无约束自由度
Em=1;                                                   % 弹性模量
F=zeros(3*nd,1);                                        % 结点力列向量
F(8)=-1;                                                % 置结点力
  %——————————————————形成刚度矩阵——————————————————%
K=zeros (3*nd,3*nd);
for el=1:ne
 [ke,T]=FramStif(gxy(ndel(el,:),:),AI(:,el));           % 单元刚度矩阵
 N=kron(3*ndel(el,:),[1,1,1])-[2,1,0,2,1,0];            % 单元自由度
 K(N,N)=K(N,N)+Em*T'*ke*T;                              % 组装总刚度矩阵
end
```

```
%——————————————————求解位移——————————————————%
U=zeros(3*nd,1);
U(dofree)=K(dofree,dofree)\F(dofree);                                   % 结点位移
  %————————————————形成几何刚度矩阵————————————————%
Kg=zeros (3*nd,3*nd);
for el=1:ne
 N=kron(3*ndel(el,:),[1,1,1])-[2,1,0,2,1,0];                          % 单元自由度
 [ke,T]=FramStif(gxy(ndel(el,:),:),AI(:,el));                          % 单元自由度
 Fe=Em*ke*T*U(N);                                                      % 杆端力
fprintf('%4i%4i%14.4g%14.4g%14.4g\n%8i%14.4g%14.4g%14.4g\n',…
i,ndel(el,1),Fe(1:3),ndel(el,2),Fe(4:6)));
 kg=FramGeSt(gxy(ndel(el,:),:));                                       % 单元刚度矩阵
 Kg(N,N)=Kg(N,N)-Fe(4)*T'*kg*T;                                        % 组装结构刚度矩阵
end
  %————————————————求解和输出临界力————————————————%
 [V,D]=eigs(K(dofree,dofree),Kg(dofree,dofree),1,'SM');               % 特征值
fprintf('Fcr=%6.3f\n',D));
    %————————————————刚架几何刚度矩阵————————————————%
function ks=FramGeSt(xy)                                               % 刚架几何矩阵
dl=xy(2,:)-xy(1,:);
l=sqrt(dl*dl');                                                        % 杆长
ks=zeros(6,6);
ks(2:3,2:3)=[ 12/l,1;1,4*l/3] /10;
ks(2:3,5:6)=[-12/l,1;-1,-l/3] /10;
ks(5:6,2:3)=[-12/l,-1;1,-l/3] /10;
ks(5:6,5:6)=[ 12/l,-1;-1,4*l/3] /10;
```

结果输出为

$$Fcr=28.972.$$

例 11.5 求图 11-5 所示桁架临界力，单元及结点已在图中给出。长度和抗拉刚度按单位 1 计算。

桁架稳定分析源程序（TrusBuck.m）

这个程序的稳定是整体稳定，没有考虑每个杆的局部稳定问题。每个杆的局部稳定问题可以用材料力学的欧拉公式校核。

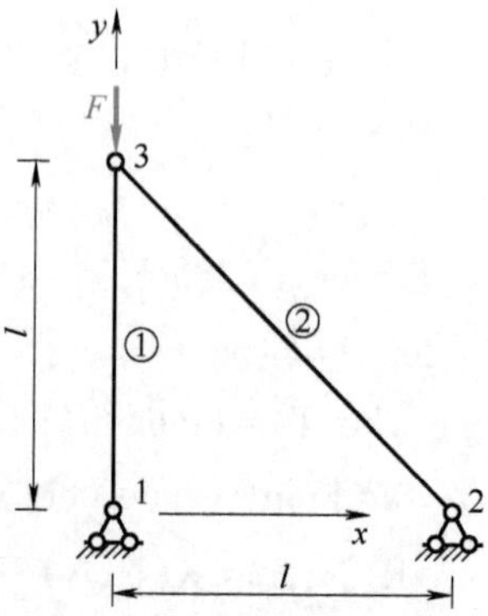

图 11-5　弹性稳定桁架

```
%——————————————————定义结构————————————————%
function TrusBuck                                   % 桁架的整体失稳临界力
gxy=[0,0;1,0;0,1];                                  % 结点坐标*
ndel=[1,3;3,2];                                     % 单元信息，即每个单元的结点号*
nd=size(gxy,1);                                     % 结点总数
ne=size(ndel,1);                                    % 单元总数
EA=[1,1];                                           % 抗拉刚度 EA *
dofix=1:4;                                          % 约束自由度*
dofree=setdiff(1:2*nd,dofix);                       % 无约束自由度
F=zeros(2*nd,1);                                    % 结点力列向量
F(6)=-1;                                            % 置结点力
 %————————————————形成刚度矩阵————————————————%
K=zeros (2*nd,2*nd);
kg=zeros(4,4);kg([2,4],[2,4])=[1,-1;-1,1];          % 几何刚度矩阵
k0=zeros(4,4);k0([1,3],[1,3])=[1,-1;-1,1];          % 单元刚度矩阵
for el=1:ne
 [T,l]=TrusRota(gxy(ndel(el,:),:));
 N(2:2:4)=2*ndel(el,:);N(1:2:4)=N(2:2:4)-1;         % 单元自由度
 K(N,N)=K(N,N)+EA(el)/l*T'*k0*T;                    % 组装总刚度矩阵
end
 %——————————————————求解位移——————————————————%
U=zeros(2*nd,1);
U(dofree)=K(dofree,dofree)\F(dofree);               % 结点位移
 %————————————————形成几何刚度矩阵———————————————%
Kg=zeros (2*nd,2*nd);
for el=1:ne
 N(2:2:4)=2*ndel(el,:);N(1:2:4)=N(2:2:4)-1;         % 单元自由度
 [T,l]=TrusRota(gxy(ndel(el,:),:));
 Fe=EA(el)/l*k0*T*U(N);                             % 杆端力
 fprintf('%4i %14.4g\n',el,Fe(3)));
 Kg(N,N)=Kg(N,N)-Fe(3)*T'*kg*T/l;                   % 组装结构刚度矩阵
end
 %———————————————求解和输出临界力———————————————%
 [V,D]=eigs(K(dofree,dofree),Kg(dofree,dofree),1,'SM');   % 特征值
fprintf('Fcr=%7.5f\n',D));
```

计算结果输出

Fcr=0.26120

附　录

附录 A　有限元分析可视化

借助图形功能将输入数据以及输出计算结果可视化，对检查输入数据和计算结果具有重要意义。而 MATLAB 提供了使用简单、功能强大的图形输出函数。

A.1　MATLAB 图形输出函数

下面介绍常用的图形输出及相关函数。

1. 二维数据的可视化

line(X,Y)　画折线函数，X 和 Y 是两个一维数组，分别表示折线各结点的 x 坐标和 y 坐标；

plot(x,y)　以（x,y）为坐标点的折线；

fplot(@fun)　绘制 fun 函数曲线，例如，fplot(@(x)sin(x),[0,2*pi])绘制一个周期的正弦曲线；

patch(X,Y,C)　（X,Y）为顶点的多边形，C 为颜色；

full(X,Y,V)　（X,Y）为顶点，以 V 为颜色值的变色多边形，适于显示应力云图；

axis　([x1,x2,y1, y2])设置绘制图形范围，参数［x1,x2,y1,y2］表示 x 坐标轴和 y 坐标轴的最大值和最小值；

hold on/off　保持已有图形，否则下一个绘图命令会清除前面的图形；

text(x,y,txt)　在指定的位置（x,y）标注文本 'txt'。

2. 三维数据的可视化

line(X,Y,Z)　画三维折线函数，X、Y 和 Z 是三个一维数组，分别表示折线各结点坐标；

plot3(X,Y,Z)　连接（X,Y,Z）坐标点的空间折线；

patch(X,Y. Z,C)　（X,Y,Z）为顶点的空间多边形，C 为颜色；

mesh(X,Y,Z)　以（X,Y,Z）为坐标点，用网线表示的曲面；

mesh(Z)　以 Z 矩阵列行下标为 x 轴，y 轴自变量，用网线表示的曲面；

surf(X,Y,Z)　（X,Y,Z）坐标点张成的曲面；

fsurf　以函数 f(x,y) 或 x=funx(u,v)，y=funy(u,v)，z=funz(u,v) 为参数的空间曲面；

surf(Z)　以 Z 矩阵列行下标为 x 轴，y 轴自变量所画曲面；

colorbar　图形中颜色对应的值；

view([x,y,z])　观看三维图形的视点，用视点坐标（x,y,z）或绕 z 轴转角和仰角（az,el）表示；

这些命令可以使用一些参数控制绘图。如

```
line(X,Y,Z,'PropertyName',propertyvalue,…)
```

上述一些函数用 'Color' 参数按照表 A-1 设置颜色，用 'Line Style' 参数按照表 A-2 设置线型，还可以用 'LineWidth' 参数按照表 A-3 设置标记。

表 A-1　颜色设定

RGB 值	简称	颜色
[1 1 0]	y	黄
[1 0 1]	m	品红
[0 1 1]	c	青
[1 0 0]	r	红
[0 1 0]	g	绿
[0 0 1]	b	蓝
[1 1 1]	w	白
[0 0 0]	k	黑

表 A-2　线型设定符

propertyvalue	线型
'-'	实线
'--'	虚线
':'	点线
'-.'	点画线
'none'	无

表 A-3　标记设定符

标记设定符	说明
o	圆圈
+	加号
*	星号
.	点
x	叉号
s	方形
d	菱形
^	上三角
v	下三角
>	右三角
<	左三角
p	五角形
h	六角形

例如：

```
x=0:0.1:1;
line(x,x.^2,'color','b','LineStyle','--','Marker','o')
text(0.4,0.25,'y=x^{2}')
line(x,x.^3,'color','g','LineStyle','-','Marker','*')
text(0.65,0.25,'y=x^{3}')
```

图 A-1 绘出了以 x 为自变量，x^2 和 x^3 的函数曲线，分别用虚线和实线，空心圆 "o" 和星 "*" 为标记。在 text 函数的文本中可以使用^{上角标}，_{下角标}，\color {颜色名} 等规定上下角标和颜色，使用\bf（黑体）和\it（斜体）规定字体。

利用这些绘图命令可以将前面讲述的有限元程序分析的结构以及计算结果可视化输出。特别是通过显示结构图可以有效地检查结构数据是否正确。以下面介绍一些简单应用。

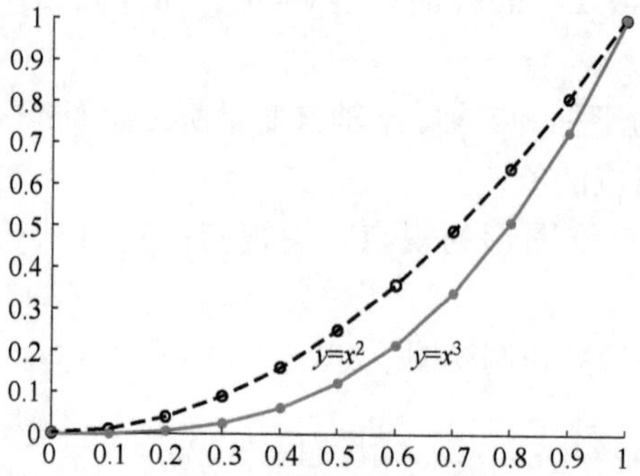

图 A-1　函数 line 输出结果

A. 2　桁架和刚架结构变形

1. 显示桁架和刚架结构、约束和变形

图 A-2 图形输出程序可以由桁架程序（Truss. m）和刚架程序（Frame. m）调用。桁架只需要输入四个参数，分别是结点坐标，单元信息，约束自由度和结点位移。对于刚架结构只需要在调用该程序时任意设定第五个参数。如图 A-2 所示为该程序的输出结果。代码如下：


```
function DrawFrame(gxy,ndel,dofix,U,~)
clf;axis equal;                                          % 设置轴比例相等
s=2;
if nargin>4,s=3;end                                      % 桁架为2；刚架为3
gm=max(abs(max(gxy)-min(gxy)));
U=2e-2*U*gm/max(abs(U));
G=gxy+[U(1:s:end),U(2:s:end)];
for el=1:length(ndel)
 N=ndel(el,:);                                           % 单元自由度
 line(gxy(N,1),gxy(N,2),'color','k','LineWidth',2);      % 画结构
 line(G(N,1),G(N,2),'color','r','LineStyle','--');       % 画变形
 text(mean(gxy(N,1)),mean(gxy(N,2)),sprintf('%3d',el),'color','r');
                                                         % 写单元号
end
for j=1:size(gxy,1)
 text(gxy(j,1),gxy(j,2),sprintf('%3d',j),'color','m');   % 写结点号
end
DrawSupport(dofix,gxy,0.01*gm,s);
end
```

2. 绘制支座程序

所有平面单元都可以调用绘制支座。各输入参数分别为约束自由度，结点坐标和制作图形尺寸。刚架结构需要在第四个参数输入3，其他结构不输入第四个参数。代码如下：

```
function DrawSupport(dofix,gxy,r,m)
n=length(dofix);
if nargin>3
 s=m;                                    % 刚架第四个参数输入3，其他结构不输入
else
 s=2;
end
for i=1:n
 j=fix((dofix(i)+s-1)/s);                % 计算约束自由度对应的结点号
 dir=dofix(i)-s*j+s;                     % 计算约束自由度对应的方向
 if dir==1                               % 画不同方向的支座
  X=[0,-r,-r,0];Y=[-r,-r,2*r,2*r];
 elseif dir==2
  X=[-r,-r,2*r,2*r];Y=[0,-r,-r,0];
 else
  X=[0,3*r,2*r];Y=[0,2*r,3*r];
 end
 X=gxy(j,1)+X;Y=gxy(j,2)+Y;
 patch(X,Y,'k','EdgeColor','none');
end
```

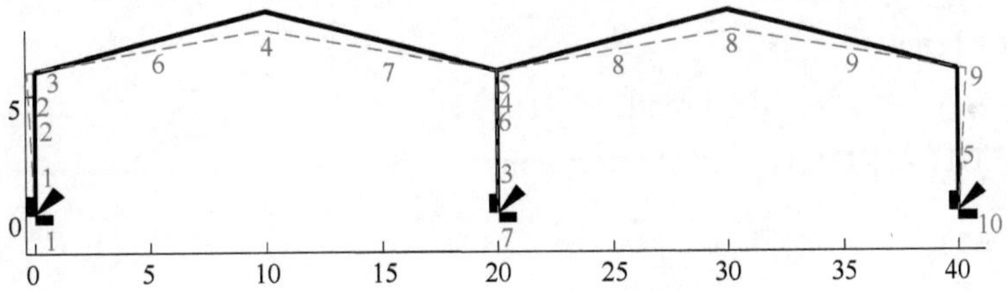

图 A-2　刚架输出

A.3　平面连续体

该组程序由平面有限单元程序（包括，四结点矩形单元 PlanRect，平面四结点四边形等参单元 PlanN4，平面八结点四边形等参单元程序 PlanN8. m）调用。前两个参数分别是结点坐标和单元信息。

1. 有限元单元及变形图形输出程序

第三个参数是约束自由度。如果还没有计算出位移，只是为了检查结点及单元信息，可以将位移列向量置空，也可以在绘图程序中增加判断语句。代码如下：

```
function DrawPlanElem(gxy,ndel,dofix,U)                    % 画平面单元及变形
clf;axis equal;                                         % 设置图形坐标轴单位相等
ne=size(ndel,1);
nd=size(size(gxy,1));
gm=max(abs(max(gxy)-min(gxy)));
k=size(ndel,2);
if k<=4                                              % 设置绘制不同单元时的结点顺序
 n=1:k;
else
 n=reshape([1:4;5:8],1,8);
end
for el=1:ne
 G0=gxy(ndel(el,n),:);                                                % 单元
 patch(G0(:,1),G0(:,2),0.95*ones(1,3));                         % 画变形前结构
 text(mean(G0(:,1)),mean(G0(:,2)),sprintf('%3d',el),'color','r');
                                                                  % 写单元号
end
DrawSupport(dofix,gxy,0.01*gm)                                          % 画支座
if nargin>3
 U=0.05*U*gm/max(abs(U));
 Gxy=gxy+reshape(U,2,nd)';
 for el=1:ne
  G1=Gxy(ndel(el,n([1:end,1])),:);
  line(G1(:,1),G1(:,2),'color','m');                             % 画变形后结构
 end
end
for j=1:nd
 text(gxy(j,1),gxy(j,2),sprintf('%3d',j),'color','m');                % 写结点号
end
```

图 A-3 是 7.2.5 节例 7.2 平面八结点四边形等参单元程序 PlanN8.m 调用该程序的输出结果。

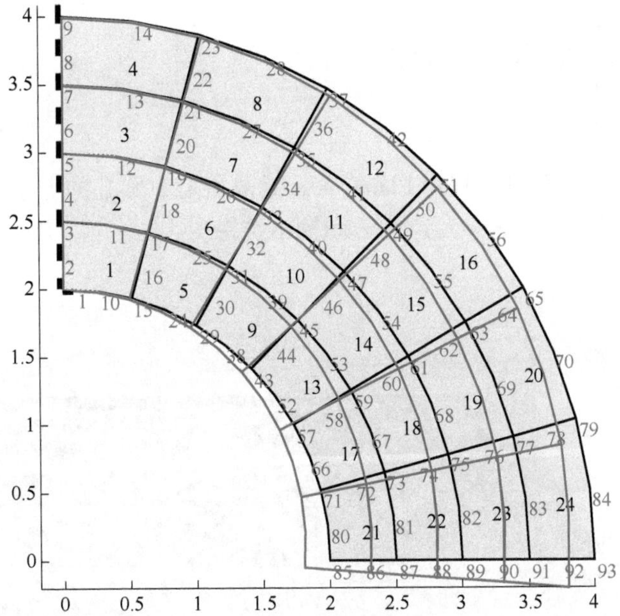

图 A-3 平面连续体结构变形

2. 应力云图

该程序的第三个参数是应力值，这个参数也可以输入位移、应变等任意分量。代码如下：

```
function DrawPlanStress(gxy,ndel,Stress)
clf;axis equal;axis off;hold on;                    % 设置坐标轴比例一致，保持图形
ne=size(ndel,1);
nd=size(size(gxy,1));
elnd=zeros(nd,1);
St=zeros(nd,1);
for el=1:ne
  N=ndel(el,:);
  St(N)=St(N)+Stress(el);
  elnd(N)=elnd(N)+1;
end
St=St./elnd;                                        % 计算平均应力
k=size(ndel,2);
if k<=4
  n=1:k;
else
  n=reshape([1:4;5:8],1,8);
end
for el=1:ne
  N=ndel(el,n);                                     % 单元自由度
  fill(gxy(N,1),gxy(N,2),St(N),'EdgeColor','none'); % 画单元应力
```

```
end
axis tight;
colorbar
```

图 A-4 显示平面三角形单元程序 PlanTria. m 计算中心有圆孔的方板在短边沿长边方向均匀受拉的 1/4 结构（Exam10_3. m）应力云图输出结果。

图 A-4　平面连续体结构应力云图

3. 平面连续体主应力大小和方向图

最后两个输入参数 St 和 Dir 是主应力的大小和方向。同样可以输出位移及主应变的向量。代码如下：

```
function DrawPlanPrinStress(gxy,ndel,St,Dir)
clf;axis equal;axis off;hold on;                    % 设置坐标轴比例一致，保持图形
gm=max(max(gxy)-min(gxy));co=['g','r'];
r=0.1*gm/max(max(abs(St)));
n=min(4,size(ndel,2));
for el=1:size(ndel,1)
 N=ndel(el,1:n);N1=N([1:end,1]);                    % 单元自由度
 x=gxy(N1,1);y=gxy(N1,2);                           % 结点坐标
 line(x,y,'color','k');                             % 画变形前结构
 gc=mean(gxy(N,:));                                 % 单元形心坐标
 for i=1:2
```

```
    X=gc(1)+r*St(i,el)*Dir(1,i,el)*[-1;1];                    % 画变形后结构
    Y=gc(2)+r*St(i,el)*Dir(2,i,el)*[-1;1];
    s=(sign(St(i,el))+1)/2+1;
    line(X,Y,'color',co(s),'LineWidth',2);                     % 画主应力线
  end
end
```

图 A-5 是平面八结点四边形等参单元程序 PlanN8. m 调用该程序的输出结果。

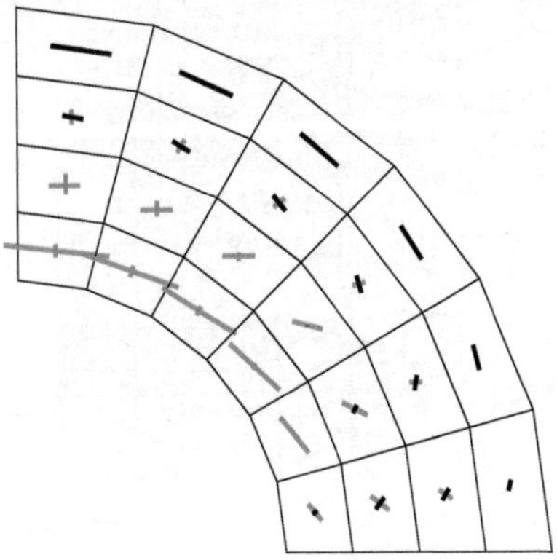

图 A-5　主应力分布图

A.4　空间八结点有限元单元及变形图形输出程序

该程序是空间结构单元及变形图形。可以由空间立方体单元程序（SpacCube. m）和空间八结点六面体等参单元程序（Spac8N. m）调用。代码如下：

```
function DarwSpacElem (ne,gxy,ndel,nc,U)
clf;hold on
M0=[1:4,1,5:8,5,8,4,3,7,6,2];
nd=length(gxy);
if nargin>3                                                    % 标记约束结点
  scatter3(gxy(nc,1),gxy(nc,2),gxy(nc,3))
end
for el=1:ne                                                    % 画变形前的单元格
  N=ndel(el,M0);
  plot3(gxy(N,1),gxy(N,2),gxy(N,3),'g');
end
if nargin>4                                                    % 画变形后的单元格
  G=gxy+1e-3*reshape(U,3,nd)';
for el=1:ne
```

```
    N=ndel(el,M0);
    plot3(G(N,1),G(N,2),G(N,3),'w');
  end
  end
```

图 A-6 是空间八结点六面体等参单元程序 Spac8N. m 调用该程序的图形输出结果。

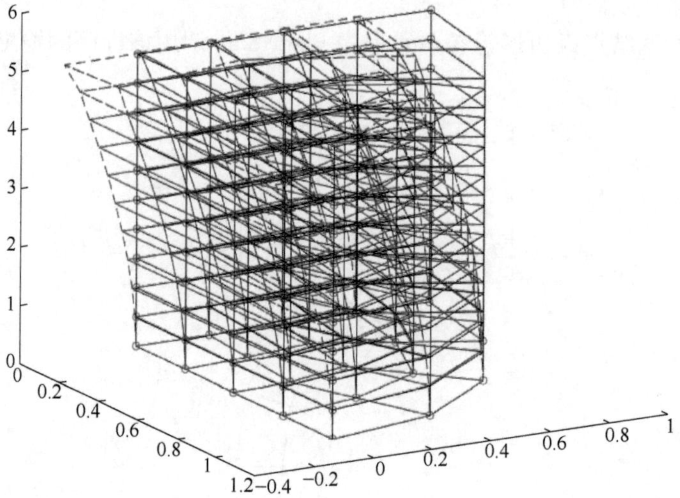

图 A-6 结构和变形图

A. 5 正文中所需源程序

(1) 源程序（Exam4_1. m）

```
function[gxy,ndel,dofix,F,Em,Pr,Th,nd,ne,U]=Exam4_1
Th=1e-2;                                              % 板厚*
Em=210e9;                                             % 弹性模量*
Pr=0.3;                                               % 泊松比*
gxy=[0,2;0,1;1,1;0,0;1,0;2,0];                        % 结点坐标*
ndel=[3,1,2;2,5,3;5,2,4;6,3,5];                       % 单元信息*
nd=size(gxy,1);                                       % 结点数
ne=size(ndel,1);                                      % 单元数
U=zeros(2*nd,1);
F=zeros(2*nd,1);
F(2)=-1;                                              % 结点力*
dofix=[1,3,7,8,10,12];                                % 位移约束自由度
```

（2）源程序（Exam4_3. m）

```
syms N [3,1]
syms x y ui uj um
xy=[1,0;0,1;0,0];
mu=0;
A=det([ones(3,1),xy])/2;                                    % 单元面积式(4-8)
m=[1,2,3,1,2];
for i=1:3
 N(i)=det([ones(3,1),[x,y;xy(m(i+1:i+2),:)]])/2/A;
end
disp([ui,uj,um]*N)                                     % 位移模式公式参考此处
Nx=diff(N,x)';
Ny=diff(N,y)';
B=[kron(Nx,[1,0]);kron(Ny,[0,1]);kron(Ny,[1,0])+kron(Nx,[0,1])];
disp(B)
D=1/(1-mu^2)*[1,mu,0;mu,1,0;0,0,(1-mu)/2];
ke=A*B'*D*B;                                            % 刚度矩阵式(4-46)
disp(ke)
```

（3）源程序（Exam8_3. m）

```
function[gxy,ndel,dofix,F,nd,ne,Th,Em,Pr,a,b,L]=Exam8_3
Em=210e9;L=16;a=1;
Pr=0.3;Th=1.6;b=1;
ndel=[...
17,3,1,15,11,2,10,16;
19,5,3,17,12,4,11,18;
21,7,5,19,13,6,12,20;
23,9,7,21,14,8,13,22;
31,17,15,29,25,16,24,30;
33,19,17,31,26,18,25,32;
35,21,19,33,27,20,26,34;
37,23,21,35,28,22,27,36;
45,31,29,43,39,30,38,44;
47,33,31,45,40,32,39,46;
49,35,33,47,41,34,40,48;
51,37,35,49,42,36,41,50;
59,45,43,57,53,44,52,58;
```

```
61,47,45,59,54,46,53,60;
63,49,47,61,55,48,54,62;
65,51,49,63,56,50,55,64];
gxy(:,1)=[zeros(9,1);ones(5,1);2*ones(9,1);3*ones(5,1);4*ones(9,1);
 5*ones(5,1);6*ones(9,1);7*ones(5,1);8*ones(9,1)];
gxy(:,2)=[0:8,0:2:8,0:8,0:2:8,0:8,0:2:8,0:8,0:2:8,0:8]';
ne=size(ndel,1);nd=max(max(ndel));
left=3*(1:9);down=3*[1:14:nd,10:14:nd];
top=3*[9:14:nd,14:14:nd];right=3*(57:nd);
dofix=[left,down-1,top-2,top-1,top,right-2,right-1,right];
F=zeros(3*nd,1);
F(1)=1/4;
```

（4）源程序（Exam9_1b. m）

```
function[gxy,ndel,dofix,F,nd,ne,Th,Em,Pr,a,b,L]=PlatN8Exam
Em=210e9;L=16;a=1;
Pr=0.3;Th=1.6;b=1;
ndel=[...
17,3,1,15,11,2,10,16;
19,5,3,17,12,4,11,18;
21,7,5,19,13,6,12,20;
23,9,7,21,14,8,13,22;
31,17,15,29,25,16,24,30;
33,19,17,31,26,18,25,32;
35,21,19,33,27,20,26,34;
37,23,21,35,28,22,27,36;
45,31,29,43,39,30,38,44;
47,33,31,45,40,32,39,46;
49,35,33,47,41,34,40,48;
51,37,35,49,42,36,41,50;
59,45,43,57,53,44,52,58;
61,47,45,59,54,46,53,60;
63,49,47,61,55,48,54,62;
65,51,49,63,56,50,55,64];
gxy(:,1)
[zeros(9,1);ones(5,1);2*ones(9,1);3*ones(5,1);4*ones(9,1);5*ones(5,1);6
*ones(9,1);7*ones(5,1);8*ones(9,1)];
gxy(:,2)=[0:8,0:2:8,0:8,0:2:8,0:8,0:2:8,0:8,0:2:8,0:8]';
```

```
ne=size(ndel,1);nd=max(max(ndel));
left=3*(1:9);down=3*[1:14:nd,10:14:nd];
top=3*[9:14:nd,14:14:nd];right=3*(57:nd);
dofix=[left,down-1,top-2,top-1,top,right-2,right-1,right];
F=zeros(3*nd,1);
F(1)=1/4;
```

(5) 源程序 (Exam10_3. m)

```
% 360×200 方板,中心 R=50 圆孔,对称性取 1/4
function[gxy,ndel,nd,ne,dofix,Th,Em,Pr,F,U,Sp]=Exam10_3
Th=1e-2;                                                    % 板厚*
Em=210e9;Sp=160e6;                                          % 弹性模量*
Pr=0.3;                                                     % 泊松比*
gxy=[...
   0.00,0.00;0.00,7.14;0.00,14.29;0.00,21.43;
   0.00,28.57;0.00,35.71;0.00,42.86;0.00,46.43;
   0.00,48.20;0.00,50.00;1.00,48.25;2.00,39.50;
   2.00,46.50;2.00,48.25;2.00,50.08;3.00,48.33;
   4.00,46.60;4.00,0.00;4.00,48.48;4.00,7.17;
   4.00,14.33;5.00,48.48;6.00,50.40;7.00,48.72;
   4.00,21.50;4.00,28.66;4.00,35.83;4.00,42.99;
   8.00,47.10;4.00,50.16;6.00,39.50;6.00,46.80;
   8.00,0.00;8.00,7.23;8.00,14.47;8.00,21.70;
   8.00,28.94;8.00,36.17;8.00,43.41;8.00,50.64;
  11.00,47.60;14.00,0.00;14.00,7.43;14.00,14.86;
  14.00,22.29;14.00,29.71;14.00,37.14;14.00,44.57;
  14.00,52.00;20.00,0.00;20.00,9.03;20.00,18.06;
  20.00,27.09;20.00,36.12;20.00,45.15;20.00,54.17;
  30.00,0.00;30.00,10.00;30.00,20.00;30.00,30.00;
  30.00,40.00;30.00,50.00;30.00,60.00;40.00,0.00;
  40.00,11.67;40.00,23.33;40.00,35.00;40.00,46.67;
  40.00,58.33;40.00,70.00;50.00,0.00;50.00,14.29;
  50.00,28.57;50.00,42.86;50.00,57.14;50.00,71.43;
  47.70,85.00;50.00,100.00;60.00,0.00;60.00,16.67;
  60.00,33.33;60.00,50.00;60.00,66.67;60.00,83.33;
  60.00,100.00;75.00,0.00;75.00,20.00;75.00,40.00;
  75.00,60.00;75.00,80.00;75.00,100.00;90.00,0.00;
```

```
 90.00,25.00;90.00,50.00;90.00,75.00;90.00,100.00;
110.00,0.00;110.00,25.00;110.00,50.00;110.00,75.00;
110.00,100.00;140.00,0.00;140.00,25.00;140.00,50.00;
140.00,75.00;140.00,100.00;180.00,0.00;180.00,25.00;
180.00,50.00;180.00,75.00;180.00,100.00];
ndel=[...
  1,18,2;2,18,20;2,20,3;3,20,21;3,21,4;
  4,21,25;4,25,5;5,25,26;5,26,6;6,26,27;
  6,27,12;6,12,7;27,28,12;12,28,7;7,28,13;
  7,13,8;8,11,9;28,17,13;13,14,11;24,29,40;
 22,24,23;29,41,40;32,29,24;23,24,40;22,23,30;
 19,22,30;17,22,19;17,32,22;16,19,30;16,17,19;
 13,17,16;15,16,30;14,16,15;13,16,14;11,15,10;
 11,14,15;8,13,11;9,11,10;18,33,20;20,33,34;
 20,34,21;21,34,35;21,35,25;25,35,36;25,36,26;
 26,36,37;26,37,27;27,37,38;27,38,31;27,31,28;
 38,39,31;31,39,28;28,39,32;28,32,17;39,29,32;
 32,24,22;33,42,34;34,42,43;34,43,35;35,43,44;
 35,44,36;36,44,45;36,45,37;37,45,46;37,46,38;
 38,46,47;38,47,39;39,47,48;39,48,41;39,41,29;
 48,49,41;41,49,40;42,50,43;43,50,51;43,51,44;
 44,51,52;44,52,45;45,52,53;45,53,46;46,53,54;
 46,54,47;47,54,55;47,55,48;48,55,56;48,56,49;
 50,57,51;51,57,58;51,58,52;52,58,59;52,59,53;
 53,59,60;53,60,54;54,60,61;54,61,55;55,61,62;
 55,62,56;56,62,63;57,64,58;58,64,65;58,65,59;
 59,65,66;59,66,60;60,66,67;60,67,61;61,67,68;
 61,68,62;62,68,69;62,69,63;63,69,70;64,71,65;
 65,71,72;65,72,66;66,72,73;66,73,67;67,73,74;
 67,74,68;68,74,75;68,75,69;69,75,76;69,76,70;
 70,76,77;71,79,72;72,79,80;72,80,73;73,80,81;
 73,81,74;74,81,82;74,82,75;75,82,83;75,83,76;
 76,83,84;76,84,77;77,84,85;77,85,78;79,86,80;
 80,86,87;80,87,81;81,87,88;81,88,82;82,88,89;
 82,89,83;83,89,90;83,90,84;84,90,91;84,91,85;
 86,92,87;87,92,93;87,93,88;88,93,94;88,94,89;
 89,94,95;89,95,90;90,95,96;90,96,91;92,97,98;
 92,98,93;93,98,94;94,98,99;94,99,100;94,100,95;
```

```
95,100,96;96,100,101;97,102,103;97,103,98;98,103,99;
99,103,104;99,104,105;99,105,100;100,105,101;101,105,106;
102,107,108;102,108,103;103,108,104;104,108,109;104,109,110;
104,110,105;105,110,106;106,110,111];
nd=size(gxy,1);ne=size(ndel,1);                              % 单元与结点总数
F=sparse(2*nd,1);F(2*(107:111)-1)=1e7*[1;2;2;2;1];            % 结点力列向量
dofix=[1:2:19,2*[78,85,91,96,101,106,111]];                   % 两个对称面的约束
U=zeros(2*nd,1);
```

(6) 源程序 (FramStif.m)

```
function [ke,T]=FramStif(xy,AI)                              % 刚架刚度矩阵
dl=xy(2,:)-xy(1,:);
L=sqrt(dl*dl');                                              % 杆长
cs=dl/L;
T0=[cs,0;-cs(2),cs(1),0;0,0,1];
T=[T0,zeros(3,3);zeros(3,3),T0];                              % 坐标转换矩阵
A=AI(1);I=AI(2);                                             % 横截面面积和惯性矩
ke=[A/I,0,0,-A/I,0,0;0,12/L^2,6/L,0,-12/L^2,6/L;0,6/L,4,0,-6/L,2;
                                                             % 单元坐标系单元刚度矩阵
-A/I,0,0,A/I,0,0;0,-12/L^2,-6/L,0,12/L^2,-6/L;0,6/L,2,0,-6/L,4]*I/L;
End
```

(7) 源程序 (TrusRota.m)

```
function [T,L]=TrusRota(xy)
dl=xy(2,:)-xy(1,:);
L=sqrt(dl*dl');                                              % 杆长
cs=dl/L;
T0=[cs;-cs(2),cs(1)];
T=[T0,zeros(2,2);zeros(2,2),T0];                              % 坐标转换矩阵
end
```

附录 B 偏微分方程工具箱

MATLAB 的偏微分方程工具箱可以提供偏微分方程组的有限元数值求解方法。可以对弹性力学、静电学、静磁学、交流电磁学、热传导和扩散等问题进行分析。弹性力学问题求解用位移表示的平衡方程。

B.1 控制方程一般形式

偏微分方程工具箱（PDETOOL）可以求解方程

$$-\nabla\cdot(\boldsymbol{c}\otimes\nabla\boldsymbol{u})=\boldsymbol{F},\ \boldsymbol{c}=\begin{bmatrix}\boldsymbol{c}_{11} & \boldsymbol{c}_{12}\\ \boldsymbol{c}_{21} & \boldsymbol{c}_{22}\end{bmatrix},\ \boldsymbol{c}_{ij}=\begin{bmatrix}c_{ij11} & c_{ij12}\\ c_{ij21} & c_{ij22}\end{bmatrix} \tag{B-1}$$

写成分量形式为

$$\sum_{j=1}^{2}\left(\frac{\partial}{\partial x_1}c_{ij11}\frac{\partial}{\partial x_1}+\frac{\partial}{\partial x_1}c_{ij12}\frac{\partial}{\partial x_2}+\frac{\partial}{\partial x_2}c_{ij21}\frac{\partial}{\partial x_1}+\frac{\partial}{\partial x_2}c_{ij22}\frac{\partial}{\partial x_2}\right)u_j+F_i=0 \tag{B-2}$$

或累加形式为

$$\sum_{j,k,l=1,2}\frac{\partial}{\partial x_k}c_{ijkl}\frac{\partial u_j}{\partial x_l}+F_i=0 \tag{B-3}$$

对于均匀各向同性材料，可以写为

$$\sum_{j=1}^{2}\left[c_{ij11}\frac{\partial^2}{\partial x_1^2}+(c_{ij12}+c_{ij21})\frac{\partial^2}{\partial x_2\ \partial x_1}+c_{ij22}\frac{\partial^2}{\partial x_2^2}\right]u_j+F_i=0 \tag{B-4}$$

或累加形式为

$$\sum_{j,k,l=1,2}\frac{c_{ijkl}\partial^2 u_j}{\partial x_k\partial x_l}+F_i=0 \tag{B-5}$$

或张量形式为

$$c_{ijkl}u_{j,kl}+F_i=0 \tag{B-6}$$

完全展开形式为

$$\begin{aligned}
&\left[c_{1111}\frac{\partial^2}{\partial x_1^2}+(c_{1112}+c_{1121})\frac{\partial^2}{\partial x_1\ \partial x_2}+c_{1122}\frac{\partial^2}{\partial x_2^2}\right]u_1+\\
&\left[c_{1211}\frac{\partial^2}{\partial x_1^2}+(c_{1212}+c_{1221})\frac{\partial^2}{\partial x_1\ \partial x_2}+c_{1222}\frac{\partial^2}{\partial x_2^2}\right]u_2+F_1=0\\
&\left[c_{2111}\frac{\partial^2}{\partial x_1^2}+(c_{2112}+c_{2121})\frac{\partial^2}{\partial x_1\ \partial x_2}+c_{2122}\frac{\partial^2}{\partial x_2^2}\right]u_1+\\
&\left[c_{2211}\frac{\partial^2}{\partial x_1^2}+(c_{2212}+c_{2221})\frac{\partial^2}{\partial x_1\ \partial x_2}+c_{2222}\frac{\partial^2}{\partial x_2^2}\right]u_2+F_2=0
\end{aligned} \tag{B-7}$$

1. 平衡方程

控制方程［式（B-1）］系数矩阵取为

$$\boldsymbol{c}_{11}=\begin{bmatrix}2G+\nu & 0\\ 0 & G\end{bmatrix},\boldsymbol{c}_{22}=\begin{bmatrix}G & 0\\ 0 & 2G+\nu\end{bmatrix},\boldsymbol{c}_{12}=\begin{bmatrix}0 & \nu\\ G & 0\end{bmatrix},\boldsymbol{c}_{21}=\begin{bmatrix}0 & G\\ \nu & 0\end{bmatrix} \tag{B-8}$$

式中，ν 为拉梅（Lame）系数，G 是剪切弹性模量。变量取作（x,y），体力记作 $X=F_1$，$Y=F_2$ 式（B-7）成为

$$\begin{cases}(2G+\nu)\dfrac{\partial^2 u}{\partial x^2}+G\dfrac{\partial^2 u}{\partial y^2}+(G+\nu)\dfrac{\partial^2 v}{\partial x\partial y}+X=0\\[2ex] (G+\nu)\dfrac{\partial^2 u}{\partial x\partial y}+G\dfrac{\partial^2 v}{\partial x^2}+(2G+\nu)\dfrac{\partial^2 v}{\partial y^2}+Y=0\end{cases} \tag{B-9}$$

拉梅系数也可以写为习惯的符号

$$G=\frac{E}{2(1+\mu)},\nu=\frac{2\mu G}{1-\mu}=\frac{2\mu}{1-\mu}\frac{E}{2(1+\mu)}=\frac{\mu E}{1-\mu^2} \tag{B-10}$$

式中，E 是弹性模量，μ 是横向变形系数。有关系式为

$$\begin{cases}G+\nu=\dfrac{E}{2(1+\mu)}+\dfrac{\mu E}{1-\mu^2}=\dfrac{E}{2(1-\mu)}\\[2ex]2G+\nu=\dfrac{2E}{2(1+\mu)}+\dfrac{\mu E}{1-\mu^2}=\dfrac{E}{1-\mu^2}\end{cases} \tag{B-11}$$

式（B-9）为弹性力学平面问题位移表示的平衡方程，即

$$\begin{cases}\dfrac{E}{1-\mu^2}\dfrac{\partial^2 u}{\partial x^2}+\dfrac{E}{2(1+\mu)}\dfrac{\partial^2 u}{\partial y^2}+\dfrac{E}{2(1-\mu)}\dfrac{\partial^2 v}{\partial x\partial y}+X=0\\[2ex]\dfrac{E}{2(1-\mu)}\dfrac{\partial^2 u}{\partial x\partial y}+\dfrac{E}{2(1+\mu)}\dfrac{\partial^2 v}{\partial x^2}+\dfrac{E}{1-\mu^2}\dfrac{\partial^2 v}{\partial y^2}+Y=0\end{cases} \tag{B-12}$$

或者写为

$$\begin{cases}\dfrac{E}{1-\mu^2}\left(\dfrac{\partial^2 u}{\partial x^2}+\dfrac{1-\mu}{2}\dfrac{\partial^2 u}{\partial y^2}+\dfrac{1+\mu}{2}\dfrac{\partial^2 v}{\partial x\partial y}\right)+X=0\\[2ex]\dfrac{E}{1-\mu^2}\left(\dfrac{\partial^2 v}{\partial y^2}+\dfrac{1-\mu}{2}\dfrac{\partial^2 v}{\partial x^2}+\dfrac{1+\mu}{2}\dfrac{\partial^2 u}{\partial x\partial y}\right)+Y=0\end{cases} \tag{B-13}$$

这是许多教材中弹性力学平面应力问题位移形式的平衡方程的常见形式。式（B-8）常用的材料参数为

$$\begin{aligned}&\boldsymbol{c}_{11}=\frac{E}{2(1-\mu^2)}\begin{bmatrix}2&0\\0&1-\mu\end{bmatrix}\quad \boldsymbol{c}_{12}=\frac{E}{2(1-\mu^2)}\begin{bmatrix}0&2\mu\\1-\mu&0\end{bmatrix}\\&\boldsymbol{c}_{22}=\frac{E}{2(1-\mu^2)}\begin{bmatrix}1-\mu&0\\0&2\end{bmatrix}\quad \boldsymbol{c}_{21}=\frac{E}{2(1-\mu^2)}\begin{bmatrix}0&1-\mu\\2\mu&0\end{bmatrix}\end{aligned} \tag{B-14}$$

2. 边界条件

边界条件为

$$\boldsymbol{n}\cdot(\boldsymbol{c}\otimes\nabla\boldsymbol{u})=\overline{\boldsymbol{F}} \tag{B-15}$$

写为分量形式

$$\sum_{j=1}^{N}\left(c_{ij11}\cos\alpha\frac{\partial}{\partial x}+c_{ij12}\cos\alpha\frac{\partial}{\partial y}+c_{ij21}\sin\alpha\frac{\partial}{\partial x}+c_{ij22}\sin\alpha\frac{\partial}{\partial y}\right)u_j=\overline{F}_i \tag{B-16}$$

展开为

$$\begin{cases}\left(c_{i111}\cos\alpha\dfrac{\partial}{\partial x}+c_{i112}\cos\alpha\dfrac{\partial}{\partial y}+c_{i121}\sin\alpha\dfrac{\partial}{\partial x}+c_{i122}\sin\alpha\dfrac{\partial}{\partial y}\right)u+\\[2ex]\left(c_{i211}\cos\alpha\dfrac{\partial}{\partial x}+c_{i212}\cos\alpha\dfrac{\partial}{\partial y}+c_{i221}\sin\alpha\dfrac{\partial}{\partial x}+c_{i222}\sin\alpha\dfrac{\partial}{\partial y}\right)v=\overline{F}_i\end{cases} \tag{B-17}$$

进一步展开为

$$
\begin{cases}
\left(c_{1111}\cos\alpha\dfrac{\partial}{\partial x}+c_{1112}\cos\alpha\dfrac{\partial}{\partial y}+c_{1121}\sin\alpha\dfrac{\partial}{\partial x}+c_{1122}\sin\alpha\dfrac{\partial}{\partial y}\right)u+\\
\left(c_{1211}\cos\alpha\dfrac{\partial}{\partial x}+c_{1212}\cos\alpha\dfrac{\partial}{\partial y}+c_{1221}\sin\alpha\dfrac{\partial}{\partial x}+c_{1222}\sin\alpha\dfrac{\partial}{\partial y}\right)v=\overline{X}\\
\left(c_{2111}\cos\alpha\dfrac{\partial}{\partial x}+c_{2112}\cos\alpha\dfrac{\partial}{\partial y}+c_{2121}\sin\alpha\dfrac{\partial}{\partial x}+c_{2122}\sin\alpha\dfrac{\partial}{\partial y}\right)u+\\
\left(c_{2211}\cos\alpha\dfrac{\partial}{\partial x}+c_{2212}\cos\alpha\dfrac{\partial}{\partial y}+c_{2221}\sin\alpha\dfrac{\partial}{\partial x}+c_{2222}\sin\alpha\dfrac{\partial}{\partial y}\right)v=\overline{Y}
\end{cases}
\tag{B-18}
$$

将式（B-8）定义的系数带入边界条件，式（B-18）成为

$$
\begin{cases}
(2G+\nu)\cos\alpha\dfrac{\partial u}{\partial x}+G\sin\alpha\dfrac{\partial u}{\partial y}+\nu\cos\alpha\dfrac{\partial v}{\partial y}+G\sin\alpha\dfrac{\partial v}{\partial x}=\overline{X}\\
G\dfrac{\partial u}{\partial y}\cos\alpha+\nu\dfrac{\partial u}{\partial x}\sin\alpha+G\dfrac{\partial v}{\partial x}\cos\alpha+(2G+\nu)\dfrac{\partial v}{\partial y}\sin\alpha=\overline{Y}
\end{cases}
\tag{B-19}
$$

借助式（B-10）可得

$$
\begin{cases}
\dfrac{E}{1-\mu^2}\cos\alpha\dfrac{\partial u}{\partial x}+\dfrac{E}{2(1+\mu)}\sin\alpha\dfrac{\partial u}{\partial y}+\dfrac{\mu E}{1-\mu^2}\cos\alpha\dfrac{\partial v}{\partial y}+\dfrac{E}{2(1+\mu)}\sin\alpha\dfrac{\partial v}{\partial x}=\overline{X}\\
\dfrac{E}{2(1+\mu)}\dfrac{\partial u}{\partial y}\cos\alpha+\dfrac{\mu E}{1-\mu^2}\dfrac{\partial u}{\partial x}\sin\alpha+\dfrac{E}{2(1+\mu)}\dfrac{\partial v}{\partial x}\cos\alpha+\dfrac{E}{1-\mu^2}\dfrac{\partial v}{\partial y}\sin\alpha=\overline{Y}
\end{cases}
\tag{B-20}
$$

整理得

$$
\begin{cases}
\dfrac{E}{1-\mu^2}\left[\left(\dfrac{\partial u}{\partial x}+\mu\dfrac{\partial v}{\partial y}\right)\cos\alpha+\dfrac{1-\mu}{2}\left(\dfrac{\partial u}{\partial y}+\dfrac{\partial v}{\partial x}\right)\sin\alpha\right]=\overline{X}\\
\dfrac{E}{1-\mu^2}\left[\left(\mu\dfrac{\partial u}{\partial x}+\dfrac{\partial v}{\partial y}\right)\sin\alpha+\dfrac{1-\mu}{2}\left(\dfrac{\partial v}{\partial x}+\dfrac{\partial u}{\partial y}\right)\cos\alpha\right]=\overline{Y}
\end{cases}
\tag{B-21}
$$

这是许多教材中弹性力学平面应力问题位移形式的边界条件。

B.2 图形用户界面

MATLAB 提供了一个求解偏微分方程的图形用户界面。在 MATLAB 的命令窗口输入 <pdetool>并回车即可启动如图 B-1 所示的图形用户界面，各部分的名称见图中说明。

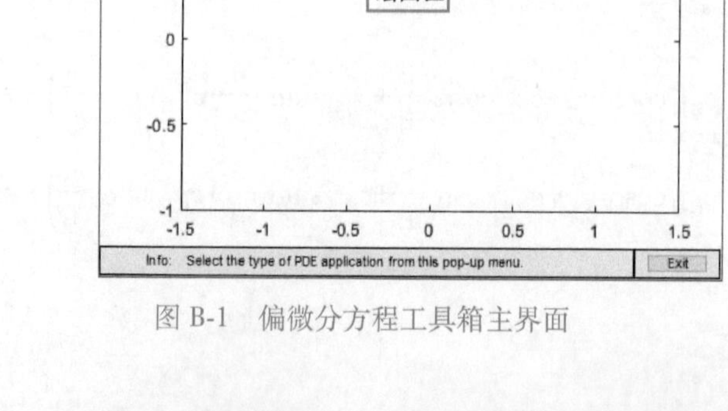

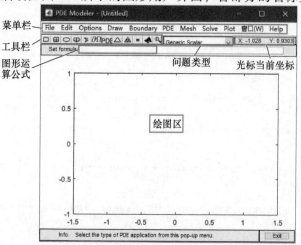

图 B-1 偏微分方程工具箱主界面

1. 定义问题性质

这里为了演示 MATLAB 的偏微分方程工具箱命令基本使用方法，以下通过例 B.1 演示这个基本过程。这里并不打算讲解所有的功能和详细的使用方法，主要是帮助读者形成初步的概念。如果需要详细了解可以参考软件的帮助文件，更简单的方法就是将每个菜单尝试操作一遍即可。

例 B.1 图 B-2 所示的薄板结构中间有一圆孔。左端固定，右端受到均布荷载 q 作用。

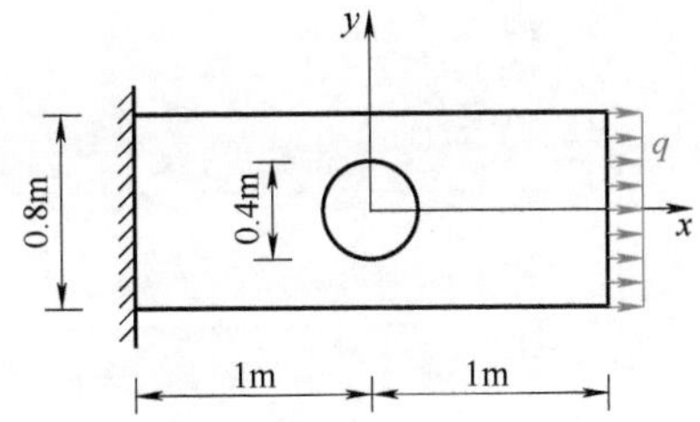

图 B-2 例 B.1 结构

依次选择菜单［Options］>［Application］>［Structural Mechanics, Plane Stress］，如图 B-3 所示，进入弹性力学平面应力问题的分析功能。

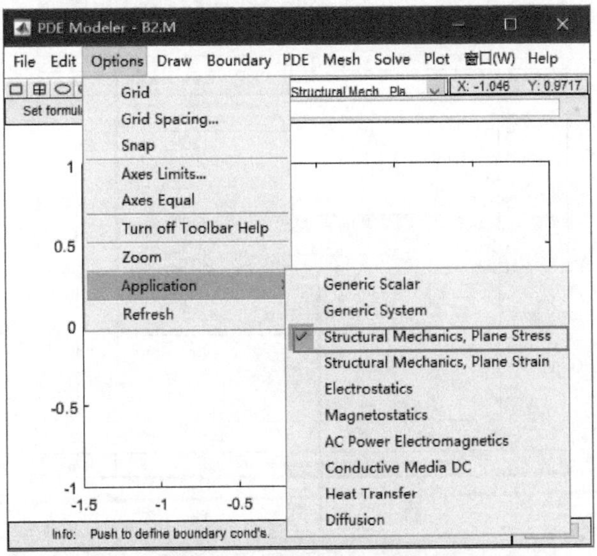

图 B-3 选择平面应力问题

2. 输入几何图形

系统还提供了画矩形、椭圆和多边形的方法。矩形可以通过输入对角顶点和中心再加上一个角点两种方法。椭圆可以输入直径的两个端点和圆心加边界两种方法。多边形方法是通过鼠标单击各个顶点，最后右击退出形成闭合的多边形。以下开始建立待分析的结构。

依次选择菜单［Draw］>［Rectangle/square］，如图 B-4 所示，进入绘制矩形模式，该操作也可以通过单击工具栏中画红色方框的按键实现。光标放在待绘制矩形的一个角点，单

有限元方法与MATLAB程序设计

击确认该点；保持鼠标键按下状态移动光标至矩形的另一个对角点，松开鼠标确认，得到一个矩形，如图 B-5 所示。由于光标很难控制，所以，这个位置可能不准确。还可以双击这个矩形，弹出一个对话框，如图 B-6 所示。就可以在文本框中输入准确的坐标了。

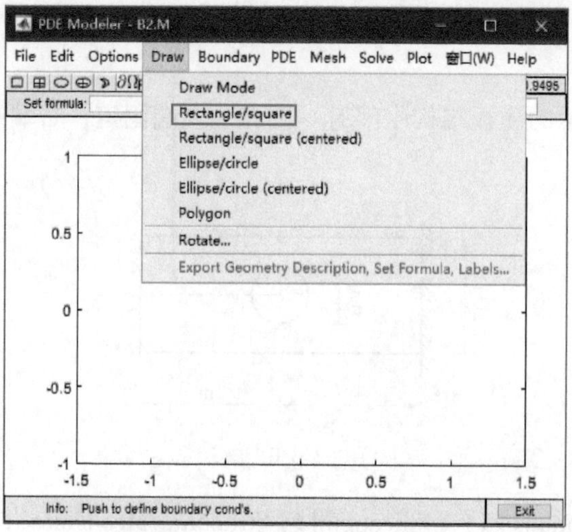

图 B-4　选择绘制矩形子菜单

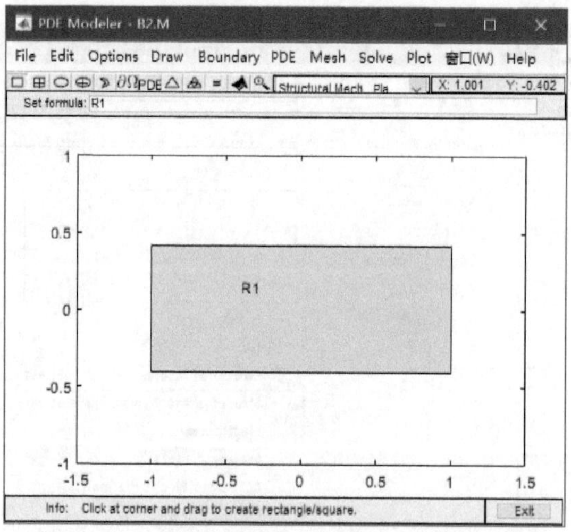

图 B-5　绘制一个矩形

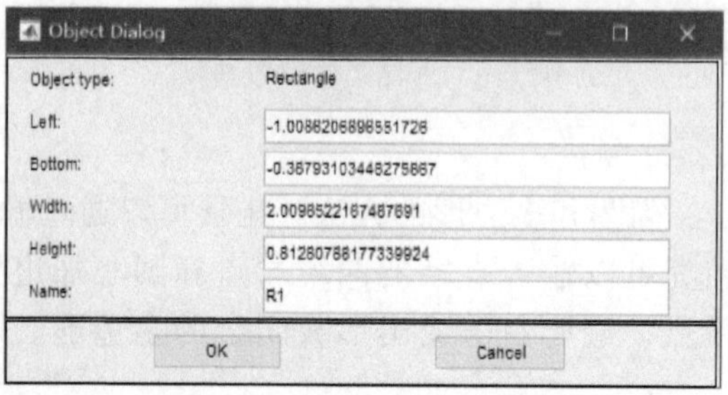

图 B-6　绘制一个矩形对话框

选择［Draw］>［Ellipse/circle(centered)］，如图 B-7 所示。光标放到绘图区就可以绘制圆了。

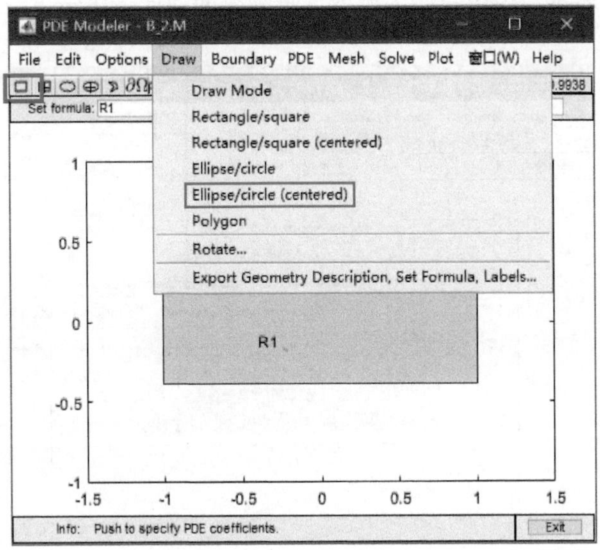

图 B-7　选择绘制圆的子菜单

将光标放在待画圆的中心，单击确认该点；保持鼠标键按下状态移动光标至圆周上任意点，松开鼠标确认该圆。同样可以双击改变该图形的参数，也可以用鼠标拖动改变图形的位置。

注意：图形运算公式栏显示“R1+E1”。此处的“R1”和“E1”分别是矩形和圆。在一个矩形板内得到一个圆孔，则需要将在矩形域中减去圆，所以将图形运算公式栏的“R1+E1”改为“R1-E1”，如图 B-8 所示。

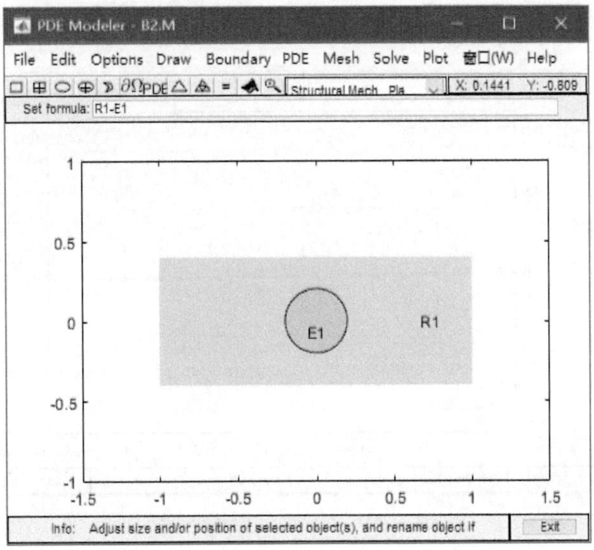

图 B-8　输入完成的图形

3. 输入边界条件

首先选择菜单［Boundary］>［Boundary Mode］（图 B-9）进入边界模式，如图 B-10 所

有限元方法与MATLAB程序设计

示。边界用有向线段表示。线段右侧为域内。每个有向线段表示一个边界，需要逐个输入。

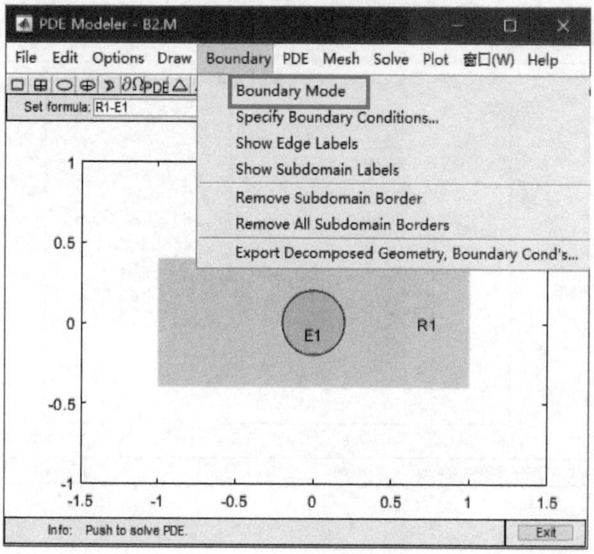

图 B-9　选择边界模式

选择菜单［Boundary］>［Show edge lables］可以显示图 B-10 所示的边界标号。双击边界弹出一个对话框。通过选择对话框中左边的三个单选项（分别表示了三种边界条件）某一个，就会对应出现如图 B-11 或图 B-12 的界面输入边界条件。

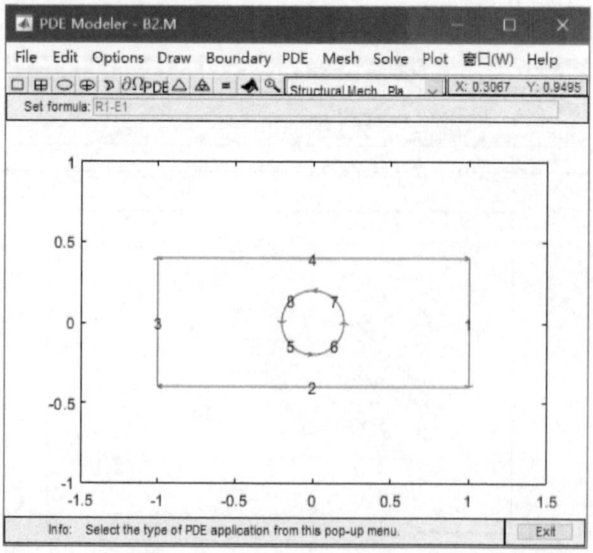

图 B-10　边界模式

（1）Neumann 边界条件　如图 B-11 所示，为应力约束边界条件。需要输入两个方向的面力分量，也可以输入弹性支座约束。

（2）Dirichlet 边界条件　如图 B-12 所示，为应位移约束边界条件。需要输入两个方向的

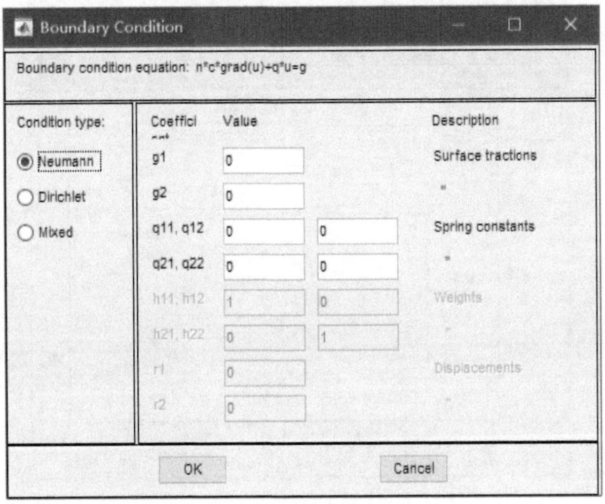

图 B-11　Neumann 边界条件

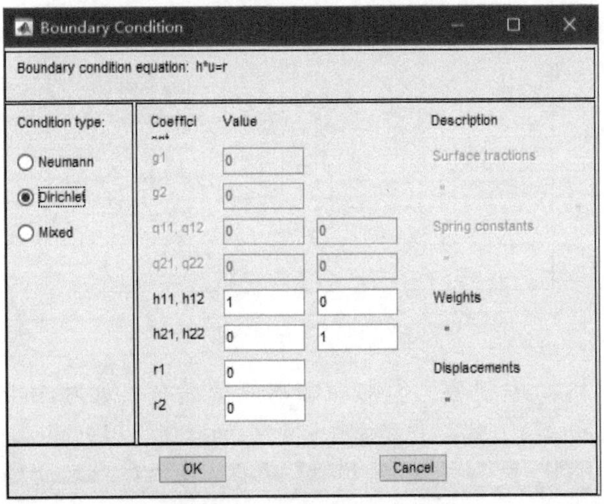

图 B-12　Dirichlet 边界条件

位移分量。

（3）Mixed 边界条件　上述两种边界条件混合使用。

本例如图 B-2 所示，左边（边号 3）为位移边界条件，位移值为零。其他均为应力边界条件。右边（边号 1）为均布荷载。上、下两个边（边号 2、4）和圆孔内边界（边号 5~8）为自由边界，荷载值为零。

边界条件输入完成后位移和应力约束条件的边界分别会显示为红色和蓝色。

4. 输入材料性质

选择菜单［PDE］>［PDE Specification］，如图 B-13 所示，弹出图 B-14 所示的窗口输入弹性模量、泊松比和体力、密度等材料参数。

5. 划分单元网格和有限元计算

依次选择菜单［Mesh］下的［Initialize Mesh］/［Refine Mesh］/［Jiggle Mesh］三个菜单

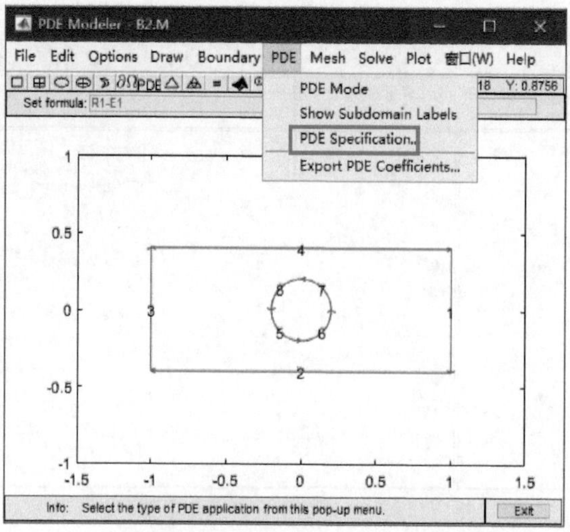

图 B-13　设置材料参数菜单

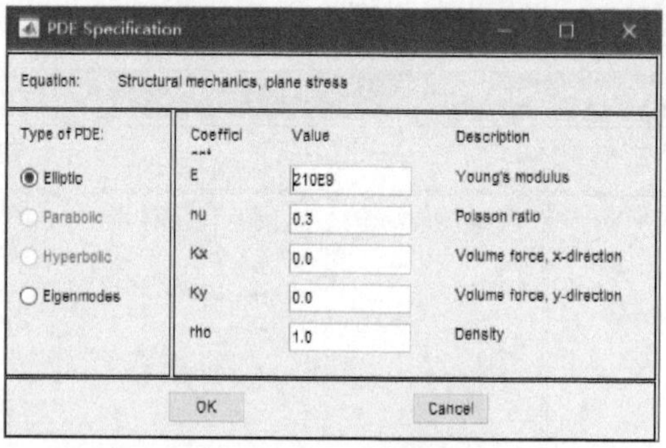

图 B-14　设置材料参数

可以对计算域进行网格初步划分、加密和调整改善质量，如图 B-15 所示。还可以选择［Mesh］下的［Parameters…］进一步规定单元划分的性质，得到图 B-16 所示的单元网格。

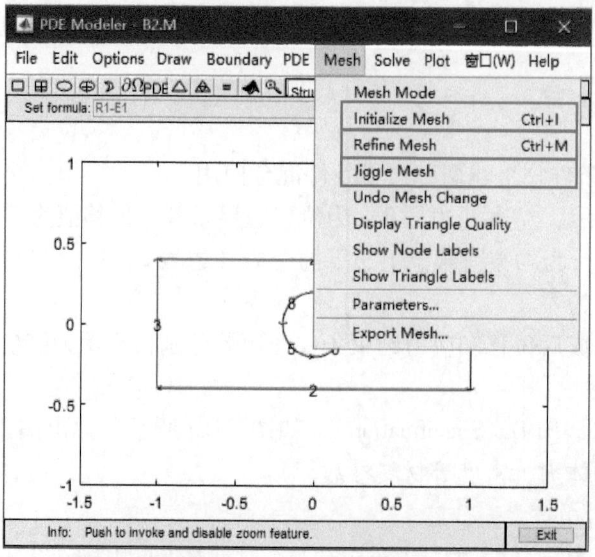

图 B-15　划分单元网格菜单

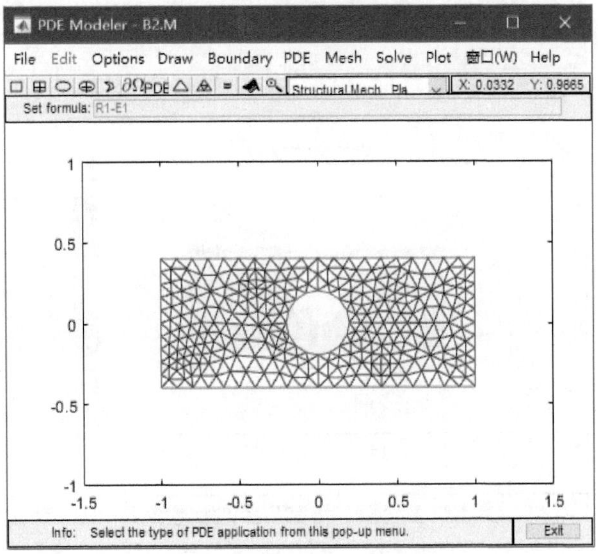

图 B-16　有限元网格

选择菜单［Solve］>［Solve PDE］可以求解有限元，如图 B-17 所示。

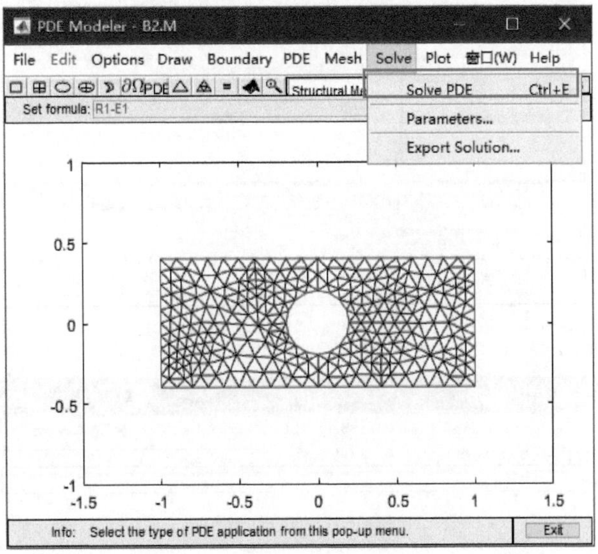

图 B-17　求解有限元

6. 结果输出

选择菜单［Plot］>［Parameters…］，如图 B-18 所示，弹出图 B-19 所示的对话框。

可以选择输出两个方向的位移，应变、应力分量、主应变或应力，及冯·米塞斯（von Mises）应力等，还可以自行定义。可以用伪彩色云图、等值线、带箭头的线段、变形网格三维的高度图等多种形式表示。图 B-20 所示为冯·米塞斯应力的应力云图。

这些输入参数、网格划分和运算结果等都可以用文本文件的形式输出。大多位于各子菜单的最后一行，其格式在下一节具体介绍。

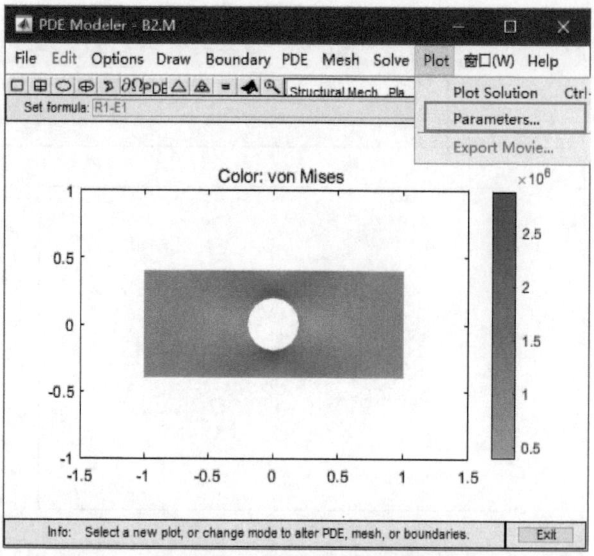

图 B-18 结果图形输出菜单

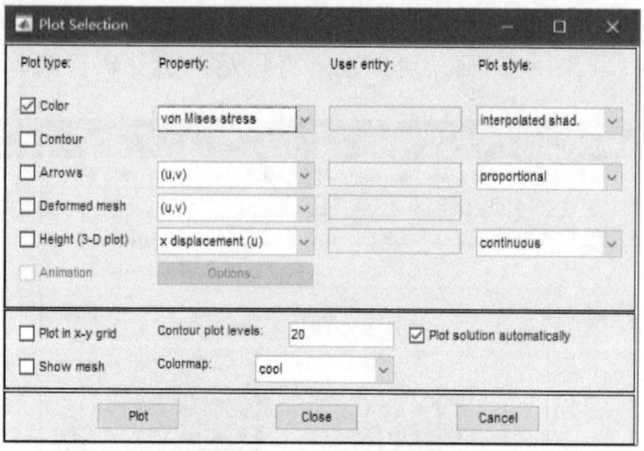

图 B-19 结果图形输出选项

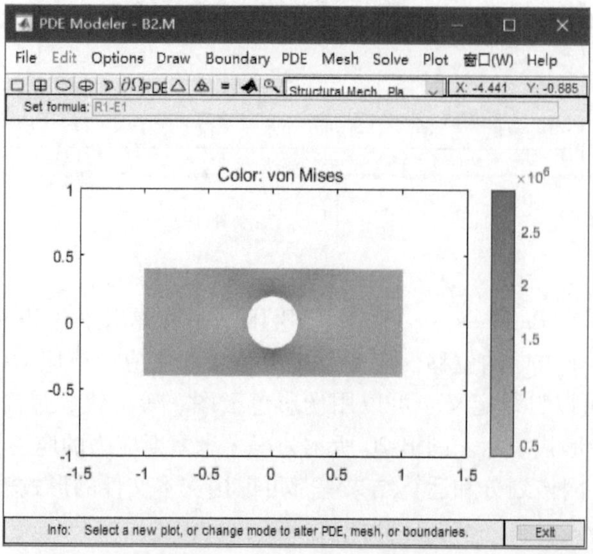

图 B-20 冯·米塞斯应力

B.3 MATLAB 有限元相关命令

前面介绍了使用图形用户界面建立有限元模型并进行计算和分析的方法。该方法直观，容易学习，适合初学者偶尔使用，且仅限于平面问题。MATLAB 同时还提供了另外一种命令行的形式执行这个功能。以下通过算例介绍一下这个过程和主要命令。

1. 定义问题类型

选择弹性力学平面应力问题的分析功能

```
ExamB1 = createpde('structural','static-planestress');
```

2. 建立几何模型

此处采用基本几何图形组合几何实体方法。

为了有限元分析，首先要描述计算域的几何尺寸。MATLAB 提供了如下几种方法：

（1）用基本几何图形组合几何实体　命令格式为

```
[dl,bt] = decsg(gd,sf,ns);
```

其中，输入参数 gd 是基本几何图形的几何描述矩阵（Geometry Description Matrix）。基本几何图形包括圆、多边形、四边形和椭圆。构成这些基本图形的参数，见表 B-1。

表 B-1　几何描述矩阵

行	圆	多边形	四边形	椭圆
1	1	2	3	4
2	圆心 x_c	线段数 n	4	圆心 x_c
3	圆心 y_c	x_1	x_1	圆心 y_c
4	半径 R	x_2	x_2	半轴 a
5		x_3	x_3	半轴 b
		…	x_4	
		x_n	y_1	
		y_1	y_2	
		y_2	y_3	
		y_3	y_4	
		…		
$2n+2$		y_n		

sf 是集合运算表达式。用“+”，“*”和“-”表示“并集”、“交集”和“差集”。

ns 是几何名称。

dl 是分解几何矩阵（Decomposed Geometry Matrix），其格式，见表 B-2。

表 B-2　分解几何矩阵

行	圆弧	线段	椭圆弧
1	1	2	4
2	始点坐标 x_1	始点坐标 x_1	始点坐标 x_1
3	终点坐标 x_2	终点坐标 x_2	终点坐标 x_2

（续）

行	圆弧	线段	椭圆弧
4	始点坐标 y_1	始点坐标 y_1	始点坐标 y_1
5	终点坐标 y_2	终点坐标 y_2	终点坐标 y_2
6	左边域标号	左边域标号	左边域标号
7	右边域标号	右边域标号	右边域标号
8	形心坐标 x_0		中心坐标 x_0
9	形心坐标 y_0		中心坐标 y_0
10	圆的半径 R		半轴长 a
11			半轴长 b
12			主轴方向角

bt 是一个由 0-1 组成的表格。每 1 列与几何描述矩阵同一列的基本几何图形对应。每 1 行表示 1 个域。每个基本几何图形内部包含的子域标记为 1，不包含的域记作 0。

还可以分别使用 multicuboid，multicylinder 和 multisphere 等函数形成立方体、圆柱和球体，以及它们的组合和裁剪，如立方体组合或圆筒等。

（2）用函数定义几何实体　该函数称为几何函数，形式为 $[x,y]=\mathrm{pdegeom}(\mathrm{bs},\mathrm{s})$，根据输入参数的数量反馈基本功能，见表 B-3。

表 B-3　几何函数的输入和输出参数

输出参数个数	输出数据
0	边界数
1	输入边界号组成的列向量，输出每个边界对应的参数等信息，具体包括参数起始值；参数终止值；左边域编号；右边域编号
2	输入参数 s 是弧长数组。bs 是一个数或与 s 同样长度的数组。如果 bs 是一个数，那么它对应 s 的每个元素。 返回 x 和 y 坐标，对应 bs 中参数值 s 处指定的边段。

（3）用几何文件定义实体　几何文件输出如下三个数组。

1）结点坐标数组 p(2,n)：2 行 n 列。每个结点一列，每一列分别是 x 坐标和 y 坐标。

2）单元信息 t(4,m)：4 行 m 列。每个单元一列，每一列中各行依次如下：

① 结点 i 编号。

② 结点 j 编号。

③ 结点 m 编号。

④ 域号。

计算域还可以划分为若干子域，用于定义材料参数等。这个域号就是这个子域的编号。

(4）边界 e(7,m)：7 行 m 列。每个单元一列，每一列中各行依次如下：

① 起点号。

② 终点号。

③ 起点参数值。

④ 终点参数值。

⑤ 边号。
⑥ 左边域号。
⑦ 右边域号。
计算域外的域号为 0。

3. 边界条件

（1）位移边界条件　命令形式为

```
structuralBC(model,RegionType,RegionID,'Constraint',Cval)
```

其中，model 是结构的名称，RegionType 是域类型，包括，'Vertex'（顶点），'Edge'（边）和'Face'（面，仅限三维问题）。RegionID 是域标号，可以用 pdegplot 命令显示。在以下的程序中加入这个命令就是这个目的，并不影响计算。最后的 Cval 可以是'fixed'（固定）、'free'（自由），'roller'（可动铰支）和'symmetric'（对称）等情况。

也可以具体给出位移值用来处理支座沉降或位移加载的情况。命令形式为

```
structuralBC(model,RegionType,RegionID,Displacement,Dva)
```

其中，Displacement 可以是'XDisplacement'，'YDisplacement'和'ZDisplacement'，分别指定三个坐标轴方向的位移，其后紧随的 Dva 就是这个方向的指定位移值，这三组参数也可以同时使用。

在这个命令的最后增加一系列的参数可以设置随时间变化的边界条件。通过'RiseTime'（起始时间），'FallTime'（加载时间）和'EndTime'（卸载时间）等参数实现位移控制动力加载。

（2）力边界条件　命令形式为

```
structuralBoundaryLoad(model,RegionType,RegionID,…
'SurfaceTraction',STval,'Pressure',Pval,'TranslationalStiffness',TSval)
```

其中，前几项与前面相同，SurfaceTraction 指定用坐标轴方向分量的面力，STval 是其向量值；'Pressure'指定垂直于表面的正压应力，Pval 是其标量值；'TranslationalStiffness'是约束刚度，其值 TSval 为向量。

4. 材料性质

命令形式为

```
structuralProperties(model,'YoungsModulus',YMval,'PoissonsRatio',PRval)
```

其中，YMval 和 PRval 分别为弹性模量和泊松比。

5. 划分单元

命令形式为

```
generateMesh(model,Name,Value)
```

其中，Name 可以是' GeometricOrder' 指定单元的阶数，可以是' linear' （线性） 和' quadratic' （二次）。用' Hgrad' 指定单元扩展率，还可以用' Hmax' 和' Hmin' 分别指定单元的最大和最小边长。

6. 计算

命令形式为

```
R = solve( model)
```

solve 的输出参数是一个结构体数组，含有限元计算的基本信息（如，结点坐标和单元信息）和计算结果（如，结点位置的位移、应变、应力等），具体见表 B-4。

表 B-4　计算结果结构数组

字段 1 名	字段 2 名	含义
Displacement	ux	x 轴位移分量
	uy	y 轴位移分量
	Magnitude	位移大小
Strain	exx	x 轴正应变分量
	eyy	y 轴正应变分量
	exy	xy 面切应变分量
	ezz	z 轴正应变分量
Stress	exx	x 轴正应力分量
	eyy	y 轴正应力分量
	exy	xy 面切应力分量
VonMisesStress	Von-Mises 应力	
Mesh	Nodes	结点坐标
	Elements	单元结点号
	MaxElementSize	单元最大尺寸
	MinElementSize	单元最小尺寸
	GeometricOrder	位移多项式节次
	MeshGradation	单元增长率

例如：R. Displacement. ux 是结点位置 x 轴位移分量，而结点位置的坐标在 R. Mesh. Nodes 中给出。

7. 显示和查询运算结果

在表 B-4 中可以查到主要计算结果。计算结果可以用图形形式可视化输出。命令形式为

```
pdeplot( model,' XYData' ,R. Val)
```

其中，R. Val 是命令 solve 输出的计算结果结构体数组的字段名，也就是表 B-4 中给出的结

构数组字段，可以是结点位置的位移、应变或应力等。

另外，还可以通过构造插值函数

```
F=scatteredInterpolant(R.Mesh.Nodes',R.Val);
```

使用命令

```
v1=F(Xq1,Yq1);
```

查询任意位置（Xq1,Yq1）的值。

B.4 程序设计

例 B.2 以例 B.1 为例，给出完整的分析程序。

```
%———————————————定义问题性质———————————————%
ExamB2=createpde('structural','static-planestress');% 定义弹性力学平面应力问题
    %———————————————定义几何性质———————————————%
R1=[3,4,-1,1,1,-1,-0.4,-0.4,0.4,0.4]';                    % 定义矩形
C1=[1,0,0,0.2,0,0,0,0,0,0]';                              % 定义中心圆
gdm=[R1,C1];                                            % 定义几何描述矩阵
ns=char('R1','C1');                                     % 定义名空间矩阵
g=decsg(gdm,'R1-C1',ns');                               % 形成分解几何矩阵
geometryFromEdges(ExamB2,g);                            % 引入结构模型中
%pdegplot(ExamB2,'EdgeLabel','on');
                              % 显示结构几何和边号,用于确定边界条件,见图 B-21
    %————————————定义弹性模量和泊松比————————————%
structuralProperties(ExamB2,'YoungsModulus',210E9,'PoissonsRatio',0.3);
    %——————————————定义边界条件——————————————%
structuralBC(ExamB2,'Edge',3,'Constraint','fixed');     % 左端固定
structuralBoundaryLoad(ExamB2,'Edge',1,'SurfaceTraction',[1e6;0]);
                                                        % 右端均布荷载
    %——————————————划分有限单元——————————————%
generateMesh(ExamB2);                                   % 划分有限元网格
%pdemesh(ExamB2)                                        % 显示有限元网格
    %————————————求解有限元问题————————————%
R=solve(ExamB2);                                        % 求解有限元
    %————————————显示有限元计算结果————————————%
pdeplot(ExamB2,'XYData',R.VonMisesStress,'ColorMap','jet');
                                                        % 应力云图，见图 B-22
```

注释行仅用于显示输入结果，作为输入边界条件时的参考，以确定需要时间边界条件的边或结点号，可以不执行，不影响结果。计算结果，如图 B-22 所示。

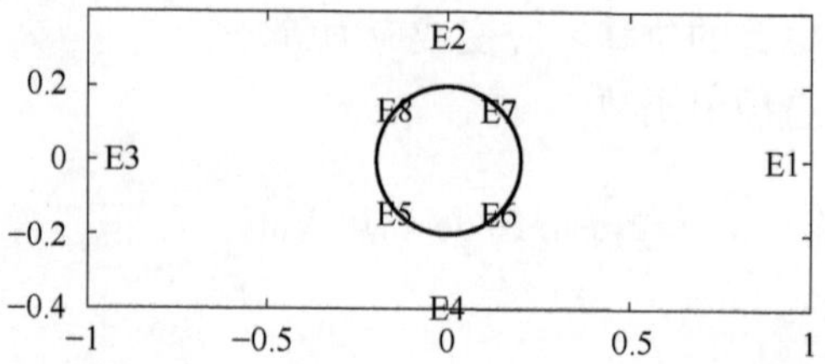

图 B-21 显示边号

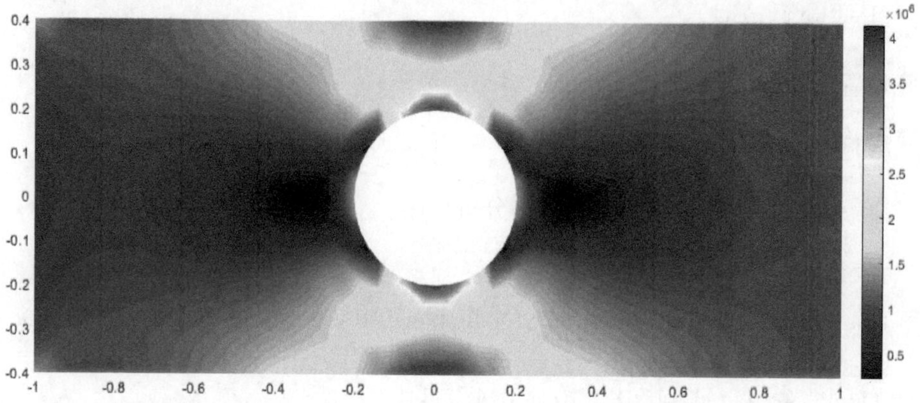

图 B-22 例 B.2 应力云图

例 B.3 以第 7 章例 7.1 为例，如图 7-4 所示，给出有限元程序。

```
ExamB3=createpde('structural','static-planestress'); % 定义弹性力学平面应力问题
R1=[3,4,0,1,1,0,0,0,1,1]';                                    % 定义矩形
C1=[1,0,0,1,0,0,0,0,0,0]';                                    % 定义中心圆
gdm=[R1,C1];                                             % 定义几何描述矩阵
ns=char('R1','C1');                                   % 定义几何体名称空间矩阵
g=decsg(gdm,'R1*C1',ns');                            % 公共部分形成分解几何矩阵
geometryFromEdges(ExamB3,g);                                  % 引入结构模型中
pdegplot(ExamB3,'EdgeLabel','on','VertexLabels','on'); % 显示边和顶点的编号
structuralProperties(ExamB3,'YoungsModulus',210E9,'PoissonsRatio',0.3);
                                                           % 弹性模量和泊松比
structuralBC(ExamB3,'Edge',[1,2],'Constraint','symmetric');
                                                         % 左边和下边对称约束
structuralBoundaryLoad(ExamB3,'Vertex',2,'Force',[0,-1e3]);
                                                           % 顶点受一个集中力
generateMesh(ExamB3);                                          % 划分有限元网格
R=solve(ExamB3);                                                 % 求解有限元
pdeplot(ExamB3,'XYData',R.VonMisesStress,'ColorMap','jet'); % 显示应力云图
```

B.5 空间问题

MATLAB 也提供了三维实体结构的有限元建模和分析方法。

1）建立底面中心在坐标原点，长、宽和高分别为 W，D 和 H 的立方体的命令为

```
gm=multicuboid(W,D,H)
```

2）建立底面中心在坐标原点，半径和高分别为 R 和 H 的圆柱体的命令为

```
gm=multicylinder(R,H)
```

3）建立球心在坐标原点，半径为 R 的球体的命令为

```
gm=multisphere(R)
```

以上这些几何结构都可以嵌套和组合。例如：命令

```
gm=multicylinder([2,4],5)
```

可以建立半径分别为 2 和 4，高都是 5 的两个圆柱。当然，也可以用命令

```
gm=multicuboid([2,3,5],[4,6,10],3)
```

建立三个长和宽都不同但高度相同的立方体。图形的位置可以用'XOffset'，'YOffset'，'ZOffset'三个命令实现三个坐标轴的平移，改变几何图形的位置。例如：命令

```
gm=multicuboid(5,10,[1,2,3],'ZOffset',[0,2,3])
```

将长和宽一样，而高度不同的三个立方体沿 z 轴方向分别移动 0，2 和 3 的距离。对于多个空间结构可以使用'Void'命令参数指定其中某几个为空。例如：命令

```
gm=multicylinder([2,4],5,'Void',[true,false])
```

产生一个圆筒。不过，这些组合的限制很强。例如：立方体的长和宽不相同时高必须相同且底面必须重合，形成内外多层嵌套；相反，立方体的长和宽相同时高可以不同而且底面也不需要重合，形成上、下叠放。

在 structuralProperties 命令中通过命令参数'Cell'指定每个部分采用不同材料。例如：命令

```
structuralProperties(structuralmodel,'Cell',1,'YoungsModulus',70E9,'PoissonsRatio',0.3)
structuralProperties(structuralmodel,'Cell',2,'YoungsModulus',210E9,'PoissonsRatio',0.3)
```

与前面定义两个圆柱的命令配合就可以建立内外两种材料的圆柱体。可以用命令

```
structuralBodyLoad(structuralmodel,'GravitationalAcceleration',GAval)
```

施加结构体力。其他命令与平面问题类似，就不详细介绍了。以下给出一个空心圆筒承受内压的算例。

例 B.4 空心圆筒，内外径分别是 2 和 4，高为 5，受到内压 100，如图 B-23 所示，图 B-24 给出了变形以后的网格图。

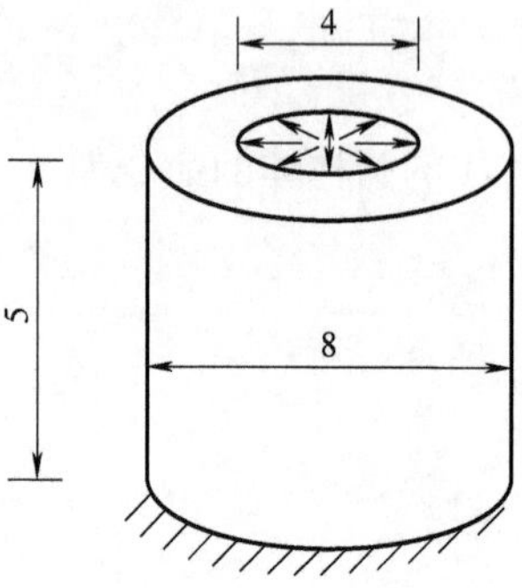

图 B-23 例 B.4 力学模型

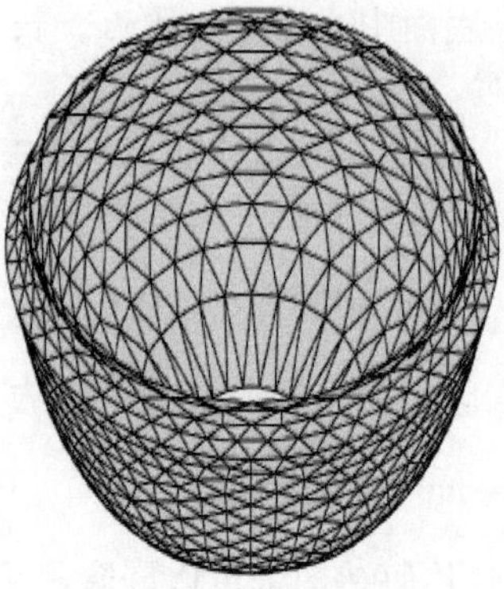

图 B-24 例 B.4 单元网格及变形

MATLAB 程序

```
ExamB4=createpde('structural','static-solid');                    % 定义弹性力学问题
gm=multicylinder([2,4],5,'Void',[true,false]);                     % 形成空心圆通
ExamB4.Geometry=gm;                                                % 几何模型导入结构
pdegplot(ExamB4,'FaceLabels','on','FaceAlpha',0.5)   % 显示含面号的几何图形
structuralProperties(ExamB4,'Cell',1,'YoungsModulus',110E9,'PoissonsRatio',0.28);
                                                                   % 材料性质
structuralBC(ExamB4,'Face',1,'Constraint','fixed');                % 下面固定
structuralBoundaryLoad(ExamB4,'Face',3,'Pressure',100);            % 内压 100
generateMesh(ExamB4);                                              % 形成有限元网格
Res=solve(ExamB4);                                                 % 求解有限元
pdeplot3D(ExamB4,'Deformation',Res.Displacement)                   % 图形显示结果
```

对于较复杂的几何形状，可以用函数 alphaShape 根据离散控制点形成几何模型。

例 B.5 如图 B-25 所示的 T 形截面悬臂梁问题，采用的代码。

```
Exam5=createpde('structural','static-solid');                      % 定义问题性质
L=2;a=0.4;b=0.4;t1=0.1;t2=0.1;                                     % 定义形状控制参数
F=1e6;Em=210e9;pr=0.3;                                             % 荷载，弹性模量和泊松比
x=[zeros(9,1);L*ones(9,1)];                                        % 控制点坐标
y=repmat([a;a;t2;t2;-t2;-t2;-a;-a;0]/2,2,1);
z=repmat([t1;0;0;-b;-b;0;0;t1;t1],2,1);
shp=alphaShape(x,y,z);                                             % 根据控制点构建的多面体
%plot(shp)                                                         % 显示多面体用于检查
[elements,nodes]=boundaryFacets(shp);          % 构成多面体的单元信息和结点坐标
geometryFromMesh(Exam5,nodes',elements');      % 由单元信息和结点坐标形成几何信息
structuralProperties(Exam5,'YoungsModulus',Em,'PoissonsRatio',pr);
                                                                   % 弹性模量和泊松比
pdegplot(Exam5,'FaceLabels','on','FaceAlpha',0.5)  % 显示面号确定约束和荷载位置
```

```
structuralBC(Exam5,'Face',7,'Constraint','fixed');                      % 左端固定
structuralBoundaryLoad(Exam5,'Face',1,'SurfaceTraction',[0;0;F]);
                                                                         % 右端分布竖向力
generateMesh(Exam5);                                                     % 划分有限元网格
%pdeplot3D(Exam5);                                                       % 显示单元
Res=solve(Exam5);                                                        % 求解有限元
pdeplot3D(Exam5,'ColorMapData',Res.Stress.sxx);
```

图 B-26 给出了有限元分析计算的轴向应力分量。

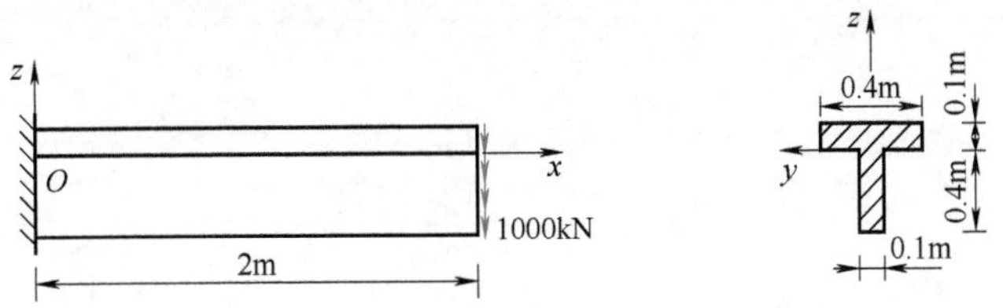

图 B-25　例 B.5T 形截面悬臂梁结构

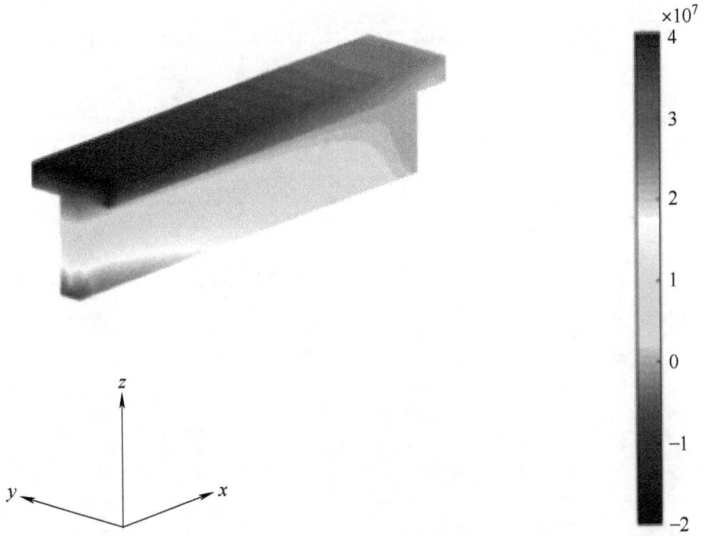

图 B-26　例 B.5 轴向应力分量分布

对于更复杂的三维几何模型可以在 CAD 中建立，然后输出为 STL 格式文件。STL 格式文件也是 3D 打印中普遍使用的文件格式。在 MATLAB 中用命令

```
importGeometry(structuralmodel,'File.stl')
```

将 STL 格式文件导入结构模型 structuralmodel 中。其中 File.stl 是 CAD 输出的 STL 格式文件名。还可以自己建立结点坐标和单元信息如下：

```
geometryFromMesh(structuralmodel,nodes,elements)
```

其中，nodes 是结点坐标，每行表示一个结点，共三列，分别表示 x 坐标，y 坐标和 z 坐标。elements 是单元信息，每行表示一个单元，共四列，分别表示四面体单元的四个结点号。不过该方法并不好，因为数据量较大，而且极易出错。建议依序优先采用前面的几种方法。

参 考 文 献

[1] 王勖成. 有限单元法 [M]. 北京：清华大学出版社，2003.

[2] 谢贻权，何福保. 弹性和塑性力学中的有限单元法 [M]. 北京：机械工业出版社，1981.

[3] 朱慈勉. 结构力学：下册 [M]. 3 版. 北京：高等教育出版社，2016.

[4] The MathWorks，Inc. MATLAB 帮助中心 [EB/OL]. [2022-05-18]. https://ww2.mathworks.cn/support.html.

[5] 周克民. 有限元方法与程序设计 [M]. 武汉：湖北科学技术出版社，2013.